世界城市研究精品译丛

主　编　张鸿雁　顾华明
副主编　王爱松

规划学核心概念

Key Concepts in Planning

[英] 加文·帕克 乔·多克 著

冯尚 译

江苏教育出版社 JIANGSU EDUCATION PUBLISHING HOUSE ⑤SAGE

图书在版编目（CIP）数据

规划学核心概念 / 张鸿雁、顾华明主编. —南京：江苏教育出版社，2013. 11
（世界城市研究精品译丛）
书名原文：Key concepts in planning
ISBN 978 - 7 - 5499 - 3640 - 3

Ⅰ. ①城…　Ⅱ. ①张…　Ⅲ. ①城市规划—研究　Ⅳ.
①TU984

中国版本图书馆 CIP 数据核字(2013)第 272493 号

English language edition published by SAGE Publications of London，Thousand Oaks，New Delhi and Singapore，© Gavin Parker，Joe Doak，2012.

书　　名	**规划学核心概念**
著　　者	[英]加文·帕克　乔·多克
译　　者	冯　尚
责任编辑	李明非
出版发行	凤凰出版传媒股份有限公司
	江苏教育出版社（南京市湖南路 1 号 A 楼　邮编 210009）
苏教网址	http://www. 1088. com. cn
照　　排	南京紫藤制版印务中心
印　　刷	江苏凤凰新华印务有限公司
厂　　址	江苏省南京市新港经济技术开发区尧新大道 399 号
开　　本	890 毫米×1240 毫米　1/32
印　　张	8.875
字　　数	218 000 千字
版　　次	2013 年 12 月第 1 版　2013 年 12 月第 1 次印刷
书　　号	ISBN 978 - 7 - 5499 - 3640 - 3
定　　价	32.00 元
网店地址	http://jsfhjy. taobao. com
新浪微博	http://e. weibo. com/jsfhjy
邮购电话	025 - 85406265，84500774　短信 02585420909
盗版举报	025 - 83658579

苏教版图书若有印装错误可向承印厂调换
提供盗版线索者给予重奖

序

张鸿雁

"他山之石，可以攻玉。"人类城市化的发展既有共同规律，也有不同国家各自发展的特殊道路和独有特点。西格蒙德·弗洛伊德说："当一个人已在一种独特的文明里生活了很长时间，并经常试图找到这种文明的源头及其所由发展的道路的时候，他有时也禁不住朝另一个方向侧瞥上一眼，询问一下该文明未来的命运以及它注定要经历什么样的变迁。"① 经典作家认为城市是社会发展的中心和动力，全球现代化发展的经验和历程证明，凡是实现现代化的国家和地区也基本是完成城市化的国家和地区，几乎没有例外。② 同样，中国以往的城市化历史经验也证明，要想使作为国家战略的中国新型城镇化能够健康发展并达到预期目标，就必须总结发达国家城市化发展的经验和教训，

---

① 西格蒙德·弗洛伊德，《论文明》，徐洋、何桂全等译。北京：国际文化出版社公司，2001.1.

② 张鸿雁、谢静，《城市进化论—中国城市化进程中的社会问题与治理创新》。南京：东南大学出版社，2011。

特别要择优汲取西方城市化的先进理论和经验以避免走弯路。[1] 我研究城市化和城市社会问题已经有近四十年的历史，借此机会把我以往积累的一些研究成果、观点和认识重新提出来供读者参考。

一、对西方城市化理论的反思与优化选择

2013 年中国城市化水平超过 52%，正在接近世界平均城市化水平，中国成为世界上城市人口最多的国家。关键是，在未来的二十多年里，中国将仍然处于继续城市化和城市现代化的过程之中，而且仍然处于典型的传统社会向现代社会的过渡转型的社会变迁期。这一典型的社会变迁——中国新型城镇化关乎中国现代化的发展方式和质量以及社会的公平问题。

西方城市化的理论与实践成果有很多值得中国学习和借鉴的方面，如城市空间正义理论、适度紧缩的城市发展理论、有机秩序理论、生态城市理论、拼贴城市理论、全球城市价值链理论、花园城市理论、智慧城市理论、城市群理论以及相关城市规划理论等，这些成就对人类城市化的理论有着巨大的贡献，在推进人类城市化的进化方面起到了直接的作用。中国城市化需要在对西方城市化理论充分研究的基础上，对西方城市化理论进行扬弃性的运用，从而最终能够建构中国本土化的城市化理论体系与范式。

我们看到在现代社会发展中，面对越来越多的社会问题，我们解决的手段却越来越少，甚至面对有些问题我们束手无策、无能为力。为什么会这样？即使在已经基本完成城市化的西方国家，在当代仍然存在着普遍的和多样化的社会问题[2]，而且在发达国家这些问题也都

---

① 张鸿雁，"中国新型城镇化理论与实践创新"，《社会学研究》，2013.3。

② 参见张鸿雁，《循环型城市社会发展模式——城市可持续创新战略》。南京：东南大学出版社，2007。

集中在城市，形成典型的"城市社会问题"。如城市贫困、城市就业、城市住房、城市老人社会、城市社会犯罪、富人社区与穷人社区的隔离、城市住区与就业空间的分离、城市中心区衰落以及城市蔓延化等问题，甚至有些在西方城市化进程中已经解决的社会问题，仍然在中国的城市化进程和城市社会中不断发生。这些现象的发生，与我们缺乏对西方城市化理论与模式的全面理解与择优运用有关。

在建构中国本土化城市理论的过程中，对外来城市化理论进行有比较地、批判性地筛选，这不失为一种谨慎的方式。西方城市化发展过程所表现的"集中与分散"的规律，在很大程度上是通过市场机制的创新形成的，可以描述为高度集中与高度分散的"双重地域结构效应"。① 美国纽约、芝加哥等城市的高度集中，与美国近 80％ 左右的人居住在中小城镇里的高度分散，就是这种"双重地域结构效应"的反映。西方城市化理论是以多元化和多流派的方式构成并存在的，既有强调城市化"集中性"价值的一派，亦有强调城市化"分散化"价值的一派，还有强调集中与分散结构的流派。回顾以往，在某种情况下，中国的城市化则把西方城市人口集中的流派作为主要的理论核心模式，如果 21 世纪初的城市化仍然把城市高度人口集中作为主导，这不仅是对西方城市化理论的误读，更是对中国城市化发展道路的严重误导。而事实上，中国通过"制度型城市化"的创造，以西方城市化理论中的集中派理论模式为"模本"，形成了高速与高度集聚的畸形城市化——中国式"拉美经济陷阱"②。过度集中和过度集权的城市化成为

---

① 张鸿雁，《城市化理论重构与城市发展战略研究》。北京：经济科学出版社，2013。

② "拉美陷阱"主要是指南美洲巴西等国家，人均 GDP 超过 3 000 美元，城市化率达到 82％，但贫困人口却占国家人口总数的 34％。一方面是经济较快增长，另一方面是社会发展趋缓；一方面是社会有所富裕，另一方面却是贫困人口增加……在其总人口中有相当规模的人口享受不到现代化的成果。参见：王建平，"避免'拉美陷阱'"，《资料通讯》，2004(4)．46。

导致"都市病"深化发展的主要原因之一。如从基本国情的角度讲，仅适于美国等人少地多国家的"城市过度造美运动"以及大尺度、大规模占用土地资源的城市化，推行到土地资源十分紧缺的中国是基本不可行的，从长远利益角度来认识、分析这种现象，这是一种破坏性建设。

在西方的城市化理论中，还有些成果要么是戏剧化的，要么是过于理想化的——从乌托邦的视角提出城市化的理论，被喻为"要构建一个虚拟的理想世界"①，在学理性和科学性方面缺乏社会实践基础，在创造理想模式方面的价值大于实际应用价值。当然，霍华德的"田园城市"理论本身的价值就在于创造"理想类型"，给后人留下更多的空间来加以探讨和完善。西方城市化理论与世界任何理论一样，有其合理内核，亦有典型的历史与现实局限，必须认真选择，优化运用。

二、中西城市化发展的差异认知

与西方城市化"动力因"相似的是，中国城市化的外在形式也是以人口集聚为主要特征。但是，除此而外，中国城市化在发展"动力因"的构成与序列上，非但不同于西方，而且还有着强烈的本土化"制度型动力体系"构成特点，在改革开放的三十多年里，通过"政府制度型安排"形成高速的城市化。所谓"制度型城市化"主要表现为：一是城市化与城市战略的规划是政府管控的；二是城市化与城市建设的投资是以政府为主体的；三是城市化的人口发展模式是政府规划的；四是城市的土地是由政府掌握的，等等。这一动力模式具有强大的权力力量的优势，同时也具有典型的行政命令的弱点。中国城市化以三十多年的时间跃然走过了西方两百年的城市化路程，成就令世界瞩目，

---

① 尼格尔·泰勒，《1945年后西方城市规划理论的流变》，李白玉等译。北京：中国建筑工业出版社，2006.24～25。

但城市社会问题也越来越深化——这种现象充分说明了中国城市化原动力不足、动力结构不合理的事实，其主要症结在于中国没有本土化的科学的城市理论来引导。

东西方社会发展水平的差异，不仅表现在制度体系结构与个体价值观、人口总量与结构、教育水平与宗教文化传统等方面，表现在生产力发展的阶段性和发展水平方面，同时还表现在文化的总体价值取向方面。西方的资本主义承袭了古典时代思想，并且是从中世纪的土壤中"自然长入"资本主义社会的。"自然长入"的方式显现了西方社会的发展规律和历史逻辑，在这种"历史与逻辑的统一"机制内，使得在城市化中出现的社会结构转型、产业结构转型和文化结构转型，能够基本处于同步进化的结构变迁之中，没有出现典型的"社会堕距"与"文化堕距"。这些证明了西方城市化发展的市场规律运性表现。基于这一认识，我们可以看到，中世纪以来，中西方城市化走了两条不同的道路，两种城市化形态的社会前提、进程、节点和社会结构都是不同的。

西方城市化早期的历史是"双核动力发展模式"，即"城市经济"与"庄园经济"构成"双重动力"，城市工商业和庄园手工业并行发展，中世纪从庄园里逃亡出来的手工业者，较快地转入了工业化的大工业生产。西方城市化与工业化发展的动力来源也可以完整解释为"双核地域空间模式"。而中国是典型的集权的传统农业社会，可以解释为"单核地域空间模式"，城市在汪洋大海般的农业社会中生存，没有资产阶级法权意义上的土地关系和契约关系，由此产生的城市化"与传统农村有千丝万缕联系"，及至当代仍然是尚未与传统乡村"剪断脐带"的城市化。这一轮的新型城镇化必须在土地制度上有所突破，进行中国式的"第三次土地革命"①，只有这样才能融入世界城市化和全球一体化浪潮之中。

① 张鸿雁，"中国式城市文艺复兴与第六次城市革命"，《城市问题》，2008.1。

三、新型城镇化面临的问题与挑战

中国社会近代以来经历了多种形式的城市社会结构变迁过程①，这种变迁在总体上是一种社会进步型的发展。中国新型城镇化过程是这一变迁的继续，我们不难看到，在城市化的进化型变迁中，在解决传统社会矛盾和问题的同时，也在制造新的社会矛盾和问题，这是符合社会发展普遍规律的，没有不存在问题的社会，亦如发展本身就是问题，现代社会就是风险社会的命题一样，社会存在本身就是问题。因当代中国的城镇化具有历史的空前绝后性，其存在的问题也十分繁杂：有些是传统社会问题，即没有城镇化也存在；有些是城镇化引发和激化了的问题，要梳理出关键点加以解决。

"当我们渐近 20 世纪的尾声时，世界上没有一个这样的地区：那里的国家对公共官僚和文官制度表示满意。"② 这是美国学者帕特里夏·英格拉姆在研究公共管理体制改革模式时的一段论述。正因为如此，从 20 世纪 60 年代以来，全世界几乎所有的国家都在进行制度改革，只是改革的方式和声势不同，特别是一些发达国家把改革与创新作为同一层次的认知方式，而不是把改革作为一种运动的方式。亨廷顿曾有针对性地对发展中国的现代化提出这样的分析："现代化之中的国家"，面临着"政党与城乡差别"的社会现实，事实上中国的改革面临的正是"城乡差异"二元结构这一深刻的特殊社会历史时期，当代的许多社会问题的发生都与"城乡二元经济社会结构"有关。他认为："农村人口占大多数和城市人口增长这两个条件结合在一起，就给处于

---

① 张鸿雁等，《1949 年中国城市：五千年的历史切面》。南京：东南大学出版社，2009。

② 《西方国家行政改革述评》，国家行政学院国际合作交流部编译。北京：国家行政学院出版社，1998.39。

现代化之中的国家造成了一种特殊的政治格局。"中国城乡差别的现实充分证明了这一点，新型城镇化战略就是为了消灭城乡差别，建构一个相对公平合理的城市市民社会。

著名的历史学家斯宾格勒说："一切伟大的文化都是市镇文化，这是一件结论性事实。"[①]人类伟大的文化总是属于城市的，这是城市区别于乡村的真正价值所在，也是人们对城市向往的原因所在。对于城市的"伟大"认知不止于斯宾格勒，早在中世纪，意大利著名的政治哲学家乔万尼·波特若在1588年出版的《论城市伟大至尊之因由》一书就提出了"城市伟大文化"的建构与认知。他对城市的评价是这样的："何谓城市，及城市的伟大被认为是什么？城市被认为是人民的集合，他们团结起来在丰裕和繁荣中悠闲地共度更好的生活。城市的伟大则被认为并非其处所或围墙的宽广，而是民众和居民数量及其权力的伟大。人们现在出于各种因由和时机移向那里并聚集起来：其源，有的是权威，有的是强力，有的是快乐，有的是复兴。"[②]我惊叹于四百多年前的学者能够对城市有如此独到而精辟的论述，虽然这种论述包含着对王权价值的认同，但论者能够从独立的视野中发现城市的价值实是难能可贵。而且，四百多年来人类社会的工业化、现代化和城市化过程也充分证实了这种美誉式的判断。同样，也是在四百多年前，乔万尼·波特若还提出了创造城市伟大文化的方式与入径："要把一城市推向伟大，单靠自身土地的丰饶是不够的。"[③]城市的发展、建设和再创造，要靠城市公平、开放和创造自由。

《世界城市研究精品译丛》的出版目的十分明确：我国的城市理论研究起步较晚，西方著名学者的研究成果，或是可以善加利用的工具，

---

① 奥斯瓦尔德·斯宾格勒，《西方的没落》，齐世荣等译。北京：商务印书馆，2001.199。

②③ 乔万尼·波特若，《论城市伟大至尊之因由》，刘晨光译。上海：华东师范大学出版社，2006.3。

有助于形成并完善我们自己城市理论的系统建构。在科学理论的指导下，在新型的城镇化过程中，避免西方城市化进程中曾出现的失误。新型城镇化是在建立一种新城市文明生活方式，是改变传统农民生活的一种历史性的改变。"新的城镇，也会体现出同社会组织中的现代观念有关的原则，如合理性、秩序和效率等。在某种意义上，这个城镇本身就是现代性的一个学校。"①

该丛书引进西方城市理论研究的经典之作，大致涵盖了相关领域的重要主题，它以新角度和新方法所开启的新视野，所探讨的新问题，具有前沿性、实证性和并置性等特点，带给我们很多有意义的思考与启发。

学习发达国家的城市化理论模式和研究范式，借鉴发达国家成功的城市化实践经验，研究发达国家新的城市化管理体系，是这套丛书的主要功能。但是，由于能力有限，丛书一定会有很多问题，也借此请教大方之家。读者如果能够从中获取一二，也就达到我们的目的了。

张鸿雁：南京大学城市科学研究院　院长

中国城市社会学专业委员会　会长

（2013 年 11 月于慎独斋）

---

① 阿列克斯·英克尔斯、戴维·H. 史密斯，《从传统人到现代人——六个发展中国家中的个人变化》，顾昕译。北京：中国人民大学出版社，1992.319。

目录

第一章　前　言

为什么写这本书？

规划学，作为一门研究科目，是跨学科最多的学科之一：其实践和理论横跨并利用了广泛的社会科学和其他影响。它是一个综合性的话题，是一个无边的、动态的、有趣的研究和反思领域。此外，规划学的目的、活动和可能结果影响着我们大家。政策制定者、实践者以及规划学圈子内和跨学科的评论家与学会成员，塑造并重塑了这里所包含的概念和使用这些概念的方式。这些观念和标签正在生机勃勃地塑造着实践活动，也被实践活动所塑造——它们是流动的，并向挪用敞开。因此这些概念以不同方式反映了规划学活动，并且可以用于认识规划学活动。在选择这些核心概念时，我们已然包含了为理解规划学活动提供基础的观念，以及塑造社会与环境之间关系的因素。规划政策往往反映了社会对资源利用的选择及人造环境与自然环境的选择。

现代社会学奠基人之一埃米尔·涂而干（Emile Durkheim）主张，一个概念是在时空流变中提取的一个共有与抽象的表征。尽管这一看法听上去令人气馁，但它暗示概念不仅是随机的、不完善的，而且在交流观念时是至关重要的。词典义表明，一个概念可能是一个新观念，或是一个包罗其他抽象观念的概念。概念也能够被视为容易接近的理论与实践，或理论与实践的"压缩包"。由于多种多样的理由，它们不断地被各色人等进行交换和修订、使用和引用。因此，"冻结"过去半个多世纪里曾经影响规划学领域的基本观念的使用过程，释明其涵义，是有用的。对于既确保理解它们，又揭示它们的随机本质，在此将它们提出来是重要的。通过这样做，人们能够用一种更加深思熟虑的方式"定位"自己，并评估规划学之内的特殊实践活动。

这一任务是理解理论和研究方法的更广需要的组成部分——理论和研究方法长期以来已被确立为规划学教育的核心元素（例如，RTPI，2011）。这大部分是因为，分析技巧与批判研究及解构实际的能力被广泛认为是规划师的重要工具。理论与实践之间通常有一种可以觉察到的分裂，而试图填平这一鸿沟也存在着极大困难。许多规划学书籍关注点集中在有关规划学的事实、规则和制度安排，而没有将这些情境化，或置于一个概念框架中。与此相反，学生惯常感到涵盖理论与方法的读本可能相当抽象并且脱离实际。这也许是因为理论读本倾向于将理论视为范式或概念库，用不易接受的语言写成，或要么看似与实践脱节。依我们的观点，通过对规划师们使用的或否则影响行动的核心概念做出更清晰的解释，这一状况能够得到改善。

除了标准的理论和研究方法的读本，很少有可供规划学学生使用的书籍，以便他们系统地探究规划师所需要的观念和结构性概念，以理解和运用理论，并有助于他们反思实践。这并不意味着"规划学"能够被条分缕析，并可以在此将核心概念网罗无遗；相反，对那些正在进入政策领域，并在政策领域主事的人而言（正是政策领域塑造或维持了这些概念的实用性），这些概念应该是指导性和启发性的。这些抽象概念的确形成了规划学的许多"操作逻辑"和规划学中争辩的一个基础。因此，对每个涉足规划系统、开发流程或土地利用政策的人，而且特别对城市规划学、人文地理学和其他相关领域的学生，我们希望这一读本将会充当一册有用的参考书。

在最宽泛的意义上，规划师需要能够把过程、正当理由和围绕他们周围的运营环境进行概念构想。与其成为专家，或拥有学富五车却一筹莫展的"专业知识"，我们的观点是，21世纪的规划师需要能够理解和"安置"其他人的专业（和普通的）知识，然后进入开放且清晰的思考和决策。这种开放观点部分涉及与规划学有关的观念、驱动因素和难题，以及对环境变化的管理。

本着这一精神，在英国关于规划学的一本标准的引论性课本里，它的序言里有这样的说法："去定义城市与乡村规划学的界线并不容易（或甚至有用）……规划政策（较之以往任何时候）远为广阔。此外，已经长时间为人们所接受的，'空间规划学方法'与其他政策领域的关联的重要性，现在被奉若神明"（Cullingworth and Nadin，2006：14）。这种感受强调并扩展了概念意识的重要性，将其当作观察空间规划学中（而且的确相当多地与规划实践相联）的关联、交叠和裂隙的途径。没有一个得到很好理解的、通过争论铸成的、仰赖切身使用砥砺的概念库，规划学实践不可能是强有力的或是有效的。可以更容易地建立起规划学的诸种概念和领域间的联系，更便利地确立起对问题是如何被构建起来的认知。

我们并不希望自己的覆盖范围是全面的，相反，我们对关键概念进行了选择和组织，以便它们可以作为一个整体加以阅读，作为参考资料则可以以一组关键词或单个关键词的形式出现。在每一个概念的章节里，指出连带的或交叉的观念。这强调了概念是以怎样的方式联系起来的，相同的观念在何处可以利用同义词或其他标签加以讨论。

"为"规划学的概念与规划学"的"概念

这本书为了解塑造规划实践和研究的诸种概念提供指引（这些概念既是"为"规划学而设的，也是规划学"所有的"），并从规划学

"学科"之外逐步引入。一些概念在社会科学中被普遍讨论，并有十分广泛的适用性，而另外一些则从规划实践的活动和议题之中发展而来。在一些例子中，一些概念在传播时会有不同的涵义或别样的使用。本书中每个得到阐述的概念都有自己的历史或"背后的故事"，一定程度上，理解这些概念的效用和局限，需要了解这类历史和故事。在阅读这些概念和相关解释时，读者应该能够思考这些预设，这些预设对这些概念尚在"脚本中"中时的情境施加了影响。在运用这些概念时，没有任何简单的"答案"或"现成"的方案或认知。前见和经验与当下的情境结合在一起，将实际上形成理解。

阐述和商讨概念发展的持续过程，常常与实践和经验知识处于紧张状态。试图建立理论与实践之间的一种对话性关系，是一条诱人的原则，然而常常难以维持。执业规划师的确需要保持学者的敏感，如果他们要在未来几十年里有任何希望获得一种动态的、恰切的规划学方法的话，与规划学实践有关的学者和教师也是如此。尽管我们不想让本书复杂化和过于理论化，学生理解下述术语仍是重要的。这不是因为它们明确出现在这一读本中，相反，从观察这一世界不同方式的角度来看，它们对消化吸收每一章的可能性起了一种提示作用。

阅读这一读本时，知识与方法三原则作为吐故纳新的工具能够派上用场：

首先是存在论意向这一观念——对知识、真理和合法性所取的态度，这种强调将研究"什么"。这为规划师们提出了一种责任，促使他们思考基于任何特殊理论所作出的或包含在任何概念的解释中的假定或经验上的预设。

第二条原则就是知识论透视法这一术语所最好概括的。这一标签意指，对这一世界进行概念化有不同的方法，研究这一世界也有不同的方法。个人很可能偏爱构成有效性的特殊方法、读物或参数。作为特别的教学风格的一个结果，或可能是社会化进程的一个结果，这可能涉及对一种特殊形式的知识、知识积累的投入和方法的明白无误的

"排斥"。这与对标准化、知识、"真理"或"事实"的特殊表征的偏爱联系在一起。这彰显了我们对不同的观念、事实或影响的取舍，往往依赖于它们是否与我们的目的相合，或与我们的前见一致。这样，以下的不同研究方法的使用，会鼓励或强化不同的知识论立场。

第三，方法论是收集和分析数据的不同方式（参见：例如，Alasuutari，1995；Bryman，1988；Silverman，2000）。在建构本体论与知识论的"实在"方面，这些方法论能够产生影响，而且是工具性的。由于选择不同的技术和方法，规划学研究者（在学术界或实践中）倾向于优先考虑某些类型的数据。有意或别的原因，研究者所采用的方法也往往把不同的价值和偏见带进分析之中——这些分析随之又引向结论和建议。对这些方法论的取向及每一方法的长处和短处保持开放态度和自省，应该是"思考型规划师"的核心特质。

方法论、知识论和本体论立场或观点以某种方式相互循环影响。另一个有用的技巧，是从任何特定情境中的不同利益或当事方的角度对概念进行评述；追问这些利益相关者惯常所采取的是什么样的存在论或知识论立场（参见第九章）；追问不同的数据和方法会如何影响规划中的论点与决策。

规划学与规划师们：面向 21 世纪的技能与认知

希望我们最初的说明不会太令人不快：正如已提到的，人们有一种倾向，对学习理论感到惶恐。学习理论可能看似令人却步，或对未来的职业、实践和一般生活没有明确的用途。尽管我们主张理论本身是重要的，但我们也懂得，把理论与关键词和观念联系起来能有助于强调理论化的实用性，并且使观念、概念和理论更易于了解、更令人深省。因此，这不是一本理论书，而更多的是在规划学的语境中，去解释诸观念是如何并在哪里被构成和运用的。

此外，就需要的目标或目的、技术和知识诸方面来说，对规划学和规划师的要求看起来正在变得空前广博，并且到了这样的地步——与规划学相关的活动为范围颇广的从业者所参与，为学术界的种种学科所研究。恰如上述，作为一种活动的规划，较之过去，已更加多样和复杂，规划师也被鼓励采取一种广阔和灵活的规划学的概念构想。例如，卡林沃兹和纳汀（Cullingworth and Nadin，2006）有关2006年英国规划学的概述几乎占了600页（还有11页的首字母缩拼词）！

规划学究竟是什么？

到目前为止，本章已涉及后面几章内容的论证，并指出了规划学学科的博大无边。这里已包括在内的概念反映出了这种博大无边，在我们着手解释它们之前，我们觉得有必要稍稍描述一下"规划学是什么"，对这一主题第二章会进一步深化。

规划学中不同类型的议题与活动的增长，一定意义上已经模糊了规划学是什么，或应该是什么。规划学，对于不同的人意味着不同的事情，对规划学的理解（还有实践和规模）随着时间的变动也多有变化。在致力于这一主题时，某种程度上它显得诱人的简单。表面上看，规划学这一词显得相当平淡无奇——它最终只是一个能够具体表达这一每日发生之事的常用词。对别人说来，这一词含义深厚，它意味着"组织"或许是集权控制。有一种政治维度弥漫于这类态度。拜尔尼强调，"规划学如果是任何一种事物，那它就是如何变革事物的一种方式——一种转型模式"（Byrne，2003：172）。这一定义将规划学指认为影响变化的一种工具，但它也涉及塑造变化，加快或减缓变化。因此规划的政策与权力的运作被内在地政治化了，规划学也招致了来自政治光谱的左右翼的批评：既从调节和改善不公平的空间和经济结果的意义上，也从限制个人自由的意义上。这场论战范围广泛，从将规划学视为"用自由主义的希望的语言掩饰压制"（Hoch，1996：32）的工具，直至将规划学看做是为集体权力主宰"理性的"市场提供合法性。考虑到人们是如何对包裹在意识形态和以利益为基础的关注之中的规划、规划师和政策做出反应的，是至关重要的。越来越多地，在整个欧洲和其他地方，市场已成为经济和"开发"的引擎。在这样的地方，规划学被一些人看做是提供了必要的操控手段，而另一些人则将规划学视为对"自由"市场运行的（不必要的或不受欢迎的）干涉。当然，这一观点忽视了这一事实，为了达到一定的目标，所有组织，不论是来自"公共"方面还是"私人"方面，都会运用各种形式的规划去"改变"它们的活动或环境。

我们这里主要关心的空间规划学包括开发以及人与地方、种种使用与活动诸交互关系的和谐有序与管理。在这一方面，歇雷（Healey，2006）确定了规划学的三个层次或三"传统"。易于赫然浮现在人们心头的，首要也许是最为直接的形式就是实体规划，它涉及对开发的管理，以便与其环境合拍。这涉及物理形式与功能的交互关系。早期英国的几位规划师，诸如霍华德（Ebenezer Howard）、安文（Raymond Unwin），以及稍后的阿贝克隆比（Patrick Abercrombie）当然属于这一类别，与许多战后的规划师们以及英国地方政府一起，把他们的努力与资源集中在邻里街区和全城的总体规划、现代化与重建等方面。歇雷明确提出，过去，规划师把都市问题当作通过介入而要解决的任务："这一挑战过去是寻找组织性活动的一种途径，在功能上实用，与其相关的一切都很便利，并且感觉上还愉悦。"（2006：18）由于这一激动人心的目标，焦点就大部分集中在完成合适的都市形态（参见：Ward，1994）。可是，这一目标曾经常常受到监管权力和资源不足的阻碍，或相反，受到在规划项目与政策的目的、影响上缺乏共识与合作的阻碍。此外，变动不居的政治、经济、技术和社会环境，也在侵蚀规划师在这方面的灵感；在这样的过程中，作为仲裁人的规划师的合法性和专业知识，也已经激起人们的质疑之声（例如，Davies，1972；Klosterman，1985）。

经济规划学是第二种方法，这一方法也陷入了与社会经济变革和主流的或相互冲突的政治感受力之间的纠缠。这样的"规划"寻求以不同规模或按不同方式或方向经营和塑造经济。当然,这是一项落在了许多人身上的任务,但可能只有某些人实际上认为自己是"规划师",或将自己定为"规划师"——更有可能是经济学家。就资源如何利用和分配方面来看,效益与合理性的理想支撑着这种规划学模式,其结果之一,是已经被批评为有政治动机而且是低效的(例如,Evans,2004;Webster,1998)。西方的主要经济规划的命运,已经遇上了在过去和现在的更极权主义的政体中所发现的"命令与控制"政策的相同命运。一个问题依然还是这一难题:如何论证和实施这一以效益和再分配之名作出的固有的自上而下的决策。的确,这种风格的经济规划的基本原理已经受到马克思主义对资本主义批判的强烈影响,其目的是重新分配经济利益。通过后来受凯恩斯经济学启发的福利主义政体的建设和维持,它常常渡过难关。然而,这种被证明难以组织策划的中央控制,被批评为不民主,更可能的是,变成了社会的倒退罢了。相反,更多的经济规划,是作为"关键的市场参与者"与政府之间限制市场的合作关系出现的,在此,财政工具和政策依然是经济控制的主要运行机制,但没有明确的生产所有权(参见:Adams et al.,2005)。经济规划的诸方面,可以从国家政策的声明和地方经济的战略中看到,并且更直接地反映在从超国家到地方层级的财政部门与预算分配部门的决策和运行之中(也可参见第十七章)。

因为存在不合理的意识形态偏见,或另外狭隘地、企图把知识客观化和阻碍"真相",或主张他人会基于这里的决策而做出有限的另类选择,一些规划结构和规划师也受到了批评。这就引入了规划学采取的第三种形式:政策分析与公共政策管理(Healey,2006)。这是一个重要角色,并且在国家和地方层面上大部分与公共政策目标的背景和执行有关,而且日益关系到国际议事日程的共建和解释。它有点超出了伴随经济规划而来的经济业绩和生产的议题,而认为与经济规划学有关,因为它也涉及实现更特殊的目标。那么,规划学的这一层面,实际上关系到如何取得公平的、民主的确定目标并随之设计政策和项目以达成目标的方式。政策分析的另一方面，即涉及知识的精心组织，赋予规划学以活力。这被看做是为什么要规划的维度——这一维度将在第二章讨论，它也是克劳斯特曼（Klosterman，1985）所勾勒的规划学的合理性之一。这种知识是如何被汇集、被解释的，多多少少是成问题的，而且正如人们已经提出的，这种知识与方法被构造、被运用的方式，对政策分析有非常大的影响。根据法鲁迪（Faludi，1973）的说法，这意味着政策分析常常企图把证据和信息从政治与制度的环境中，或上下文中抽离出来，并提出基于"科学知识"的技术方案或选择。

这三种传统，具体说明了规划学如何被观察、被构造的观念将决定诸概念的范围与关联。更进一步，信息与知识是如何被划定、被分类的将影响规划学的实践活动。对我们的目的来说，规划学是所有这些类型的一个组合体。在规划学里，任何给定的角色或位置都将涉及与所有部分的混合和平衡，同时强调是处于不同的层面、不同的地方、不同时间的。在这些不同时间和地方感受到的政治情态的语境，也可能塑造规划学的实践。因此，规划学的各部分的增值和相对重要性，是依规划中的政治气候和不同利益关系的相对力量而定的。通过这几类规划学对选项和政策进行阐释的方式，需要用后面几章里有助于这一进程的诸概念与相联系的诸观念做出仔细的审察。

从 20 世纪 90 年代开始，虽然全球都在争论，当然英国与大部分欧洲除外，规划学的关键策略目标已经集中在可持续发展或可持续性观念上，这点将在第三章讨论。以全球眼光看，几轮环境峰会的冲击（里约热内卢、约翰内斯堡、东京、哥本哈根），已经为支持这一议事日程而尽了责。然而，可持续性的经济、环境和社会维度的平衡，已经牵涉如前面所勾勒的不同规划部门的不平衡的、常常也是不顺畅的合并与重组。尽管可持续性已逐渐化身为公共政策的试金石或元叙事，并且作为更多的当代政策分析的概念框架，它却已经扩张到了构造经济规划的体制（例如，通过呼吁工业生态学、环境管理、共同的社会责任与碳影响区及其他的减少或降低措施）、扩张到实体规划学（例如，对最可持续的都市形式的近乎沉迷的研究。参见 Breheny，1992；Jenks and Burgess，2000）。

规划学与它的诸专业

在这三个传统中，包涵着许许多多的领域或专业，诸如运输规划学、城市设计、乡村规划学、保护规划学和垃圾规划学。规划学是如此之广，不会有一个单独的规划师可能是横跨这样的活动和规模领域的"行家里手"。因此，规划师意识到、理解到影响一系列规划活动的趋于统一的概念的日益增长的重要性。的确，如果规划学涉及交互关系，那么正如以上所提出的，这一读本要扮演的角色，就是一种译者和"桥梁"，能够有助于建立他们学习或经验的不同部分间的联系。此外，为了规划师们共享，确立或记录一套跨专业的概念，有助于确保一定程度的共识，并提供一个有用的观念工具包。

了解不同观念和专业知识与这一"现实世界"契合之处，这类观念和专业知识如何会影响到政策目标，或不同业界的渴望，确实在流通的其他观念，是一件成为实际上通晓多种语言的人一样近乎完美的事。在一种意义上，这为舍恩（Schoen，1983）所说的"反思的实践者"提供了基础，而他们就是热衷于批判性地参与到塑造他们专业实践诸概念的人（参见：Healey，2006；以及 Muedoch，2005）。对我们而言，在一个迅速变革的环境和一个政治上充满变数的语境中，有意识地反思和进行（再）建构空间规划实践的才干，是一种必备的技能。规划制定方面的雇主已经始终如一地鼓励大学允许大学生发展和砥砺分析技巧，这就需要一种批判性地理解与评估"现实世界"状态的才干。伊根评论（the Egan review，2004）调查了在英国的规划及其相关职业所需要的技能，提出一套通用的关键技能应该包括：抉择的评估、分析技能、幻想和创造性思考、与合伙人或参与方的合作。为了形成联系、使决断有活力、给批判性和建设性思考提供一个平台，这天然地需要有关核心概念和理论的一种知识和理解，培养一种反思的倾向。在这样的语境下，这册书的各章节将发挥同行业的合成者的作用，一些章节与特别论题的范围存在密切联系，而一些章节对其他论题的内容解义也许必不可少。

诸概念：范围、选择与章节的结构

规划学的实质与实践是这样的：来自种种源头学科如地理学、社会学、政治学、经济学的观念和概念被吸收到规划学，并左右着规划学。这里所包含的概念表明了这些观念是如何引入和自何处引入的，以及是如何被普遍理解或运用的。这些概念被选中，要么因为它们是规划学里反复再现、历久弥新的概念，要么在我们看来，它们是规划学实践中的综合性关键元素有紧密联系的主要观念。在认识到社会构成主义的观点支持我们的方法之后，我们主张所有概念在它们的形成和择用上与生俱来都是"社会的"（参见：Berger and Luckmann，1966）。

这些章节里，每一章为一个概念提供一个详细的解释，勾勒出多种有争议的定义，它被如何使用的演变，以及实际中的运用或实用性的联系和例证。进一步，每个概念是与一个有关的属概念或术语的家族联系起来的（在每一章的开头），这些属概念或术语是被"嵌于"核心概念之中，或与核心概念联系在一起的。这形象地说明，核心概念并非孤立无援，而是在规划学中用来结构和塑造政策与实践的文字、观念所成织锦的一部分。这也意味着，概念的称呼并不一定变化，而理解和使用概念的方式尽可与时俱进。这些章节是宽泛建构的，首先是导入概念，随后是"拆开"和探讨主要成分和论争，再后是在与规划学实践的关联中勾勒概念的使用和用途。在结尾部分，扼要引出关键主题，并附以一个简短的有关延伸阅读的注释。

一些概念（例如，可持续性、规划、地方和社区）被认为重要，有关它们的涵义足以允许一种更广的分析，这些概念的解释就稍微长于对其他概念的解释。总之，我们已经努力不仅提供这些核心概念的简要轮廓，而且也突出它们的广度以及它们之间更为显而易见的彼此关联。包含在这里的其他章节是"网络"（第四章），在这一章里，强调了参与者与不同活性剂之间的联系；"系统与复杂性"（第五章），搜集了最近对有可能在参与者与环境之间看到的交互关系的理解，指出了规划师在理解和预知结果或管理变化方面如何会有困难。就规划活动在达成目的的目标和困难来说，我们也将实施（第七章）当作一个关键观念和目的来考虑。设计的使用（第八章）和相关的层级制的概念（第六章）被解释为组织和划分空间与权力界限的方法。随后，我们该来思考不同的利益群体（第九章），它牵涉到规划和一般引述的"公共利益"对规划决策的正当理由。鉴于规划中的许多决策和情境往往需求协商式的回应，我们也思考了协商，并考虑了流动性、可及性及随之而来对规划的潜在含义（第十、十一章）。特别是考虑到规划学在确定和加强产权中的作用，第十二章纳入了规划学中的权利概念和潜在意义。第十三章聚焦于地方、空间和地方感，并且在纳入城市设计活动诸方面的同时稍微详细地讨论这些地方、空间和地方感。然后是考察了社区（第十四章）。社区构成了规划师的一个关注点的特征（是与地方感的各种问题联系在一起的），并折射出了许多国家中的一个更广目标——既维护社区，又创造更团结的社会条件。

有关资本这一概念（第十五章）的丰富内涵，将当作对资源进行概念化的一种工具方法获得解释和拆分，通过决策、开发和规范，资源被使用、储存、交易和交换。对外部性与影响的考查放在第十六章，外部性和影响通常被认为是因规划调节的重要正当理由。地区与国家竞争力的使用和关切放在第十七章，该章强调了规划如何有助于经济活动，但有时同样被当作经济活动的一台制动器。作为规划和发展控制的一种正当理由，对舒适的长期使用在第十八章得到解释。

最后但决不是最不重要的，以开发的深思（第十九章）来总结所选入的核心概念。最后这一章是重要的，因为规划学和开发倾向于同步前进，而且最近几年，在建筑环境学科和它们的专业领域内，重大的跨学科的异体受精已经发生。在此进程中，规划师已经是这种理论的核心创始者和缔造者，然后回馈给主管、工程师、建筑经理和（更小范围的）建筑师中更富于经验基础的范式。这一点也反映在围绕开发过程本身的概念构想的最新争论之中，在论争中，若干职业学者在解构多种看似相关的关系网络上开辟了道路。的确，正是通过这种重新概念化的过程，规划学中其他确定的概念正在受到解析和讨论。

反思规划学概念的"新兴"本质，我们现在正目睹对源自应对环境变化需要的规划政策和实践的调整。我们没有为环境变化提供一个独立的条目，因为它分明与可持续发展的观念联系在一起（第三章），但它的重要性在最近的异军突起，表明了环境议题继续渗透并重组了规划学实践及其相关的核心概念。通过纳入交叉参考和指明它们所适合的概念关联，我们已经特别地也更加一般地考虑到了这一事实。

这一导言已经解释了涉及规划学时需要进行概念性思考的内容与理由。我们也希望本书的读者，能够洞察到规划学已经与时俱进，觉察到规划学改变了"什么"，"为什么和如何"改变的，以及它对正当理由的不懈求索。尽管单一概念的解剖能够打开进入规划学实践世界的有用窗口，但对概念的一种更加全面和语境化的解读，对规划学中规划与利益群体之间的动态变化提供了一种更具有批判性和思考力的理解。我们希望本章引言会有助于这册书的读者开始反思进程，看到不同观念、利益和语境是如何影响到诸概念的利用、理解和提炼的。

第二章 规划与规划学

相关术语：战略；愿景；组织；政策；预见；程序理论；复杂性

引言

因为考虑到核心概念与规划学实践活动相关，我们就从规划学或规划这一术语入手。当然，这一概念足以写一本书，这里纳入这一概念的确是在冒险，好在它也避免了走向另一极端，即避免了忽视这一元概念的危险。用皮特·霍尔（Peter Hall）的话说，纳入这一章等于是"彻头彻尾的画蛇添足"，因为在本书里的所有东西都应该放入这一章或置于这一标题之下！尽管有这一警告，我们还是纳入了对"规划学"的思考，着手我们用这一术语所指的意涵，规划师和其他人是如何追求土地利用规划的，以及最近发展一种"空间规划学"的尝试（Nadin，2007）。我们也指出其他作者是如何和在哪儿已经尝试定义或概括这一规划学的观念以及所涉及的活动或实践的范围，并且没有变得过度或太过密集地理论化。开宗明义之后，我们便可大张旗鼓地走向下一步，以深化对规划学理论、技术和历史的理解。

这一章也包涵了规划学专门词汇中相互联系的、普通的词汇，诸如"战略"和"愿景"。我们这里的意图，将是揭示和突出这些术语所囊括的意思和论证，而不是提供有关规划学实践的一种包罗万象的说明。我们邀请本书读者思考规划学活动里可以感受到的广阔而多样的实践、正当理由和争论。对于进入到批判性评估规划学是如何倾向于围绕主导观念，将其他核心概念章节中所考察的实践和政策轨迹结合起来的，这应当不失为开了一个好头。

定义规划学

规划学这一概念，就本书中我们的关注焦点来说，显而易见、不用夸张地说是同义词，对包括开发、服务供应、重建、公共政策的构想和经济开发的多种多样参与者的活动来说，是至为关键的；它影响到规划师和规划。一些概念回应规划政策，而另一些概念则介入得更深，有助于形成和实施规划和政策。因此，我们既关心政策的制定，也关心政策的运用。

这一概念既可作动词，也可作名词；涉及一个过程、行为或结果。在它的最宽泛意义上，每个人都在从事一定形式的规划活动，但是尽管在这一术语的广义上，我们的关注点也集中在做出精心策划的与认知的尝试，去塑造地方，制订土地利用规划，或从事多种多样的城镇规划，如霍尔观察到的：

> 规划学习惯上意味着某种更受限的、更精确的东西：它涉及规划学与一种空间的，或地理上的构成元素的关系，在此关系中，那个普通目标就是为一个活动的（或土地利用的）空间结构做准备，较之没有规划而被建造的模式来说，一定意义上，有规划会更好。（Hall，2002：3）

对莱丁而言，存在一种不同的规划学形式和私营部门的角色的认识，但是，它假定了公共部门扮演了领头羊的角色，在生产规划和战略方面发挥了核心作用："规划学大概是为形成或保护人为环境和自然环境的设计谋略"（Rydin，2003：1）。这种过程和实践，大多数情况下在某种空间表征形式中达到顶点，即一张图纸显示了政策的空间含义，但这并非总是如此。一项正规的规划或策略，总是以一种成文的形式，明确地制定它的目的和目标或鹄的。其他定义，包括来自从业者圈子里的，在负责区域规划的欧洲部长研讨会（CEMAT）的 2003 年那份报告中得到反映，它多少在更宽泛和更具整体感的程度上维护了"空间规划学"的地理特质：

> 空间规划学用地理学措词表达了有关社会的经济、社会、文化生态政策。同时，它是一门科学学科，一种行政技能，拓展一种跨学科的、包罗广泛的方法的一项政策，这一方法依照整体战略引向一种平衡的区域开发、空间的自然组织。 （Council of Europe，2003：1）

有关规划学的这一看法，支持了对规划学的这种看法，即把规划当做被一种工具理性或"科学"方法所主宰的那种大部分的监管活动（Relph，1981），因此，对地方的预测和提供已经仰赖特殊的知识和还原论的方法。这样的方法和预设，基于一套现代主义者的和集体或功利主义的优先权。这主要涉及量化的建模，针对特殊区域运用"专家"知识、广泛地创造政策和调控。考虑到诸多为规划师所需要的形式、使用或技巧，这是一个相当受限的密封舱，但它的确为许多发达经济体所采用的传统规划学提供了一种文化观念和主导办法。以这样来理解，一个规划师反复琢磨未来的行动——权衡二难选择和它们的结果——整体目标就是构想一项规划或一套部分重叠的战略，以达成经过选择的目标。在"公共利益"中（参见第九章），这些目标常常获得合法性，而规划活动则在书面规划与策略的形成过程和结果中得到反映。

与规划师实际上所"做"的相比，对规划这一词的思考揭示出了这一术语所藏匿的内在于不同风格或语境中的多元任务和方法。卡林沃兹和纳汀（2006）的概览，形象地说明了在英国与土地利用和空间规划学联系在一起的运用与主题领域相当广泛（也可参见卡林沃兹1999年所做的一个有趣评论，还有 Glasson Marshall，2007）。然而，它不只是将规划学运用于特殊领域和特殊主题，它也是这里所需要思考的规划的过程和原理。规划学作为过程或方式，以及它真正的目的或结果，已历经持续的考察，支撑的理由和实践以本章节里将解释的其他概念及其相关应用为基础。

作为一个核心概念的规划和规划学

如果我们先退后一步，把个体和规划学观念当做日常生活的部分，那么，"规划学"过程常常保持着心照不宣，或没有常规化，或停留于个体的"实践意识"的一部分，或日复一日的信息、反应和行为的全部曲目的一部分。社会学家吉登斯（Giddens，1984）和布尔迪厄（Bourdieu，1994）曾解释过这一点（也参见：Hillier and Rooksby，2002）。从个体的角度看，"规划学"可以被宽泛地定义为一种预先计划的打算，它可以不正式表达出来。在这种情况下，"规划"都被当作一种载体，从一种当下状态转向一系列目标的达成。最宽泛定义的规划因此是可能具有步骤或阶段的有意图的方法，能促成从一系列情境抵达另外一系列情境。战略这一术语常常用作表示这一意图和实现它的方法，即一个人想要什么、想如何处理它。一项规划，根本上是未来行为的一段有意过程的表达，伴随规划而来的，是先于和围绕这一过程的活动。这些概念允许按政策和提案的意义上以文字和图表形式的计划表达出来。规划旨在指导特殊团体、社区或更广的人口的活动。

这一定义只是迄今吸引着我们；随时间的流逝，出现了许多规划的不同主流风格，并且在不同的国家一直持续着。一些更聚焦于设计和物质形式，一些现在更聚焦在空间与土地利用之间的战略上的交互关系和流动（例如，一种系统观）。而另外的已经快速朝向一种更一体化的规划形式，这种形式包括诸多不同事务和技术的考量；常常被表述为"空间规划学"，恰如上面所列举的由欧洲议会所定义的那样。

我们的兴趣肯定在做出规划的方法和步骤、在"与心中特殊的目标相连的规划学"。简而言之，在质询这一核心概念之时，这里包罗、提出了一些相关的重要问题和盘根错节的疑问：

• 谁在进行规划？这项计划是为自己还是为别人？它将如何影响别人？

• 为什么规划？预期目标或结果和相关的目的是什么？

• 如何规划？依据采用的技术、方法、假设、草案和过程。

• 什么条件下，规划得到明确阐明？什么限制和约束胜出了？

• 最后，谁将实施这项规划？为了实现这项规划，什么样的资源、参与者、合伙人和条件应该是必备的？

这些问题意味着对参与者、拟定规划的利益相关方、被诸规划和不同规模的规划活动影响和批评对象所系的众人、地方和活动的考量（参见第六、七章）。为了形象地说明和理解一种后现代语境中规划的总体目标，我们提出需要对规划学加以解构。这严重地涉及有关空间规划学的哲学和方法论支持的考量、已经揭示出的多种限定。我们现在开始着手简要地思考能够对它有所帮助的诸问题。

谁在进行规划？

正如霍尔指出的："不论叫做自由企业，还是社会民主，还是社会主义，为它的国民提供产品和服务、为它的子孙提供中等和高等教育，当今地球上没有任何社会不用规划学的。"（2002：2）考虑到前面探讨过的宽泛定义，我们承认规划过程的独一无二性，然而，在此我们所关注的焦点是，具有强大的政府支持动力的空间规划学的竞技场，尽管是由活跃在这一组织过的语境（例如公共的、私立的或义务的）的广阔领域里的空间规划师执行和领导。这集中在公共利益方面（第九章），规划是如何进行的，涉足这一过程的人的审核又是如何进行的。在这一过程中，为了提供所需要的信息或合法理由，规划学、土地利用规划学或空间规划学，大部分已经由职业规划师恰如其分地进行精心安排，运用各种类型专业人才的投入，和其他人的合作，包括不同程度的社区介入，以提供在这一过程中所需要的信息或合法性。这通常将包括来自不同渠道的广泛数据，而所收集的数据也会因所用的方法不同而多有变化。通过政府提出的优先权和限制条件，易于获得的资源和现行法律或程序框架，规划学过程也将被拟定。日益增加的是，职业规划师从事规划项目的能力和合法性的问题被提出来了，的确，规划师与规划对象之间的明晰区别正在变得更加模糊，特别考虑到存在着规划的不同类型或不同规模的话（且有关它们本身，被认为是模糊不清的）。

因此，"谁在规划，为谁规划？"的问题比它们在第九、十九章中首次出现、得到讨论更为复杂。在那两个章节里，规划师或规划的角色是被看做在竞争力的所有权与利益群体之间发挥斡旋的功能。因此，问题的答案就是，在利益群体与参与者之间的一个宽阔地带，规划正在进行着协商的活动。在英国，在规划过程和决策方面，国家和地方从政者存在相当程度的控制。

为什么规划

规划的诸目的已在上面被勾勒出来了，可是，特殊结果或期望的范围却是多种多样的。就规划的常规理由来说，如克罗斯特曼（1985）所勾勒的那样，有几个方面要在这里突出出来。更多的规划学活动斡旋不同的利益方及其竞争目标。一些人主张"市场"应该是主要仲裁者（参见：Lai，2002；Pennington，2002），而另外的人指出，它已经是仲裁者了（参见：Brenner，2004）。在克罗斯特曼（1985）的四点规划学理由中，保护社区的集体利益是首要的，紧随其后的是，规划学对提升作为决策和规划准备基础的知识和信息发挥了作用。第三个理由是，在支持保护弱势或边缘化群体方面有自己的地位，最后一点就是虑及并减缓负面外部性（参见第十六章，还有 Sternberg，1993 年论资本主义社会中的规划学）。

这里的第二个方面，是认为规划学即方法（并且它与"如何规划"的问题交织在一起）。这最好按整合未来和当前的资源需要与压力的不同信息源来加以解释。这也事关与规划意图联系在一起的政策后果的方向和空间分配的标识。法定的规划往往遵从固定的流程，并且依照在规划层级制里已经预想的政策来准备（第六章）。有关规划的开局几步，按照目标设定和跨利益群体的协商来说，是至关重要的，或按照证据收集和目标设定来说，是令人满意的（Byrne，1998；Ham and Hill，1993；Simon，1997）。在坚持上面所列的指导方针以及基于其他限制因素来看，有关法定规划流程的一揽子问题，就是如何跨越常常是竞争与冲突蜂起的利益立场（例如，判例、资源限制与互相依赖、政治优先权）。正如下面所要描绘的，这样的因素在如何规划方面惹出了持续不断的争吵。

规划师如何规划？

这一问题把我们引向了方法论诸问题，即规划、诸假设和规划流程诸目标是如何进行的。这就把理论分列为两个层次，而这两个层次都触及到合理性问题（Breheny and Hooper，1985）。简而言之，首先是根本性（目标-手段）方面，在此规划诸目标被确定，然后达致这些目标的最好方法得到讨论并被设计出来。这部分基于通过政府政策所表达出的标准。其次是程序性或理性的工具性方法，它反映出一种"手段-目标"的更大平衡，在此，它突出了紧随其后所提出或推进特殊政策的特殊过程。这往往遵循已被称为形式理性的东西。形式理性可以是支配性的，特别在市场主导的经济体中，在这种经济体中，规划对有势力的部门利益群体的需要可能是趋炎附势的，并且将导致规划决策的合法性和目标上的冲突。在许多国家，以上所述的两个方面的混合在现实中是显而易见的，发布"可持续发展"的总目标就是工具性与根本性方面相接合的一个很好的范例。

　　不管这两方面之间平衡与否，规划与战略多少有点不得不被创造出来，使用一种透明的过程也是吸引人的，在这一点上，许多国家的争论由来已久。在规划学领域，有关一般研究的方法已经有许多成果，勇敢直面受托责任和兼容并包问题也有许多成果。许多规划和它们的精确表述总是易于遵循标准的社会科学的研究程式，因为主要依赖于集成的或推测的定量分析数据库，而这些定量的数据库被视为奠定决策之基础的估计和预测的发生之地（人口普查材料就是这样一种资源）。如此大规模的数据集是在国家层次上编制起来的。地方和地区当局和其他部门，收集特殊问题上的信息，或为更广的问题和要求添加细节，目的在于支持一项规划的某些方面。对定量数据的依赖明显占有主导之势，比之定性分析的信息，部分原因在于它比定性信息易于收集和辩护。

　　取自决策文献的规划学的三个经典步骤或层级，分别是构想目标、确认目的和设定指标，均是目标层级制方法的一部分（参见：Taylor，1998）。在这三个步骤中，应该有收集证据、协商、实施工具设计等过程，以及日益增长的致力于发展以方案为基础的技能，而这样的技能因技术和软件的升级如虎添翼，它引导着决策，并鼓励参与（例如，Laurini，2001）。在英国，对规划的改革已经鼓舞了在规划上更加多元的投入和方法，但自上而下的指标或数字还是占有优势，并实际上构成了许多政策的变量。规划学风格和过程按这一普遍方向改变的进程，看似更长时期的一条发展轨迹，但在许多国家，规划活动的运行原理都是同样的。更准确地说，随时间而变、因地制宜的，正是对不同的步骤或工具和过程的强调，它并且也是政治争论的主要根源，而不是对规划和确立议事日程的需要。

在对所使用的方法类型做出解释上存在着某些优点，而加诸研究之上以生成数据的限制通常也意义重大。信息被分析、被阐释，因此被用作证据，为了支持或以其他方式形成一项规划。其他利益群体常常会选择搜集或提供他们自己的数据，当然，这可能会引起冲突。公开质询是一个论坛，在此，社会各个阶层尽情上演的"数据大战"一览无余。所采取的途径和这类尝试受到限制和框范的方式（参见：Callon，1998），产生了一种"表征的效果"。这就是说，数据或其他"证据"每一种理解或利用都是不完全的，受各种各样解释和争论中论点的支配。规划学的争论和政治化是如此的炽热，公众常常以怀疑的态度观察它，这是理性的一部分。此外，资源和利益受中长期规划影响的方式，激起对抗性利益群体收集不同方面的证据来为自己的利益服务。这被用于尝试形成规划政策或目标。与此直接相关的是这一简单事实：由规划政策和决策导致的结果，要么赚得盆满钵满，要么机会尽失。可以等量齐观的是，重大的社会和环境利益与问题会产生出来，以规划和政策是如何准备、设计与实施的作为基础。

规划在什么条件下制定与规划师在哪里作业？

除了这些有关规划精确表述中所使用的方法问题之外，还存在有更广的问题：知识的不完备问题，职业规划师工作中的数据和条件的解释问题，以及此后在第七章将探讨的实施诸问题。最明显的问题是诉诸规划师和规划的资源限制。这直接地作用于约束制定规划的方式。

有另外的约束因素要加以考虑，包括常常需要在紧迫的时限内准备规划并做出决定。这些合起来有助于实用的和更少依靠完备信息的规划。方法选择和知识论立场问题也受到政治和经济界限的影响。因此规划所含内容极有可能受到一个预先确定的范围的限制，也许最初经由使其可能合法化，但自此以后则通过以资源为基础和知识驱动的界限背景、通过当场的主要参与者对过程的解释和开拓加以限制。规划的原初目标也应该指出如何或谁包括在它的准备活动中，以及该规划的范围。这反过来将影响可用于实施规划的相互联系的力量或资源的细节与类型。

如下几点是形成一项规划的一些主要因素或步骤，以及构想规划的过程。

• 建立框架——什么被圈定和排除、由谁来做。分析的范围或深度过去用于启发规划的方式多有变化。这可能公开地或较少公开地进行，并且出于下面将要讨论的原因。

• 语境和历史——对于具体规划来说，之前曾经发生过什么、什么因素引起对规划的需要或要求。这往往影响对可能结果的看法和理解，包括政治环境或更广意义上的文化的直接或间接影响，以及常备的法律原则。

• 资源和时间表——这些将明确地限制或促进规划的某些活动和数据收集的各维度。规划师（和关于规划学）长期抱怨的是，他们或过于匆忙，或资源不足，或费了太久的时间却不能做出一项规划。

• 政治影响——这一点有时被表达出来，是用地方上制定政策更高层级或影响力的措词，由选举出的地方从政者或其他势力通过直接游说来进行。

• 变化中的条件——未能预料或预见到的改变，能够动摇或瓦解规划或政策。规划可能显得逐渐过时，这会诱使从政者们挑选没有提供清晰内容的或肯定内容的更宽泛的指导性战略，而这是其他利益群体乐见其成的。

规划学不能从它在其中运作的又对其做出反应的社会的、经济的和政治的语境中割裂出来。出现于规划中的不完善、偏爱，以及实施的鸿沟，是生产领域的一种折射。这意味着参与者与决策者、法律组织与更广的社会态度之间的相互关系，产生了规划的特殊形式，规划的形成反映出它们的权利"网络"；那这也就是说，人、条件和信息已经影响了这项规划。

规划与规划师们

依然是这样：在规划的产生过程中，为收集数据和构想一项规划所要求的性情与训练，对规划师和其他寻求构想规划或影响公共政策的人来说，是非常重要的。这些技能多有变化，在某种程度上变动不居，依所准备的规划类型而定。规划的过程内在地包括利用信息和经验，以达成所青睐的政策选项或政策。在 20 世纪 90 年代，皇家城市规划协会开发出一项能力列表，它指明一个规划师被期待拥有的普通技能。在全方位依据管理知识和技巧，以及如何最好运用它们方面，此列表应该可以为规划师们被期望拥有的能力提供指引。皇家城市规划协会（1994）列出的 15 种一般技能是：

1. 发达的政治技能；
2. 战略经营技能；
3. 决策技能；
4. 发达的协商技能；
5. 理解力；
6. 个人诚实与灵活性；
7. 发达的人事管理与关系技能；

8. 发达的沟通技能；

9. 发达的影响技能；

10. 为达成目标的成果定向引领；

11. 运营管理技能；

12. 变化处理技能；

13. 自我与压力处理技能；

14. 发达的分析和解决问题的技能；

15. 经营和商业技能。

这些是引人关注的、范围广泛的技能，但在规划和制订规划方面是很平常的事情。这反映了作为一类职业要求的普通技能，也更是专家或技术技能的规划师所必备的职业技能。因此还存在其他核心学习能力，这些能力是期望职业规划师能培养的，这些能力已列入由皇家城市规划协会所准备的一份表内，它定期修订。例如其中包括，理解设计原理、研究与研究方法、处理利益相关者、理论规则与政治环境的能力——显而易见，它们全都是至关重要的（参见：RTPI，2011，2011年推出的13种核心能力的全表）。

有许多其他影响和顾虑塑造了规划的制订。就城镇或空间规划学来说，一段有意或偏爱的活动过程，常常与特殊的邻近空间或活动阶层有关系，例如，一份为地方经济发展的规划，或另外地方的垃圾处理。每一件事都要求不同的知识、数据，也会要求一个不同的过程——要么由于固定的或法定的程序，要么作为诸主题和相关的利益群体的一种反应。一项规划也肯定影响数不清的人群和利益阶层，为了引向不同的目标或目的，他们中的许多人会采取强力游说和辩护性对抗的办法。

如果考虑到以上的评论，规划学观念和职业规划师的实践已经扩展了，因此许多"规划师"将不会轻而易举地看出，他们或"制定规划"，或按照迄今讨论过的办法行事，也许特别是对那些与开发管理有关的人、主要涉及与规划政策的实施的人，尤其如此。的确，那些在私人园地工作的规划师，将倾向于把规划、规划草案和政策不仅当做行动的向导，而且也当做要加以挑战和（再）阐释的立场。当规划正在草拟，通过持续的挑战和在逐项的基础上来检验它的坚固性之时，他们涉及游说以形成规划，在这样的意义上，这样的规划师才能被当做规划制定者。无论如何，规划的基本目标包括这样的观念，社会应该预见需求、风险，以及在社会、环境和经济方面优先考虑的事情——也就是所谓的"规划学三角"（参见第三章），评估与国家政策目标一致的可替代的政策选项。这样的"规划"因此成为了这一过程的结晶，同时被那些授权给它的人假定为那个时候公认的需要的（可能最佳）答案。

规划的范式与正当理由

需要清楚地揭示"规划学"这一有点枯燥的概念，将其作为复杂而多样的心理、空间和社会现象的合并与归纳。需要进一步详细考察这一有点含糊或信息不明的标签，因为隐蔽在规划学这一术语之后的是不同的方式和技巧（它们形形色色地卷入了规划的进程），同样是在规划学实践中能够被识别出来的一套扩散性的取向和知识学方式。如前所述，它转译成了规划是如何被汇为一体的，规划包括什么（以及反过来说，它们会遗漏什么）。

不同的国家有它们自己的法律系统和结构，规划在这种系统和结构中得以进行，许多政府也有清楚的立法，这些立法支配着规划的类型、目标，甚至时间安排。围绕规划的过程已经发展起来的文化也塑造出了什么被划入范围、什么不予考虑，以及在规划学论据方面什么考虑多点、什么考虑少点。其重要部分将达到这样的程度：规划将受到认真检查，并提供公众的参与机会。此外，一些规划只是指导性的，缺乏实施的权力，而另一些规划系统拥有监督的强制实施的有效手段，甚至有更专制的历史（参见：例如，Yiftachel，1998）。

在英国，总目的是可持续性和可持续发展，这已经被指为一种动员规划师和其他利益相关者的"元叙事"（Meadowcroft，2000），其目的在于形成经济、环境和社会条件。这一广泛的可持续性框架也曾经是朝向一种"空间规划"方法运动的背后推手，在其中，更大的整体思维、整合行动和战略管理获得了强调；目标是在我们的资源限度之内精心行动和运作。一些人也在争论存在一种有关可持续性的第四目标或"支柱"，即文化维度（参见：Hawkes，2001），规划学需要更完整地理解，并将理解的因素纳入要做出决策的活动中（也参见第十三、十八章）。这反映出一种关切，地方文化和传统并没有失去意义，仍被看做增强社区和生活质量问题的一类更广大遗产的组成部分。

无论如何，这没有竭尽规划学的广泛动机和方法，这样的范围的广度依然是规划学思想和活动的根本特征和力量。的确，有关规划学的目标、范围和影响的持续争论意味着，存在多元话语企图塑造规划系统导向不同的制度安排、政策目标和运营"风格"。布瑞德雷等人（Brindley et al.，1989）报告了20世纪后期在英国（以及更大的范围）发展起来和相互重叠的三种风格：主流规划学；大众规划学；平均规划学。它们中的每一种，曾经在20年的时段里产生影响，并在空间规划学形成和重塑时继续产生影响。布瑞德雷和他的团队所进行的诸如此类的研究，具体说明了规划学的主要范式和正当理由，是如何在对它们是其中一部分的更广力量的回应中永远形成和再造的。

规划进程

规划概念被严密地隐藏在未来活动的组织机构之内，而这些活动基于过去和当下状况的信息和知识，并且建立了与使用人口统计和其他统计信息的预期数据间的联系。存在能够在此提及的涉及正式规划的典型步骤。在英国，依照所谓的"预测与供应"模式，不久前规划系统曾经被组织起来，此预测以自上而下的过程整个儿支配着规划进程（比如，上面为布瑞德雷等人 1989 年所提到的主流规划学）。对于知名的"规划、监理、经营"这一改良方式的摆脱，反映出规划和规划学存在其中的条件的多变性和易变性。被藏于、或早于"规划"步骤中的那些步骤是关键的。因此，就规划的范围和过程来看，上面所说的具体规划的形成，是与所用的方式、进行勘验和使规划生效者的态度密切联系在一起的。数据的选择和使用在此至关重要，一定程度上将依靠作者的意识或下意识的知识学立场（例如实证主义者、后实证主义者），以及一种主流政治或意识形态立场的可能性，这也将影响进程，或形成对进程的偏见。随着随之而来的对最终规划的冲击，这些理解和影响将对方法和分析产生影响。

政策形成的各种标准原理，指出了明确的步骤或已经理想化的形式，这些形式与那种乱糟糟和不透明的过程构成了对照（参见：Ham and Hill，1993）。简单的、梯级式的描写掩盖了一项规划最先是如何汇集在一起的，如何和什么东西事实上受到了监督，模糊了便于有效管理这项规划实施或它的效益的能力或力量。卡林沃兹和纳汀（2006）提供了有关英国法定规划过程的一项描述，其中包括这样的步骤和审查，莱丁的文本（2003）也解释了规划在英国的发展。不管怎样，在评估一项规划过程的时候，以上所讨论的全部因素都需要清楚说明（也参见：Flyvbjerg，1998 年有关规划过程中权力关系表现的一个说明），除了逻辑的、线性的、可理解的之外，这些因素可能什么都是。

有关规划过程的某些观念，已经被一起分组到了规划学的"程序理论"（参见：例如，Allmendinger 的第三章，2009；或 Taylor 的第四章，1998），它把规划概念化为一种系统管理的形式，或可选择地，化为可分离和带有增量的决策形式。20 世纪 70 年代，将这些观点综合到一种"混合扫描"方法之中，依然没有完全把握规划过程得以运行的系统交互关系和语境的复杂性。更多的最近的理解已经公开指出了这一点（有关"关系"视角的更多细节，参见第四、五章）。

结论

用不同风格，以及所提供、所批判过的基础性逻辑，规划学这一观念曾经被详细地讨论过。这样的争论曾经激起了有关规划学的地位、合法法和实用性的论战。对规划活动来说，日益增长的意外而复杂的环境，已经预示、赋予了规划和政策重重问题，既在技术层面，也在政治和社会层面，因为社会变得更加多元、信息化和流动。

在不同水平、横跨不同的相关领域的不同规划和政策的整合，即垂直和水平的整合，提出了对融合不是特别融洽的规划师和规划政策"圈子"的其他一系列挑战。作为一个概念和一项活动的规划，我们的结论性评说是，有效的规划，在未来必须作为一种集体的或共享的抱负来了解和参与。太久了，规划被视为国家导向的实用主义管理的过程，并且是一种投资严重不足、先后缓急定位不明的操演。未来，规划的诸种新形式很可能需要更开放和合作的元素，既意识到规划投入的模糊性（参见：de Roo and Porter，2007），又对行为的合法性与正当性的相互竞争的诉求做出回应。

第三章　可持续性与可持续发展

相关概念：气候变化；生态系统；资源效益；绿色发展；自然资本；环境影响；生态现代化；碳减排

引言

　　许多特征所构建的可持续性的宽泛观念，曾经是规划学中长时间的、核心的概念。这一名称自身拥有一项相对晚近的遗产，过去二十年，在许多国家，可持续性已经成为规划政策和实践的试金石或明确的首要目标。规划学如何会有助于推进可持续性和可持续发展，或相反，已经引起更多的关注（参见：Meadowcroft，2000；Rydin，2010b）。本章集中于提供一种理解：这一概念有什么相关内容，为什么在规划学中它被看得如此紧要。尽管已经做出长期、广泛的努力，然而，可持续性依然是一个定义不明、充满争议的概念，出于这一点以及以上理由，在本书中早点谈论这一概念，是一个不证自明的选择。

　　依据它的主要基础，可持续性这一词是指，称心如意的活动应该能够持续很长时期，或是无限期，否则存在资源耗尽的危险，或其他环境影响，而这些影响对替代或恢复会是困难的，或是不可能的。这一定义一般用人类学视野来强调人的需要。然而，如我们将看到的，该概念包括，也正在被用作服务于广泛的理由，在不同的规模上将许多行为正当化。造出"可持续发展"这一相关术语，就是为了纳入一系列观念：人类如何能够在当下至未来的时间里，在与其他同类的关系中，与自然环境的联系中生活。尽管这些观念造出来，是基于人们彼此相邻而居以及与自然世界相处的经验，可持续发展这一词却是一个社会建构起来的词——它是被社会赋予意义的。往深一点说，可持续发展这类词一旦存在，它就被经常利用、再配以迎合流行条件和态度。因此，它得忍受许多"大观念"的类似情形；伴随选择性的或片面的运用以及持续的再造，它敞开了使用和滥用的大门，被规划师和其他人所塑造。这使理解下面两点至关重要：为什么可持续性被看得如此重要而又争论不休，为什么作为许多公共政策的一种常规理由或"元叙述"，它具有日益增长的支配力量（Campbell 2006；Meadowcroft，2000；Rydin，2010）。

可持续性与规划的后续努力

在制定和指引资源利用方面、在碳排放（包括其他外部性——参见第十六章）的影响结果方面，空间或土地使用规划学扮演一个关键角色。历史地看，为了干涉土地和发展过程，国家主导的土地使用规划曾经运用了许多重要的正当理由，尽管可持续性这一词是个相对较新的词，在19世纪，自它的正式奠基开始，对于规划学理论和实践来说，尝试资源效益和土地利用的合理化和最大化，已经居于中心位置。同样，可持续性的社会、经济和环境维度的当下延伸的三重性已经大致被格迪斯（Patrick Geddes，1905）的"乡民-工作-居所"格言、早于格迪斯而隐含在金色城市运动的诸多思考所预见到。这些早先的理论化，聚焦在思考居所（对此，理解为：环境）、乡民（理解为：社会维度）和工作（理解为：经济要素）之间的关系的需要，以及更加特殊的工业和民众的需要，同时也欣赏和理解可持续发展的生态维度。

对社会、环境和经济之间彼此关系的意识和平衡的理解，在不同的利益群体之间已经存在长期争辩。衡量影响和调整行为的观念由此被"三要"（TBL）方法（Elkington，1994）简明表达出来，以作为全部费用计算的一个公式。TBL计算在这样的地方进行，即在所有活动之前和之中，衡量和了解社会、生态与经济影响的范围。如米多斯（Meadows）在1991年所解释的，这也有助于向所有利益群体表明我们决策的全部含义是什么：

> 无论何时，我们设法使那不可见的成为可见的，这一世界就多少变得好点儿，把真实的费用嵌入价格中，将决策的后果加到做决策的人身上（1991：出版信息不详）。

对于思考和收集有关新开发影响的证据、对于跟空间规划学优先性相关的熟练的规划师来说，按照这一方法的评估有一些明显反响。此外，对气候变化的社会反应，正在日益要求更好的理解和依据测量数据去确立决策的基础，还经常伴随各种形式的系统思维和对反馈的评价（参见第五章）。

的确，即使进一步反观历史，它也被理解为人们需要在可得到资源的限制之内生活，许多社会开拓了能够确保长期生存的经营和管理体制（参见：Ostrom，1990，2003）。因此，包括在诸可持续发展模式中的可持续性概念和明晰目标，被嵌入规划学中已经很长时间了；因为这一世界已经变得更加工业化、更加自动，还因为这一世界对资源利用已经更加集约化，可持续性概念和各种明晰目标也已经获得了重要性。当条件已经变化、被使用的确切术语已经改变，当代规划实践已经感到，在资源决策方面去适应更强大环境意识的新近呼吁相对容易。这就是为什么许多政府已经意识到空间规划在有助于组织和提供可持续发展方面必不可少的一个原因。

几十年前，人们能够发现这一概念的诸元素，被灵巧地隐藏在都市发展的规划师们的"平衡"方法之内。的确，霍华德的花园城市和后来的新城能够被当做原型的、自足的"可持续性居住地"。然而，由于主流的政治意愿、不同利益群体的权利或一种优先性增长的、不能跟上与时俱进的发展影响和资源利用的完全协调的主导经济模式，20世纪早期的许多乌托邦规划学思想曾经存在争论。

规划学也曾经很长时间努力瞄准"可持续发展"的其他方面。例如，国家公园、绿色空间和历史纪念馆的选定（参见第八章），在城乡引导着保护有价值的环境和休闲福地的方向。用一种空间正义方法，总的区域层次的规划已经尝试为当地人口提供长期需要——尽管这是可争论的，如果它是像人们曾经能够看到的社会公正的或政治敏感的那样。更特别地，在城区内部、都市边缘、旧矿区和老工业带，经年的政策与实践已经协调一致地改善着环境。用这些过程，环境质量、舒适（参见第十八章）和资源效益问题已经被视为"必须考虑的物质因素"；被视为重要元素，用在为个人发展计划以及空间规划的准备方面做出决策的构件。

无论如何，对涉及发展的规划师们和其他利益群体，已被嵌入可持续发展这一"新"概念的"整体论"与"辅助原则"的两个方面，已经证明是过多的挑战。对一种更整体的（或综合的）分析和决策方式的强调，已经对规划师们发起了挑战，促使他们去寻求"协作"活动，表明对可持续发展的三分天下的环境、经济和社会的关注。对规划学长期承诺的"平衡"来说（权衡支出和利润，寻找"妥协"，而不是"双赢"效果），它也留下了些许不稳定。同样，"立足当地，心怀全球"的呼唤已经重新激活了思考：规划学层级制（参见第六章）与政策和实施的空间规模如何需要有效地、一致地运作，以提供可持续的效果。考虑到时空压缩与经济和社会生活的全球化（已经存在），致力于开掘一种增长与变化的可持续类型，显得前所未有的困难。让这些变化与可持续性对更自下而上的决策的强调结合在一起，已经恰恰增加了相关事务的内在张力。

可持续发展的崛起（和崛起？）

随着时间的变化，可持续性在全球的规划学中已经成为一个明确的结构性概念。不过，这一术语以及它如何被定义和使用因时因地而异。它也是会变的，反映出随着新信息和观念兴起而来的社会和文化认知。鉴于它对社会和经济活动的强烈影响和挑战，可持续性如何被定义、它如何回应变化的阐释变成了一项迫切的政治化进程。一般条件下，一方面，大多数从政者力图将这一术语插入他们的花言巧语中，不做大量的批判性自我反思。另一方面，在规划实践中，为了掌握先机、也为了界定可持续性，因为这将支持他们自己的论点和意图，不同的群体围绕这一概念而各显其能。这一概念无论用什么方法来定义或使用，毋庸置疑，它已经成为通常塑造规划学论战的主流话语之一。此概念是如何出现、而又来自哪里呢？

虽然，过去几年，可持续性发展这一概念已经崭露头角，但它成长自生态（及其他）思想的漫长历史中。罗伯特·尼斯贝特有关西方社会和政治哲学的评论（Robert Nisbet，1973），辩明了通往"生态社区"的一些线索，其他人（例如，Dobson，2007；Pearce et al.，1996；Scott and Gough，2003）最近也强调了不同的生态、政治、社会和经济观念的跨界交叉。确实，关于这一术语的当代讨论植根于民族/东方哲学中的生态视野。因此，例如，苏垮米西部落（Suquamish tribe）的西雅图酋长（Chief Seattle）的引语，经常穿插了有关可持续性发展的网站和文章。有关天人关系的一种类似的"伦理"维度，在全球的宗教教义里也能够找到。比如，在西方的犹太-基督教传统里，许多作家和专业人才曾经遵循阿西斯（Assisi）的圣方济各（St Francis）的道路，他把全部生物当作神圣的、上帝大家庭的一员。对圣方济各来说，上帝之国与自然之国同一；因此，引爆了自然-社会的二元论，把人类对自然资源的（不可持续）利用问题化了。

来自政治哲学和实践的影响，能够在彼得·克鲁泡特金（Peter Kropotkin，1912）的无政府主义或社会主义思想中找到，伴随着他对互助主义、自我满足和相互合作的呼唤。同样，社会主义和共产主义思想和实践的漫长传统，大部分建立在平等和社会需要的供给的观念之上，这构成了可持续性现代定义的部分特征。在英国内战的动荡岁月里，这一概念的强有力的微量元素曾经出现，那时平等主义者与挖掘者寻求"天翻地覆"，并且开启了一个共同产权和政治、经济平等的系统（Crouch and Parker，2003）。此外，解释也会受到不同人群提出的明晰的世界观的影响。据司各特和高（Scott and Gough，2003）所提出的，这取决于所信奉的个人主义或集体主义在多大程度上支持行动，以及我们影响变化的能力有多大可能性。

尽管所有这些观念是诸相关概念网络的部分，作为一种鲜明存在物的"可持续发展"的首次提出，是与另外的政治力量相联系的，这些政治力量在60年代后期和70年代势头正酣：环保运动。学术与通俗之弦，如拉切尔·卡森（Rachel Carson）的《无言的春天》（*Silent Spring*，1962）和罗马俱乐部（Club of Rome）的《增长的极限》（*Limits to Growth*，Meadows et al.，1972），与环境愤怒、抗议和组织化紧密地连为一体。正是在这样的语境中，正式的政府组织终于承认并做出某些尝试，致力于首先激起了抗议浪潮的主要环境趋势和问题。因此，1983年，联合国大会要求布伦特兰夫人（Gro Harlem Brundtland）主持环境与发展国际会议（WCED），此时万事俱备只欠东风。"布伦特兰会议"后来的报告《我们共同的未来》（*Our common Future*，1987），只不过提纯了、也合法化了有关诸概念的许多方面，数世纪中，当然包括过去的20年中，这些概念曾经一直在传播、争论。

《布伦特兰报告》在这里值得引述，用一种更宽的定义，它声明可持续发展是：

> 人类的能力确保它满足于当下的需要，而没有承诺未来几代
> 人们有能力满足自己的需要……可持续发展不是和谐的固化状态，
> 而是一个变化过程，在这一过程中，资源利用、投资引导、技术
> 开发方向和机构变化与未来协调一致，就跟当下的需要一样。
> （WCED，1987：9，43）

这就把重点放在了满足当下与未来的需要（而不是"市场"需求），并
且把可持续性当做了一个（"发展"）变化的过程。然而，它是毫无羞
愧的人类中心主义（例如，首先提及人的需要），就如出自布伦特兰夫
人报告中的几乎所有政府和政策释义一样。这与那种更加土地中心、
或更加经济中心的极端释义形成了对照，后者是詹姆斯·拉夫洛克
（James Lovelock）的《盖娅假说》（Gaia，1979），或阿尼·纳斯的
《深度生态学》（*Deep Ecology*，Arne Naess，1989）。汉姆和穆塔基折
衷于偏弱或偏强（更绿色）的观点，提出可持续发展围绕"通过社会
化组织的方式，人类有能力持续适应他们的非人类环境"（Hamm and
Muttagi，1998：2）。这就把重点放在了人类反应性的行动和组织化之
上。这一概念的最近（再）建构，趋向于促使可持续性的"强"与
"弱"说法之间的紧张消失，有关环境变化影响和资源枯竭的更整体与
局部认知之间的紧张消失。这一点在英国官方的说法中被反映出来，
这就是有关经济增长"需要"被节制在一种更平衡的"经济发展"，并
且又调整到一种有利于可持续发展的消费中，重点是在"发展"。尽管
这些变化反映在政府报告里所用的特殊的字眼中，但这种话语处于不
断的释义和再释义的状态中，还表现在可持续性的实践活动中。正是
在实践中，这一术语的不断发展的涵义，以及协商和实施的特别成果，
对规划师们至关重要。

更近，在全球范围内，对人类活动对全球气候的影响以及可能带

来的严重后果，已经达成某种程度上的共识。因此，气候变化被提上议事日程已经很重要，并且现在也比得上可持续性发展的首要目标，并有部分重叠。的确，2007年12月，英国政府《规划政策声明（1）》的一项附录就特别附上了气候变化，勾勒出了对规划学的影响。这一指南在2010年做了修订，并且具体证明了气候变化话语为推动可持续发展提供了一个重要的正当理由是多么地快。它不仅加强了对发展的可持续形式的呼吁，而且作为主要问题，把重点放在二氧化碳减排之上：

> 本届政府相信，当今，气候变化是这一世界所面临的最大的长期挑战。因此，为设法解决气候变化，可持续发展是本届政府最重的担心。（DCLG，2007a：8）

所以，除了已经讨论过的，在减缓、适应气候变化与它的可能后果方面，规划学有自己的角色要扮演。这包括勾画和确定发展的准确地方与其他实际工作，以确保所采纳的决策对于变化提供了快速恢复能力——界定为没有根本变化的抵御、回弹或吸收活动的一套能力。适应性观念是这样的，社会、生态，或经济的变量被改变，以确保社会的运转是在可持续限度之内。"减缓"包括想方设法减少或预防二氧化碳排放、增加能够吸收二氧化碳排放的碳"沉淀"的能力——在这些解决办法中，有一些是（人类的）活动方式上的，有一些是技术上的。许多存在空间后果，需要持之以恒地思索，例如（参见：Foresight，2010），在可持续的土地使用上，经常涉及某种形式的调控。

解构可持续性：有多少主要原则？

尽管在争论可持续性方面，社会建构和再建构是个内在的进程，一些主要原则能够被证实、也能够被勾勒出来。这些要素常常包括有关可持续的争论，以及让这一概念贯穿于相关政策、技术和实践活动的具体运用中。

环境保护主义

环境保护主义一致赞成这一观念，任何决策过程都要考虑环境的全部成本与好处。它把"看管"和保护自然环境置于可持续性争论的核心，并且质疑人类在与自然环境的关系中直奔经济中心的态度。当然，存在许多不同的"绿色"层次，在这场运动中，有关这一世界的人类中心主义到更加经济中心的观点均被激发起来，也有许多势力起而攻之。如稍前提到的，规划学存在一段保护、抗议和资源管理的漫长历史，它寻求维护和"节约"主要的环境资本，诸如栖息地、风景、水资源、户外和农田、空气质量、古迹等等。在这些目标上常常并非事事如意，不过，在形成规划政策与实践中，环境保护主义扮演着极重要的角色。这些影响源自 19 世纪晚期和 20 世纪早期的保护和保护者运动以及组织的建立，诸如在英国，乡村英格兰的保护运动（由规划师波特里克·阿贝克隆比发起）、民族信任以及 20 世纪 60 年代后期的地球与绿色和平之友。

未来

布伦特兰夫人的报告对可持续发展做出解释之后，"未来"成了中心概念。它要求我们，在有关未来数代的可能需要方面，当今无论做什么决策或采取什么行动，都要顾虑其长期后果。对于这一观念来说，环境质量和这一星球的未来显得非常重要。它已经用关注未来（人类）几代人生活质量的眼光进行了建构。这也与更多规划学的特性相符合，这一特性就是用长远观点来看未来需要与当下所做出的决策效果。创制一项规划恰恰是一种未来取向的管理策略，设法把当代人的需要和要求与将要到来的那些利益群体和世代的可以感到的未来需要调和起来。

可持续发展的未来维度，对决策来说也突出一种预防性方法，这就是，在决策中，在科学上的必然性之前（生存环境危害的例子），采取预防的、回避的行为，或在得到科学证据之前（潜在的生态危机的例子），延迟做出决策。对于规划师们（和其他人）采纳这一概念来说，这曾经是件困难的事。因为它的动作与规划和规划师们评估提供未来状态的趋势处于紧张状态。有其他的预防性延迟方法（例如通过划分发展阶段或使发展选择服从于进一步的推敲），或限制的方法（例如，反对在洪泛区，或空气质量差劲的地方开发）。无论如何，在发展压力大、长期影响没有很好理解的时候，也许特别是规划的决策者为政客们把持的时候，这些考虑和它们的空间影响没有一条轻而易举的通道。

开发

把"可持续性"与"发展"（参见第十九章）两个词放在一起，以强调变化和改善的一个过程。它意味着在一个环境保护的完全防护的世界里，"停滞的平静"不是一项选择。有关环境保护主义，它引入了一种人类中心的导向性陈述，暗示为了提供未来需求，存在一种进行进一步经济和自然开发的要求。按照同样的思路，"环境保护主义"有许多绿色的层次，"开发"也是如此。有鉴于此，英国政府常常在一种极端的意义上，按照维持"经济增长和就业的高而稳的水平"对它进行重构。另外的游说团体和组织曾经尝试推销开发的可替代选择的概念，这种概念基于人为和自然环境中的资源流更加全面和循环的观点之上。最近的观念，诸如"经济系统服务"已经重新强调了不同行为和功能的联系性和内在依赖性。类似"低影响"或"零-碳"住宅，或"经济-工业"厂区的开发形式已经提出并实施，作为能够做到"轻快地依赖地球而生活"的指导性样板。这样的观念和样板曾经被资本家的开发产业有意边缘化了，因为他们不能（或不愿）采纳这样一种管理体制。当说这些观念和样板还是某类小杂耍的时候，这些观念继续挑战着有关持续性的技术官僚话语，这些话语在当下往往支配着规划政策的争论。更为环保和更完整统一的观点也正在变得更具有影响力了，因为政府为气候变化议程的意义在展开奋战。

公平

在可持续性这一概念的重构方面，1992 年里约热内卢地球峰会发挥了关键作用。一个主要的非政府组织（NGO）出席了这次峰会（以及为这次峰会所做的筹备工作），与以前的可持续性话语所已经成就的相比，该组织设法使这项原则更有分量。在这一语境中，公平观念基于这样的看法之上：地球资源和财富分配的不公平，是不可持续发展的最根本结果和原因，为了设法改正这一点，应该要求所有层次的决策人思考他们的提议和行为的分配结果。当思考跨空间的行为时，对另外的欠发达国家和地区的一种责任，应该作为要素包括在决策中。

通过提出这类问题，可持续发展争论揭示了社会改革主义观念的一段漫长历史和上面所提到的政治/社会运动之间的清晰关联。这一原则是如何在一般与特殊个案之间实施的，也将反映出弥漫的人民的政治立场和相关状态的思想连续统，以及他们的沟通方式。在英国，从 20 世纪 70 年代开始，规划实践拓展了有关这些观念的某些内容，其时，规划和都市开发过程中的不公平受到了引人注目的批评。然而，"平等问题"往往被约定俗成为经过相对处理和概括的"平等关怀"，也许是事后想起的补救办法，它们被附加到规划评估、规划实施决策报告中。1998 年的人权法案是有关这一事务的一个案例（参见：Parker，2001），作为维护个人权利的一个潜在的强有力工具，几乎是不动声色地被吸收到日常的规划学实践活动中。

参与

里约热内卢峰会的主要成果之一就是《21 世纪议程》声明。这份文件确立了作为可持续性的一件试金石，个人和群体在决策和实施之上的意义深远的参与。公民和利益相关者意义深远的加入和参与奠基于许多基本原理，其中包括需要：

- 在各种相关层面（包括地方上）处理环境问题；
- 在所有主要利益群体之间（包括那些普通的被边缘化的）建立共识；
- 把可持续发展的所有权扩展到单个社区；
- 在合适的地方（如政治和经济的辅助原则），允许当地的解决办法和决策。

参与的观点不是不要批评，而是需要慎重对待，如果不同的利益相关者群体（参见第九章）在权利和影响方面拥有明显的不公平。但是，它并不强调这一维度对在可持续发展这一概念和实践中行事的许多人的重要性。对规划决策中公共参与的关心，可上溯到地球峰会前的许多年的英国规划学实践活动（参见：Skeffington，1969），甚至从20世纪60年代起，为了与各种社区利益群体建立更直接、更有效的密切关系，规划师们曾经奋力拼搏。这一过程曾经遭遇了失败、沮丧和敷衍了事，但是，进步已经获得，教益已经学到（参见：例如，Brownill and Parker，2010；Healey，2005；Rydin，2010）。2004年女王陛下的皇家文书局（Stationery Office）（HMSO，2004）对英国规划系统的参与性改革基于需要确保决策的速度和透明性，并需要重申可持续发展是一项压倒一切的优先权。纵然这样的"改革"会寻求改善可持续性的某些"理想"层面，其他当前的优先性及其解释——如竞争力的主张（第十七章）——往往胜出环境保护优先性及其解释。

这一条目并没有穷尽构成可持续性话语和具体实践活动的诸构成要素。如以上所提及的，整体/综合思维与行动的根本必备条件，是规划师们眼下正在与其奋斗的一种挑战。鉴于规划师们作为错综复杂论者（reticulist）的荣誉，鉴于最近发展综合的空间规划方法的动议，这多少有点儿讽刺意味。同样，"环境"（或"自然"）资本（参见第十六章）的观念已经获得尝试，并一定程度上发现需要将其作为管理土地开发的让与的一种"可持续性工具"。在"可持续社区"的基础政策的界定中，模糊但异常有力的"生活质量"概念也常常被提及，而预防性原则、生态多样性或生物多样性也是常常植入可持续发展论战中的术语。如前面提到的，这些原则、概念和工具被许许多多利益群体有效利用，去建构和操纵有关可持续性的话语。以上的"概念图"，仅仅具体解释了这一术语内在的可塑性，当我们注意到来自规划学实践活动中的例子，一些事情会得到具体的说明。当置于紧张和政治化的世界中时（在这一世界中，发展和经济增长被大批商业和其他利益群体顽固地推动），这种可塑性既是一种力量，也是极为致命的弱点。

规划实践中的可持续性

日益增长的可持续性，已经是规划系统的一条首要的正当教义，在英国及其他地方，这也胡里花哨地反映在现在许多主要政策文件上。例如，在英国的规划体系中，规划的首要目的在《规划政策声明·1》中得到阐明，它陈述道："可持续发展是支撑规划的核心原则。可持续发展的灵魂是这样一条简明的观念，确保每个人，现在和未来世代的人，拥有一种更好的生活质量。"（DCLG，2005，第3节）这反映出可持续性这一术语一种特别而又宽泛使用的过分要求，这同时使另外的"更深入的"界定边缘化，允许实践中大量的解释和运用。被中央政府政策确定的这一框架，限定了规划过程能够建构可持续性的其他解释有多么地远，但是它并不能完全支配这一点。

有另外的影响建构着这一过程，包括规划系统流行的就"平衡"方面来看的可持续性。不同影响和利益群体的平衡，导致了一种务实的或"网状可持续性"形式的实施。这往往把存在中主导的发展过程的紧张轻描淡写了，包括权衡可持续性关怀而抵制其他的"物质上的关怀"。依照此法，作为历史进程和步骤重新把它们自身贯彻于日复一日的实践活动中，空间规划的整体论的/综合的/错综复杂论的潜力被裸呈出来。

默多奇（2004）讨论到可持续性话语如何曾经在规划学中的特殊技术和实践中得到反映，这与英国棕色地带住宅开发政策的兴起有关。20世纪90年代，被置于棕色地带开发优先权的重大意义，是它快速地变成了都市开发可持续形式的一个替代概念——而不是当作有效、可持续的土地和资源的利用办法的一部分。敏感于一种组织精良、积极主动的乡村游说活动的影响（被作为保护乡村英格兰运动〔CPRE〕的前锋），新上任的工党政府帮助建立了一个政策框架，它后来被住宅部长尼克·莱恩福特（Nick Raynsford）概括为"棕色地带居首，绿色地带随后"（2000：262）。如默多奇所提议的：

> 20世纪90年代晚期，开始支配住宅竞技场的规划学的新政治的合理性，事实上包括对可持续性话语纲要内容的相当有选择的挪用，而纲要是由保护乡村英格兰运动与中央政府提出的。可持续性现在被解释不是按照它的通常意义，用作经济、社会和环境保护准则与开发进程的一种平衡，而是当做已开发土地的再开发。（2004：53）

可持续性这一词汇的这种狭义或选择性使用，在有关住宅的政府《规划政策声明·3》版本中是一个明显的证明（DETR，2000），它被提出来作为指南："推动发展的更可持续模式，更好地利用先前开发的土地"，其中，附加住宅的中心点应该是现有的乡镇和城市（第一节）。自1997年，在英国，当做可持续性的试金石，强调再利用棕色地带场所已经被连续使用。有关住宅土地放开的主要政策声明是清楚的，政府把发展的可持续模式看做（DETR，2000，第21节）：

- 大部分的附加住宅开发集中在市区；

- 通过最大化再利用先前开发过的土地、转化和再利用现有的建筑，更有效地利用土地；

- 评估市区容纳更多住宅的能力；

- 采用一种循序渐进的方法去分配住宅开发的七地；

- 想方设法放开住宅土地；

- 评价计划中的住宅土地现有的分配，在它们接近更新时，采用规划许可证办法。

尽管土地的有效利用支配着这一指南，其他可持续性的考虑，如开发过程的绿化、公共交通的供给、遗产保护和生态资源也包括在《规划政策声明·3》中。然而，它们并没有得到一视同仁的强调，对于再利用先前开发土地的主要政策标准来说，它们被作为补充性的附录。这也反映在这一方法中，在此，住宅开发政策将被强行贯彻，或如默多奇所建议，通过"政府技术"而成为"现实"。

"城市容纳能力研究"是主要的规划学技能，为保护可持续发展这一目的的安全，在这一指南里得到提倡。源自环境容纳能力研究的早期工作，城市容纳能力研究为环境顾问、环境压力集团（包括地球之友、保护乡村英格兰运动）和积极的地方规划主管部门浮出水面的网络所发展。这就要求地方主管部门去确认、量化他们（城区）先前开发场所是否能够容纳新住宅的开发。就像默多奇在他的研究中所建议的，地方主管部门能够使其技能花样翻新，以带来更多的调研发现，与地方的政治优先权保持一致。按理论来说，它具体解释为：

> 容纳能力研究行动是网络建设进程的组成部分，它把关键决策者的审慎与许多城市场所联系起来，而这些场所在住宅规划活动中将被登记造册。事实上，容纳能力研究允许政府网络围绕地方开发决策，加上一种（特殊的）可持续性框架。

并且还有：

> 通过有选择的挪用该指南的纲领，地方规划决策者在与地方、而不是国家感情一致之时驾驭他们的举止（Murdoch，2004：55）。

这就表明，如果政府和政策环境是不合适的、可持续发展的理解是不充分的，如何尝试努力达致可持续发展形式就可能陷入困境，或是败兴而归。城市容纳能力研究不只是建构出来当做可持续性话语的管理方法的技术。另外的例子，与它们自己的参与者网络一起（参见第四章），包括：环境影响评估、可持续性鉴定、历史建筑列表、生态或遗产地方或场所；环境保护审查；可持续性指标的使用；建设研究权威的环境鉴定法（BREEAM）；碳减排战略以及生命周期分析。的确，这些技术中的一些指标，在最近英国政府司法或指导之下（例如，依照特别的可持续性标准而建立起来的新学问开发的必要条件），正在被城市容纳能力研究取而代之。

结论

我们对持续性与规划学的说明，证明了这一观念的多重本质，以及在实施有关可持续发展更具深度或更具力量的文本的困难的多重本质。政策中的可持续话语或反思，表明这一观念处在流动之中；受到管理方式的各种技术的辅助或怂恿，它处在构造、稳定和重构的一个连续进程之中，并作为新证据或政治共识而获得协商。它也被用作与其他观念和概念结合起来——它们中的一些在本书中会得到讨论。

忽略这种可塑性，这一概念在形成规划学政策或实践上有着一些共鸣。在其中心，可持续性大概在确保今天做出的决策——长期来看是正当的和有益的，而短期动机，诸如挣利润，或回应今天的需求或需要，在我们的决策中不能是压倒性因素。进行计算和决策需要立足在精确的环境证据和环境理解之上，即使这其中的一些是预防性的、经验性的。在思考有关资源与社会影响、经济优先权和环境产品方面，一般条件下规划学需要更综合、更有效。由此，有效地利用土地、水和能源，推进更绿色的城市形式，改变人们的态度，有必要得到重申，当做规划师们首要考量的因素。

第四章 网络

相关术语：资源；跨界关系；政策详解；复杂性；系统；角色；杂交体；流；流动性；关系

引言

通过关系或资源网络，规划师们在构造和制订政策以及影响决策方面发挥重要作用。作为一个彼此关联的"圈子"，这一术语典型地被用在要素的一种实际安排。然而，网络这一词的一般用法，并没有完满地传达其意义范围和重要性，对于规划师们或其他致力于开发和空间政策的人来说，它也是不充分的。因此，有关什么建起了网络，它们怎么运作，这一概念与规划学实践活动的关联如何等问题，必需要提出来。

对"关系集合"的网络构成的分析与深思，正日益被视为规划学理论和实践的一个重要部分。本章勾勒网络对规划学实践的价值，也举出网络思考方法如何被运用于规划学的一些例子。不管怎样，网络的理解不是直接的；尤其因为存在不同的"类型"和拥有潜在关系的概念构想。每一个有它自己的重要的、内在的复杂性。在这一章，我们思考网络的定义、类型或目的，它们的构成成分，以及网络和分析网络的不同概念构想，如何会对规划师们有用。

网络定义

公共团体、当地群体、开发商和其他组织如何协商关系和决策，能够提供一个网络的材料与构成要素。多种网络在构成规划结果中的作用得到了讨论，他们是比基克和劳（Bijker and Law，1992）、默多奇（2006）和埃文思等人（1999），这样的评估提供了本章中我们观点的大部分重点。除了公认的显而易见的（或有形的）网络，诸如交通网络、通信基础设施网络，我们对建构规划和开发过程发挥作用的社会和文化维度也有兴趣。这也就是说，社会和技术实体的结合体是如何通过网络流程被汇流一处的，又是如何对"产生"规划成果发挥作用的。

存在许多与网络有关的释义，这些释义折射出不同的范式，通过这样的范式，可以看出网络隐喻。网络分析的某些形式能够挑战预设的认识——通过纳入到分析关系或互动的框架内，它突然挣脱目前的、狭义空间，或对可见的可观察东西的笛卡尔式的解释。其结果，对绵延于时空中的大量影响和信息的意识，能够被延伸开去。在发展这些之前，对网络的初始的或表面的细察，将它们视为被某种形式的联系或关系所约束的"团体"，或看作"为履行一项特殊使命需要分享某种类似功能或设计的团体"。尽管显而易见，规划师与其他人一起协作，但对在塑造环境方面涉及的一大堆材料和人员的更深程度的评估，则涉及考察不同的参与者所拥有的权力和影响的种种关系。在这一点上，我们认为，一个更丰富的概念性看法——它扩展了有关网络的那些简单释义——包含激起或接受交换的角色，以及"执行"这些交换（有时影响或限定角色之间的互动）的中间人。"网络"因此既被定义为一组关系密切的角色，又被定义为一批更广泛的、变动不居的人和其他生物或东西（有时当做"活性剂"来提及）。那么，我们的兴趣，不仅限于作为"规划学网络"的一部分涉及谁，而且还有这样的网络是如何运作的，并且为什么运作。我们现在开始讨论首先涉及社会网络的这些论点。

社会网络

社会网络的观念为分析人类的组织提供了一个框架。社会网络的关联度将有差异，会或不会影响对规划问题或政策制定的态度。它相当依赖具体语境，更重要的，依赖于规划师们（和其他人）如何看待、理解网络。在网络中，有关角色之间的关系被当做建构网络、为其提供力量的东西。西里尔把社会网络当做"经由这样的关系性联络，人们能够获得物质资源、知识和权力的机会"（Hillier，2002：13）。在网络中，同与其他角色的关系和纽带相比，个人属性被视为不那么重要，尽管个人特征会影响关系。社会网络理论往往大部分是非空间的（aspatial），其根源来自社会学，并且可能忽略这样的网络是如何可以横贯空间，以及如何产生影响，将"远隔的"人们和地方联系起来。对地方与人们的关系来说，空间维度具有重要的诸多复杂多变又难以预料的后果，而虑及发展与人类行为模式又是意义重大的。

重视网络，一定程度上会看低个人能动性，必然意味着网络的聚合结构建构起了网络的轨道。这一看法并不总是貌似有理的，并且在重新平衡个人角色方面，歇雷（2005）勾勒了在形成个人认同方面为什么社会的关系会至关重要，为什么这样的网络，作为"抱团儿的能动性"或"集中化的主体性"会塑造地方，以及使用空间、感受空间的方式。帕克和乌拉格（Parker and Wragg，1999）突出了个人角色如何能够动摇网络，重新确定网络的方向，同时突显出了在操纵这一过程中的"网络化的能动性"的潜力和网络开发商们的地位。西里尔

（2000）指出了网络如何可以被用来颠覆规划进程。以相同的脉络，公众在规划中的参与的有意义的设计和运作，要求理解现存的群体类型，以及它们是如何受到政策影响的。

社会网络研究者已经倾向于把重点放在一群人合伙共同设计可观察的关系或结果。对于勾画出规划中的参与方的全貌，对于规划师们促进或建言这样的网络，这都是一条有用的途径。然而，理解网络，对规划师们也有其他益处，我们现在开始用力于此。

规划学、网络和角色网络理论

后结构的转折重新开启了对二分法和二元论简单化的挑战，并且重新强调了技术的或物质的社会影响。有关社会-自然的分割，人类与非人类之间所作的典型的清晰区分的种种假设，都受到了解构，并且发现都有缺失。这是不久之前的事，后结构的洞察被运用于社会科学，顺理成章，也被运用于空间规划的理论与实践（Hillier，2007；Murdoch，1997b，2004）。因此，社会网络理论已受到挑战，被视为一种不完备观点，因为后结构思想方式插入了对杂交性、易变性和偶然性的讨论，允许技术和其他非人类的"活性剂"对假定"社会"网络发挥作用与影响。网络现在倾向于用一种人类的、非-人类的、物质的和技术的更广的"积聚"的方式来看，它们为特殊目标被和谐地组织在一起。

反思思维方式上的这种转变，角色网络理论（ANT）对于形成空间的空间、网络的研究来说，已经变成一种有影响的方法："角色网络理论正在推广……一种社会-哲学的方法，依此，用同样的分析观点，人类与非人类、社会与技术因素被带到一起来了"（Law，1991：1）。这一方法扩展了网络理论的范围，对诸多规划师所习用的传统空间概念发起了挑战，这些概念包括距离等于空间，可以参照抽象的坐标对人、地、物所在的地方进行定位，并付诸一种简明的制图学意义上的再现。来自角色网络理论视角的网络，能够被构思成绵延的空间。这样的形成或扩展只会受到"远距离产生作用"诸角色的影响所限制，通过网络与网络间传递的关系的"抵达"，间接地影响地方和其他角色/活化剂。依靠在各种不同网络间和横穿不同的网络来搭建桥梁，个体角色作为中间人发挥作用。对规划师来说，填补"结构性漏洞"（Burt，1992，2004），是一种潜在的角色：对协商发挥作用，把不同的利益群体（或网络）笼在一处，协调新的网络关系，这些推进了诸如可持续发展的规划学目标。此外，相关的角色和中间人的一体化，会被扩展到包括自然的和其他人类之外的"活化剂"。这一构想支撑着康农（Cannon，2005）对城市棕色地带进行修复的"适应性管理"方法，在此，规划师被迫"像（置身）一片污染场所那样思考"。它也支持了阿尔米塔格等人（Armitage et al.，2007）有关"适应性共管"的论点，在这种共管中，机构、政策和知识被众多受影响的角色按照一种进行中的方法进行检验和修订。

研究者已经认识到，网络如何能够对搓揉或"折皱与折叠"空间和时间发挥作用。由于将网络的效果纳入了思考，规划师能够思考限于地方的政策和规划——例如，追问互不相连的地域是如何被彼此联系起来并互相影响的。这种分析方法已经成为可能，主要因为已越来越意识到构建和塑造地方的关系的错综复杂，以及影响作为空间规划主要目标的生活质量和可持续性的社会-经济与环境特性。换言之，思考特定的规划，应当涉及放眼管理边界所划定的有限空间之外，将来自这一地区或区域内外的关系、流、影响纳入思考之中。例如：泰晤士河流域的经济是如何受北京、布鲁塞尔或巴格达做出的决定影响的？一个区域的经济活动是如何影响居住在另外地方的人群的？国家或国际的空港政策如何会影响角色、行为和可能性的整个范围？对这一活化剂的更广概念构想的推进，也意味着积极地思考在空间规划的进程中，例如河流、野生物或技术的"所作所为"和影响。

因此，关于有效的跨界联系在规划中是如何维系或确认的严肃问题，被提出来了。为了更有效地进行规划，我们需要如何思考网络？这引向了涵盖在第五章和第十一章的诸观念，以及规划和规划师们实际上是在一个"开放系统中"积极运作的困难而重要的观点，尽管存在历史的和一以贯之的努力，试图堵塞或窄化规划师和从政者做出来的更广思索和要求的范围、关联和合法性。

这里的网络被看做关系/资源的一种复杂或多种多样的汇聚。这暗含着规划师们应该意识到这一方式，即网络或联系处在流动之中，超越了边界，达到了关系或联系所出现的任何地方。"全球本土"观念，反映出这样的意义，在不同的规模上，角色和资源正在同时流通，但会被某种共同利益或需要所限制。为了促进互动和关系，网络需要中间人。这些是用于促进网络互动的资源，诸如文本、机器或货币（参见：Callon，1991）。在许多情况下，在网络中规划师们会有他们自己的角色，并且变成中间人、角色或"网络开发者"（例如，拓展一项规划政策的时候）。

以这样的观点看，网络是经过结盟或组织的广泛关系，目的在于提供一种特殊成果。例如，这种成果能够生产汽车引擎、拓展一种实施战略、建一座桥梁、管理一座国家公园或保护一种濒危物种。然而，除了认识到关系和纽带的重要性之外，网络还有其他几个方面需要引起注意。对规划师们来说需要思考的最重要方面之一，就是网络的范围：也就是，对地方之中和地方之间的经济、社会和环境关系施加影响的联系的根源和范围。

承认人们与地方其他方面（如建筑、手工艺品、更少确凿成分的记忆）之间的关系和不同联系（参见：Dean，1996），透露了社会和人力资本的拓展与维持的一种关联。因此，我们能够开始明白，这样的"网络"可能大于它的部分之和——角色之间的关系与交流制造出一种权力和"旅行方向"。这也有空间和其他政策的言外之意，此外，这样的联系可能含有空间和地方的一种汇聚，或确实是空间和地方的一种碎片化过程，这反过来要求新型的战略性的、跨界的思考、协作和理解。它不亚于表达了对主流规划学范式的根本性的再思考。

在关注这样的网络语境和作用时，我们也应该思考这样的网络的实际目的是什么，在规划学问题和政策构想方面，这样的网络是如何运作的。因此我们应该思考网络的方向和轨迹，以及这些会阻碍更可取的"规划学"过程和结果的地方。有鉴于此，我们现在转向思考网络是如何运作的，并且从政策和主题网络之间的区分入手，思考规划师们为什么和如何可能卷入这些问题之中。

政策与主题网络

围绕政策领域和问题所形成的网络特征的意识，是相当中肯的。许多规划师将用固定程序来工作，并且遵循主管部门和立法部门所交待的项目和时间表。相反地，他们可能卷入有关政策或决策的无法预料或其他敏感的审议工作，在此，采取审慎和协商是重要的。在这样的角色中，规划师们陷身于政策网络和主题网络中（March and Smith，2000）。默多奇（1998）指出，主题网络很可能是协商的（比如开放和流动），而政策网络往往更封闭或"约定俗成"——影响过程和效果的机会更少。政策网络会拓展清楚勘定合法行为和相关规则的公认的"条例"：在此环境下，通过"法律上应尽的核准效力"，网络会获得保护，它确保遵循特殊的程序，恰当地"构造"规范。这样的前提确保了控制和一致（如，不接受的信息类型、强加的最后期限、确定的资源投入）。许多规划学活动，如开发规划的精确解释和推敲，通过这样的政策网络得到控制。

这种状态接近于一个"政策社区"的观念，在此，一个固定组群遵循一个更严格或不那么严格的步骤和特别的资源类型，信息和角色被认为是合法的（Jordan，1990）。然而，在角色网络理论被用作分析这样语境的时候，这种理解是大成问题的。如果针对那些力图缩小或"封锁"政策流程或决策更严的政客和规划师们发出一个警告，这种社区就难以一致，或很少能完全控制政策的制定过程。此外，这样做威胁到这种政策的合法理由和"可实施性"，并且这种网络会更易于"动荡不安"（Parker and Wragg，1999）。

主题网络是典型的更点对点的，或更宽松的网络，它围绕一个特别话题而形成。规划师们会作为一个突然出现的问题的部分而卷入其中，或该活动会是一个地方主管部门接近规划的一个创新部分。当那一问题获得确认、一个解决办法得到设计或谋划时，诸角色便聚集起来，寻找确定一个结果。在此，诸角色的信息、力量和其他能力是关键性的。此外，所利用的或被确认的遗漏和能动性与资源，能够鲜明地影响这种网络的轨迹（参见：Davies，2002）。在主题网络中，不同角色和成果、知识和方法的可能性更为广阔，甚至更难预测或"操纵"。主题网络往往也是对一种状态或提议做出回应的反应联盟。相比之下，政策网络往往有长久的生命，或发挥监督决策制定的更基础步骤的"常务委员会"的作用，拥有某种"官方的"或其他公认的地位。两种类型联手提供一种特别（未决的或不可预测的）成果，其中涉及为获得成功进行协商和配置资源。

对这一过程的另类的理论研究，包含在得益于角色网络理论灵感的翻译理论的描述中。这一描述解释网络如何倾向于理想化的"阶梯"以确立和达成共识的。这些阶梯是：议题的"问题化"；必需的网络开发（"交互存在"阶段）；必需角色和资源的注册；最后，实施优选的解决办法或政策的网络"动员"（参见：Callon，1991；Murdoch，2005）。然而，网络从来不是完全封闭的，它们的结果也不能完全预测。完全理解所涉及的关系范围可能也是困难的。不过，在典型的政策网络中，排除一些角色，或者建立准入的条件或别的壁垒——诸如职业语言，这样的努力将要做出。否则，为组织和"简化"后果，许多幕后活动将会发生，这些会发生在政策制定中，或仔细考虑大型开发建议的时候。有关规划的公共困境之一，就是"政策社团"流程典型性地达成决议的方式。然而，在一件无法预测的事件或新信息可能显露出来的时候，关闭选项的企图可能导致随之而来的争论。

规划与网络挑战

使理解网络的涵义与对它们的时间、能源和其他资源的实际要求达成一致，对规划师们来说会是困难的。无论如何，认识"规划"粉墨登场的环境和这一环境的可能性与复杂性，是重要的。因此我们这里采用关于网络的一种后结构主义和多元化观点：网络能够被定义为"跨越时空的人、资源和互动的关系和物质的杂交积聚"。换言之，网络是流动的、需要维护的，要完全理解或控制也是困难的。尽管规划师们会对诸如公路、铁路联运一类的有形网络感兴趣，甚或把人群当做网络，但也存在其他的对形成和再塑规划学和空间成果发挥作用的联系与互动。过去，对规划和实施的失败的批评，部分起源于对人群与地方之间现存的互动关系和偶发事件的贫乏理解。因此，规划师们需要成为活跃的协商里手和网络运营商，以及更加显而易见的技术或程序"专家"。

在规划过程中采用一种网络思维方式，关键问题开始出现了。谁把这一规划汇总一起，如何汇总？对此规划谁曾经"约定"？什么利益群体已经影响到这些制定者及为什么？随后，问题引向了"约定的"要点实际上如何展开、如何实现。这里出现的一个要素是，在设计一项规划或一项战略的时候，共同缺乏理解和实际达成的共识，尽管公开宣称的与此恰好相反。在我们的术语里，网络建设（对某些人）在工具的意义上是有效的，并且通过一系列必要的步骤、阶梯或法律核准要点，但是，谁受益、（对其他人）何价位？谁实际上在忙于、理解这项规划的可能影响？对于实施来说，这项规划将有足够的支持吗？通过采取这样深思熟虑的批评和质疑的立场，我们希望，人们围绕规划如何"适合"寻求施加影响的人/地关系的复杂性能够三思而行。

我们的论点是，由于不协调或有分歧，规划和政策事实上也许不会实现。有影响的相关方是不会乐于或能够采纳或接受这样的战略意图的（并且对它的实施握有某种权力）。此外，规划师们常常难以处理反复无常、瞬息万变的环境和无限的可能性，面对这种环境和可能性，持续的互动和协商仅仅意味着"打补丁"。这是诸因素之一，这些因素说明完全与利益群体和其他活性剂嵌合的一场最终败局，以及预期需要、成果和其他预防性政策的败局。

除了网络建设的程序层面，还存在着有待与规划学实践完全达成妥协的复杂性与变化问题（查阅：de Roo and Silva，2010）。许多规划和政策曾经被作为相当内向型的策略来筹划，要不然的话，它们旨在形成社会-环境-经济的错综关系的一个特殊层面（例如促进保护或保护空地）。在这样做的过程中，这类规划几乎不反映复杂关系和矛盾力量，而正是这些关系和力量决定了地方的形成，或影响到规划部门所设计的政策。早在 20 世纪 60 年代，韦伯（Webber）便挑战规划师们去直面这一问题，他提出：

（规划学）使命的最有意义的部分，应该必须是不滥用我们自己的某一根深蒂固的信条，即当它不是真的隐匿在极端复杂的社会组织中的时候，却用简单绘制模式去寻找秩序。（1963：54）

以区域为基础的地方规划受到广泛批评，一种更好的网络理解能够帮助规划师们在理解和形成知识、大众和物质相关的潮流中发掘、发挥生气勃勃的作用。在一个迅猛的技术发明、高度的交流、跨界投资以及其他维度上服务于改变时空关系的全球化时代（参见第十一章），这甚至是更重要的。在这样的语境中，有效的规划学角色，已经变得更加错综复杂，正如网络形成和影响地方、开发、地方经济、社会动力一样（Castells，1996；Graham Healey，1999）。社会和网络已经全球化，并且还在加速。鉴于资源、资本、人口和信息不能预测、难以控制，这一点正变得日益清楚，那就是，规划师们需要更好地理解网络是如何运作和变化的，在这些网络中涉及什么人和哪些东西。

网络理解的应用

在对网络的另类概念构想中，我们的重点是，网络如何能对规划师们有用，并有助于追踪和分析规划学实践的政治维度。对网络类型的这种描述，反映出网络关系和范围上的一种必要技巧。

考虑到这样的语境，规划师们一个貌似真实的角色将是"绘出"网络地图，以理解规划过程和开发是如何发生的，它们是如何可以促进的（以特别方式），以及具有何种有关的意涵。这种形式的分析可以评估涉及何种资源和角色/活性剂，或何种资源和角色/活性剂可能影响规划和开发政策与决策。这把规划师恰当地置于网络分析师和网络运营商的位置，致力于使网络走向公认的或其他"可持续的"成果。对规划师们来说，这也鼓励了一种更开阔的视角，表明也许可以将以往低调处理的元素有用地带入到分析的视野之中（诸如社会-技术观，非人类的活性剂的力量，跨界流动）。当然，对于这样一种变化，包括尚存的规划学文化，规划学实践的政治的和敌对的环境，地方主管部门相对内省，以及这样一种变化的可能的资源意义，还存在严重的实践障碍。所有这些，为不要变化，或代之以对新的网络观采取口惠而实不至的态度，提供了影响极大的惯性和借口。有鉴于此，应当承认，现在许多规划主管部门认识到需要一种理解，并且致力于现存的政策与社会网络。举一个例子，在英格兰，规划师们被明确地引向与现存"社区"网络建立密切关系，这就是公共参与要寻找的地方。在英格兰，以下有关社区筹划开发的引文，具体说明了在这一例子中，规划师如何可以被视为策划人和网络分析师：

当地大众的参与，对于社区筹划的有效开发和实施，是一个关键，对于更长时期内的变化也是最重要的。有一块宝地尚未开采，其中包括个人和作为一个整体的群体与社区之中的观念、知识、经验、力量和热情，如果觉察到了，对于变化来说，这能够是一台真正的驱动器。把当地大众放在合伙工作的核心，社区筹划提供了一个新近的机会，也应该建基于这些大众的视野和期望之上。（DCLG，2007b：第 50 节；也可参见：Doak and Parker，2005）。

这是强调可以方便得到的资源，强调需要利用这些资源，按照所采用的步骤、制定的政策或所设计的图式对这些资源做出说明。可以将当地资源引入更广的网络，给更强有力的、获得共识的变化动议添砖加瓦。在这一过程中，思考可能存在于一个网络中的任何裂隙、遗漏或"结构性的漏洞"、反思规划师们所考虑的某些重要问题，是有好处的。例如，存在权力差异的情况中，规划师们发挥什么作用，或哪里有著名的利益群体没有在某个网络中注册？此外，什么关系和约束存在于这一层级制中的不同等级之间？（也可参见第六章）。其他什么实体或活性剂会卷入这样的网络中？它们被认为是顺从的吗？它们是可预测、能够被注册于网络之中的吗？留下结构性的漏洞，或未加填补的网络裂隙的后果是什么？

因此，有兴趣认为规划师们是网络人，将网络在本体论上扩充为多样性的集合体，也许能更好地、更可信地对应于一个更流动的、多边的世界，在这一世界里，不同关系、手工艺品和实体对规划师们在其中运作的条件的形成施加了影响。不考虑网络的宽泛概念，对我们来说，这一点是显而易见的：对塑造规划过程和结果的不同角色和资源的作用的某些理解，对规划师的工作来说是必不可少的。意识到塑造这一世界和环境的角色、中间人和关系的潜在含义，对于有效的规划来说是一种必备的技能。

第五章　系统与复杂性

相关概念：网络；关系；突变；习得；适应；合作；共管；合作生产

引言

简·雅各布斯（Jane Jacobs）是欣赏城市的复杂性的人。她将大规模的居住区看做由诸多微观层次的相互作用所构成。

> 在组织有序的错综复杂方面，城市遇上了难题……它们所呈现出的情境其中半打甚或几打的量都在同时发生变化，并且采取了微妙的互联的方式。（雅各布斯，1961：433，着重号为我们所加）。

雅各布斯受到她对 20 世纪 60 年代数学和自然科学争论的理解所左右，这两个学科当时正在探索复杂性，并越来越运用系统的分析模式。科学思想的输入，提供了一种探索城市动态的新视角。雅各布斯用来表达城市显现出的如何运行的关键词是"互联"。这一点恰中这一世界是一个系统的观点的要害；如果补上"非线性"一词，我们就获得了复杂性理论的精义。也就是说，在城市里，不存在任何简单的因果关系；关系和"原因"是多种多样的，同时结果也是不可预测的。早前形式的规划，连同相关的自上而下的、常常是还原论或本质主义的对规划挑战的解决方案，因此是问题丛生的。

把社会、地区或城市看做系统，就把重点放在了一系列完整的关系和相互依赖之上。的确，许多作者已经强调，关系的重要性是复杂系统概念的核心。在本章中，我们将评论关于这一世界的一种"系统"理解所驱动的一些核心观念和方法，以及规划师们通过运用系统思维，曾经尝试如何介入。在 20 世纪 50 年代，这一系统观点得到发展，作为规划学的一种"理性"方法的一部分，这一方法要求规划师们用一种整体观（参见第二章）努力理解诸地方。然而，这样的努力面临着许多实际的和概念的难题。例如，在分析中"包括什么"的界线问题（参见第四章），优先权和关系大小的相关问题，如何处理城市和地方所发现的变量和突变的绝对数字。这种规模和测量还掺和着资源以及与时间有关的难题；规划组织机构或委托人，常常不想按照它所意指的整体分析付出代价；特别是在考虑到一个易变的和高技术世界里的显而易见的变化速度、人-地互动的易变性的情况下（Urry，2000）。本质上，这一世界继续向前，而分析是为计划做准备，这常常给初始的分析及随之而来的规划抹上了片面、欠完美和过时的色彩，因此为浪费资源的指控敞开了大门。

早期系统理论在城市和区域规划学中的运用（参见：Chadwick，1978；McLoughlin，1969），启动了规划学方法的一种转变，从主要关注建成环境和设计考虑，转向一种寻求更普遍地形成和模塑社会的设计。这一抱负能够部分实现，得益于科学和技术的发展，尤其是得益于计算机力量的快速提升。由于规划作为一种已获确认、政府背书的职业的崛起，城市和区域规划学随后得到更广泛的运用，这一趋势获得了进一步支持。的确，有影响的《增长的极限》的出版，是基于利用大规模的计算机建模进行环境预测的早期例子。在全世界，这种方法的某些方面在现代规划学中还能找到，由于这些原因，我们在这里将纳入复杂性及系统，将它们当做关键概念。将这些观念包括在内，也对一个地区或一个主题的简单解决方案或介入提出了质疑，并激励了因土地利用和空间后果相关的特别行为或决定所触发的交互影响与关系的更广思考。在此意义上，本章与第四章我们对网络的讨论也密切相关。

系统与复杂性

围绕充分反映这一世界所面临的实践上和概念上的难题，这一规划学方法引发了重大的争论。在此，如何可信地做系统的模型、如何理解系统论所知会的决策的效果或影响的问题，已经迫在眉睫。尽管存在许多种思考系统和复杂性的方法，但系统论与复杂性理论之间的联系和关系还是需要讨论。在此，在着手20世纪90年代以来复杂性概念和相关理论已经提供的差异、共享方面和广度之前，我们先概括出系统论提出的基本要素和预设。

系统论

规划学中的系统论与变化的模型化和预测紧密联系在一起。系统论在科学（特别是数学和控制论）和"一般系统论"中有其历史根源。系统据说能够展示系列关键特征：据说它们有界限、定义清楚的功能、结构关系，严格意义上说，它们是动态的，即它们是变化的。一般系统论也声称，任一系统中的每个变量与其他变量形成互动，因此原因与结果不能轻易分开。这一观点引起严重质疑，围绕介入的决定论形式，在这种决定论中，有关特殊结果的抉择，会被相当简单化地与一种"可能原因"联系在一起。

如用简·雅各布斯的观点，系统的思维方式把"系统"看做互联的一组东西。因此，在那些结构关系中，那些元素的相互作用和向介入的运动被视为规划师们的理解的关键：

> 造就一个系统的东西，不只是一组不同的部分，而是部分互联这一事实，因此也是互相依赖的。因此，一个系统的结构是由它的部分的结构和它们之间的关系来决定的。（Taylor，1998：61）

言外之意，这种视角将有助于揭示出作为策略性规划和当地规划的杠杆和工具。这种分析也会阐明社会和政治方面的系统运作的排他效果，或插入可以用作按一个特殊方向指引和形成一个系统的常规目标。来自泰勒的引语，也突出了需要对一个系统实际上是什么稍微多做一点解释。

查德威克（Chadwick，1978）是20世纪60年代和70年代顶尖的系统理论家之一，他对一个系统的三要素进行了区分：对象、属性和关系。对象是包含在一个系统中的角色和成分（在其他说明中构成了一个系统的参数、界限或限度）。属性是所涉对象的本性或特质，关系是存在于对象之间的互动和交流。其总的含义是，系统是一"整体"，诸成分之间的连结使其成为一个"系统"。此外，应该充分地理解并描绘这些连接，以便能够做出"驾驭"这一系统的决策。就规划学的实践来说，一个系统因此会被概念化为一个镇或市，也许一个片区，或某些更密切的事物，诸如一个运输"系统"，或也许固定位置与零售空间以及与用户的互动。空间规划政策和决策，一定程度上将影响或形成这些构成成分和作为整体的这一系统。查德威克附加了一个忠告性的注释，无论如何，它提醒我们：

> 像美一样，一个系统就存在于具体观察者的眼里，因此，依照与我们的兴趣、目标相一致的无数种方法，我们能够界定一个系统，这一世界是由许多套关系所组成。（1978：42）

这段引文初步揭示出主要的实践问题之一：把价值置于不同要素之中所面临的难题，以及实践上在三要素的相关构成元素与作为一个"整体"的系统之间，确定哪里和如何划出界线的难题。这一问题变成了：这一系统的限度是什么？

因此系统论一定程度上意味着界性（boundedness）：一个一定程度上"限定"或隔开复杂性的封闭系统。弗格森（Ferguson）赞成系统论者，宣称变量能够被看做既是因，也是果，而且提出这样的论点："如果你把它们从其语境中剥离开来，你就不能理解一个细胞、一只大老鼠、一个颅脑结构、一个家庭、一种文化。关系就是一切。"（1980：10）这一看法开始拆开系统与环境之间的清晰区分，而这一区分是某些作者甚为看重的；因为某些系统与另外的系统相比，据说更混乱、更拥挤，而且形成和赋予系统意义的关系更支离散漫。比较而言，"开放系统"的观念把重点放在系统的多重的、难以预测的流动和关系之上，因此精确的预测或控制天生是大有问题或冒险的。这种观念也为复杂性理论开辟了道路，并且强调了某些"系统"是更流动的，不可预测的，会受有时不可预见的一系列影响的支配。"开放"系统的一个首要例子是天气——这一系统的长时段的预测是不稳定和拿不准的。

因此与时俱进的系统思维，已经倾向于将系统的典型特征概括为与其环境稍有区分——在某种程度上可以是独立的。也就是说，系统可以被抽出来进行评价，或自己从城市生活的混乱或巨大"噪音"的复杂性及其日复一日的运行那里超拔出来。这里为这样一种批评埋下了伏笔：系统方法趋向于简化这一世界的乱象。在使用一个系统模型时，在这一点上的不足，会由于理解力的限度或技术的局限，也会由于不完备的信息，或更糟，由于某种偏见或政治作用，对信息输入、分析及随之而来的预设步骤产生影响。

系统论不是思想的一个单一的连贯体，而是由许多不同传统和方法所构成。在这一意义上，它是典型的多种多样的，不同特征和强调会被看做既是对流行方法又是对知识学观点的重要依赖（参见：

Knorr-Cetina，1999；Kwa，2002）。总而言之，这意味着有关意义和机会的不同评估很可能是由不同的理论思维方式所推演出来的，而这些不同的思维方式的获得则利用了一种系统观点。

支撑系统观点的下一个观念是 autopoeisis 观念，它的意思是独立自足或自我再生。与之形成对照的是 allopoeisis 观念，借这一观念，注意力的重点倒了个儿，也就是说，联合或系统，例如城市，参与到其他的流动、投入之中，由此，总是生产和需求"更多的东西"以发挥功能。在这一意义上，系统需要"外在"的事物或影响来作为它运转的一部分。这一区分需要我们接受一个封闭系统观念和随后的一个更大环境，后者注定有点儿"外在"于这一系统，这提出了有关地方、城市和经济体的重大定义问题。卢曼（Luhman，1986，1995）的著作强调，自创生系统是自组织的，它们也是自我指涉的，在这一意义上，它们根据对系统"中"的各要素的活动做出反应以获得成长和变化。然而，在规划学理论家之间，系统的定义和运作依然是论战的根源（参见：de Roo and Silva，2010；Rasch and Wolfe，2000）。下面我们就考虑这些论点。

"能量"流，或接入和通过系统的输入，被看做系统动力的一个重要杠杆。在一个规划和开发的语境中，一个更宽泛的接入系统的"输入"概念是必要的，它包括：信息、货币、工作、话语，我们冒险提出，规划和策略。这样的"能量"流有助于驱动系统，诸如一片城区或地产的开发过程，通过喂饲"干扰信息"维持这一系统进入不同的状态，而又提升适应性阻止熵的产生。这里我们用"干扰信息"这一称呼，是认识到在解释复杂性时，熵常常被用作指涉一种无序或支离状态。熵要么描述系统的耗尽趋势，要么描绘其"失效"的趋势，而其对应物负熵则指系统随时间的流逝而来的复杂化和变动过程。用作后面这一特征的相同标签是"突变"一词，在突变中，变化、交流和反馈，对影响和改变该系统发生作用。

尽管对规划学感兴趣的系统理论家们，例如查德威克（1978）、麦克洛林（1969），并没有无视运用系统论的困难，系统论在 20 世纪 60 年代至 80 年代，却确实成为了（特殊的）战略规划学的十分重要的组成部分。随后的思想发展意味着，自 20 世纪 90 年代始，这一标签多少为复杂性理论所取代。但是，这种解释或发展，依然受到需要认识成功的政策实施的关系和条件所驱动，也受到环境议程及其更宽泛的可持续性话语重新并列崛起所支援。可持续性的优先权挤入了广泛的人类-环境关系，要求系统理论家所主张的整体思维类型。这类分析常常因例如经济-系统动力学（参见：World Resources institute，2008）、社会-技术系统（Mol and Low，2002）一类的相关观念而受到欢迎，它们认识到人类、自然与技术之间的相互作用的重要性。不过，尽管兴起了对可持续性的"复杂性"的新的一波兴趣和一定程度的政治觉醒，笼罩在解释与测量上的类似问题却依然如故。

复杂性与复杂系统理论

系统论运用趋向于假定一个系统中一定程度的均衡。这意味着，构成成分或角色能够稳定为或可以被视为足以预测的，可以可靠地做出对"系统"行为的展望和预测。在某些语境中，例如管理交通流量，或分析一个合理限定的或封闭的过程，使用这种方法可能是恰当的。然而，在角色和构成成分的网络多种多样和不可控的时候，它带来了变量和不可预测性的相应增加。这造成了"组织化"与"欠组织化"的复杂系统之间的区别，在这里，复杂系统是：

> 以许多角色既依次又同时行动为典型特征的。尽管每个结合体对一段特殊历史阶段发挥的作用，仅仅依赖于与那些角色的子集的互动。（Byrne，1998：20）

因此，复杂整体必然不是可预测的或封闭的。的确，西里尔斯

（Cilliers，1998）争论说，（纯粹）复杂的东西能够获得完整分析，构成成分和它们的功能可以获得理解和预测。按照相同的脉络，组织化的复杂系统在某种实践的意义上应该是可以预测的。出现在一个被认为欠组织的或"混乱的"复杂社会-技术系统中的变量和可能性的范围，有可能是不可量化的，较少能预测的，它伴随着来自不同源头、地位、角色和时期的潜在影响，伴随着互动关系造就的"突发"属性。有鉴于此，某些研究复杂性的理论家声称，一个系统中各实体之间的关系会累积到显示出一个"拥有自己生命"的有机体，也就是说，它被看做大于其部分之和的存在。卡普拉（Capra）曾详述过这一点，尽管这里保留了整体性观念：

> 系统是综合体，其属性是不能被还原到最小单位的东西。与关注基本的建筑石料或实物不同，系统方法把重点放在组织的基本原则之上。每一有机体——从最小的细菌到动植物的广大领域再到人类——是一综合体，因此是一生命系统。社会系统也显示出同样的完整性的各方面——诸如蚁冢、蜂窝状发型、一个人的家庭——通过彼此互动的各种各样的有机体和无生命的东西所构建的经济系统。被保留在一片旷野地区的东西，不是单个儿的树木或有机体，而是它们之间的一张复杂关系网络。（1982：266）

在这一解说里，系统被高度网络化了，"突变"的使用是指该系统的再生产和演变。因此，对系统迭代的预测和将变化模型化的努力，将不会总是被充分表达出来。一种观点称，欠组织的系统不会被满意地图绘出来，或的确简化到适合研究者的渴望或目的——尽管这样去做充满诱惑力。一个选项是尝试去打破该系统的相互作用，或去注意更小的等级；例如一种特殊开发的复杂系统（Doak and Karadimitriou，2007），但是，严峻的问题依然存在，即生成一个对多样互动和复合反应的"全面"理解：

（复杂）系统是由如此错综的一系列非线性关系及反馈圈所构成，这些关系和反馈圈只有它们的一般方面能被依次分析。此外，这些分析总会带来无序。(Cilliers，1998：3)

一些复杂性理论家主张，复杂系统关系既是动力，也是构成成分。该系统中的均衡变成了一种主观的事情，具有相对程度，或在其他方面受到观察者的需要所影响，或按目的和方法所作出的假定所影响。把社会、地区或城市看做系统，这就把重点放在了相互关系和相互依赖的一种整体观之上，在此，"规划师们"和"规划学"仅仅是涉及变化和适应过程中的角色之一。尽管对该系统中规划师们所具有的控制或影响层次，存在不同看法，但还是存在某种共识，即系统是以某（几）种方式由他们来塑造的。在规划方面，我们所做之事，有关某些关系和活性剂的本质和重要性，是一幅不完善的图画、不完善的理解（参见：Hillier，2007；Rasch and Wolfe，2000）。为着规划学的宏图大业，我们现在继续反思规划学和复杂系统理论的假设。

规划学与复杂性

复杂性理论，把过去系统论的应用问题化了，也挑战了许多传统的规划学实践。对规划师们来说，它小心地发展成一种观点，在此要求试验、适应、习得和谨慎地实践，而不是以往流行的许多规划学方法的"自上而下"的系统管理观念。

规划学实践的复杂的构成成分往往与复杂性理论家所绘制的世界观密切"融合"。不过，有关复杂性的存在论基础，它们之间存在一些分歧。需要构想和实施空间规划政策的关系网络，总是规划师们最关切的事情，并且规划决策的不可预测性和非线性影响，多年来已经折磨着这一职业。同样，通过多元-角色协商出现的新城市形式和空间安排，由一系列政治和经济力量和要素所建构，已经促使规划师们将它们的作用视为是局部的，最好的时候是起催化作用的。因此，这一点不必惊讶，规划学理论家和研究者，日益凭借复杂理论去进行概念构想，分析和理解在这一领域所运行的语境和过程。据说，一些分析师感到，复杂理论的言外之意，凸显了一种不可能的质地优良、多种多样的世界，而要么通过把重点放在特别层面之上，要么简化复杂系统，从而做出应对，是不明智的，天生错误的。而其他人力图更务实地处理这种不完善，以期在各种情境中尽力而为，做到最好。科瓦（Kwa，2002）使用"巴洛克"和"罗曼司"这样的术语去绘制态度上的连续统，并且这已经被西里尔（2005）运用到一种规划学的语境中。简而言之，"罗曼司"相信，把复杂系统简化到可供分析和提出对策，这是可能的，而"巴洛克"思想家看到了遍布的复杂性和"混沌"，并且不能为简化辩护。后者反对这样的观念，对（实际上的）包罗万象的一次快照，或一种断言，能够公平地对待复杂系统的随机和流动的现实（对这一连续统的具体描述，参见 de Roo and Silva 2010）。

希提帕兰珀（Chettiparamb）的作品提供了有关复杂性的一系列观念的其为合理和现实的赏鉴，还发展出适合于连续统的"罗曼司"目标的一种方法。她的印度"大众规划学运动"（PPC）研究（Chettiparamb，2007），凭借自创生理论去探究和重释在南印度的卡拉拉邦的政府改革进程和成果。从卢曼（1995）获得启发，她根据以下原则绘制出了一种"双系统"网络（Chettiparamb，2007：494）：

• 存在自创生系统的三类型——生存的、心灵的和社会的——每个类型分别利用生活、思想和交流作为它们的系统再生的模型；

• 社会系统是由区别于环境的某种形式的创造所建立的；

• 社会系统利用功能的区别，后者奠基于一种自身内在建构的二元规则的形成；

• 不存在接近或利用客观真实的任何机会：一切观察者通过一种

特殊系统的凸镜看清事件；

• 一个实体的"组织"定义了特殊关系，而正是这些关系达到了许多种类的目标；它的"结构"定义了在特殊例子中这些特殊关系的实现；

• 自创生系统保持组织的关闭，而同时依然存在互动的开放。

运用自指的复杂的适应系统的架构，希提帕兰珀探究机制性的再建构和激烈的去中心化，这在"大众规划学运动"里得到了采用。通过法律、行政和政治系统的一种宽松的连结，有效利用立法、意识形态和行政工具（例如中央政府立法、特别政治法则和政府命令的采用）的融合手段，规划学安排的一种变革获得了实现。这样的安排企图"建构"和稳定所涉及的复杂性，但是给理解、试验和共同-适应学习留下了空间。她指出，这样的思维方式为规划学的实践预备了一些见识，包括：

> 选择的不可避免，与目标驱动控制相连的问题，坚持为稳定而变化这条原则的必要性，与人、角色、活动项目和各种层次的价值能产生互相影响的有关系的多种层次区别的重要，自指系统的优势，将这种系统连结于工程和事件的能力，导致事件的不同理解与不同处理过程。（Chettiparamb，2007：506）

在英尼斯和布尔（Innes and Booher，1999，2010）的著作中，一项更"巴洛克"的解释已经被接受。他们更多地被吸引到在复杂系统中呈现出来的学习、适应和自组织特征，以及已经应用这些观念去评估规划学实践中的共识建设的过程。为了评估规划学中共识建设的过程和结果，他们提出了一套评判标准，这一标准建议，有效的共识建设应该：

• 是自组织的（依据基本规则、目标、任务、工作团队和讨论主题，允许参与者做决定）；

· 加强创新思维；

· 吸收各种类型的高品质的信息和确信在其涵义上一致；

· 在团队内外造成学习和变革之风；

· 造成有弹性的和网络化的机制和实践；并且它们允许社区对变革和冲突有更具创造性的反应。

他们也指出，直接的或"第一级"的成果响彻这一系统而导向二级、三级成果。例如，在工程层次上发明性的实践活动会引起实践上的更广变革，因此它能够引起遍及这一系统中的新的机制性建构和新的政策话语。突然使人想起英国的所谓"默顿（Merton）规则"的例子。由伦敦的默顿区所提出的一项特殊政策动议（探寻现场可更新能源供给百分比，作为新开发计划的一部分），首先被其他当地规划主管部门所复制，然后被中央政府所采用。这也导致现场补充能源供给更大的项目（例如，为现场补充和国家政策变化的管理提供便利）。

这两个例子，举例说明了复杂性理论如何正在被用于分析和形成规划学的实践。它的整体观知识学有助于多维度、多层次探究相互影响的规划学过程和当地、地区、国家和国际之间的规划系统的原则和教训的语境化改变。然而，存在一些显而易见具有挑战性的层面，既有哲学层面的，又有实践层面的，复杂性理论在实践中的用武之地，还需要认真地理解和磋商。

结论

不应该忘记，系统与复杂性是有关这一世界的社会构建的观点，在帮助我们在这一世界中理解和作为方面，它们的"真理"也与其他观点和理论展开竞争。这也意味着，它们内在地简化了这一世界，照亮了某些要素和关系，而这些要素和关系反映出规划学的实践者和研究者有意或无意的优先权。无可否认，对系统和复杂的适应系统的讨论，已经显示出如下意义：

- 长期关注规划学的关系动力学和认识社会与空间互动的复杂性；
- 一种规划学的系统观点的潮起潮落，从城市系统到甚至更整体观的社会-生态学-技术系统（部分产生于可持续性议事日程的紧迫性）；
- 对这些观念进行概念化，并运用它们去支持规划学实践所面临的困难（例如角色识别、清楚定义边界、系统动力学）；
- 利用这些观念去（再）理解规划学的实践与关系网络所具有的实用性，它是其构成部分，也不得不通过它而工作。

因此，就基本观念来说，复杂性理论和系统思维方式增加了一个工具箱，能够给组织规划学以援手，即：用一种综合方式思考，尝试参与明日的变革，构建走向适应、试验和习得的规划学实践。这样的思维方式尝试直面多样因素和多样关系，而这些因素和关系塑造地方，将社会、环境和经济条件连结到一起。许多规划师已经理解他们的努力常常被多样的、常常是冲突的因素所挫败——复杂性理论和系统分析能帮助他们的规划尝试准备一个路线图，尽管不完善。就像希提帕兰珀所建议的："复杂性对当今的规划是不可或缺的，这一职业需要理论、领悟和机制来处理它。"（2007：507）

第六章　层级制

相关术语：规模；政策流注；规划层级制；决策；实施；控制；组织；附属机构；自行决定权；网络

引言

层级制在许多语境中被广泛使用，以表达一种地位形式，也包含某种组织化的支配链，用作指导决策和实施。本章与其相关的是，层级制的不同观念和例子，规划和政策的结构与总格局，形成"规划学的层级制"的司法、法律。层级制这一术语在许多方面显露出来，在规划学实践中政策被传达和运用，也有某种潜伏方式，由组织和官僚机构所操纵。我们的主要目的是证实在规划学中层级制获得发现和组织，并影响到规划过程、决策和实施发生的方式。

规划学活动，特别在战略和国家层次上，要求政策和规划被当地传达和实施。它遵循这一观念，小决定构成一个更大整体的部分，或帮助完成更大战略的、国家的或可能是全球的目标。公平和典型的领土权的问题也要求规划系统公平、连贯地运行。如果国家的，或甚至全球的政策抱负将在当地实施，问题就变成了：这是如何发生的？在规划中，有组织的结构和决策过程发现了什么？政策的协调和实施，也将本章与第七章（实施）所讨论的问题联系了起来，当然也将第二章所准备的规划学的一般思考联系了起来。我们下面的说明，将凸显典型的对层级制的理解领悟如何往往被相当理想化，如何往往被断断续续地推敲和修正。

层级制的定义与特征

社会层级制得以常常创立和维护在于企图控制、规范或使所采取的行为和决定合乎标准，或维持社会中的差别。在政策科学中，组织和官僚机构的解释引起层级制和决策的广泛争论。在组织理论、管理和政治方面的层级制，指的是一种分级系统的秩序和安排，或一个有组织的"逐级完善"的构成部分的秩序和安排。这典型地把经过组织的级别或地位特征化，以对这一系统行使某种程度的控制或指导。最普通的形式是一种垂直层级制，因此权力和威信是在某种情境中向下行使和授权，用反馈成环的运动向上回返。维护或组织这一层级制的角色会安排优先权，附加相对程度的重要性到不同的必须考虑的事情上；以这一方式，它们表面上对"安排议事日程"发挥作用。

个体维护一种私人的层级制的优先权，这反映出价值、目标和方便得到的选择权会支配例如消费或闲暇消遣的选择。如此选择被一系列文化、社会和经济势力所左右，它们对形成个人态度和决策发挥作用。层级制这一术语运用到私人决策，不是这里的主要关注点。我们首先更有兴趣的，是作为一种官僚程序的规划是如何被协调起来的，其次，是在规划学实践上这一术语浮出水面的其他地方。

层级制有许多已经获得确认的称呼和类型，其中每一个都据说各有利弊，它们在公共行政和管理文献中被详述出来，同时也是发展组织理论努力的一部分（参见：例如，Daft，2009；Thompson et al.，

1991）。许多组织提议尝试"抹平"层级制，旨在鼓励互动、反馈和革新；在规划学和地方政府中，这会被看做鼓励合伙工作和社区团结的努力。同样，这样的结构运转方式也使认识一种自行决定权成为必要，这里该把含和希尔的观察牢记在心，"所有委托任务都包括一定程度的自行决定权"，它凸显了特殊形势带来的变化（1993：152）。

这里的另外一个重要因素，是存在于一（规划）系统中的支撑运作的逻辑。这可能意味着，组织中的差异，围绕层级制的常规化的上下流动，将依照被认为是重要或合法的信息和知识类型而变化。没有连接于过程和决策的某种组织与层级制的形式，规划目标和支持政策证据的接触点，就不能有效地运作。层级制被支配文化、权势利益群体的影响、层级制管理通过规则、提供资金和其他规范化工具所殖民的方式，在制约和形成系统运作方面发挥了作用。这些必须思考的因素也在程序性规划和实质性规划的边缘起作用，也就是说，既在规划的机制中起作用，也在规划的目的上起作用。

迪恩（Dean）把国家运作和试图协调角色看做涉及一系列工具和器械，这些工具和器械是一个受到监督的环境的一部分，其中包括："企图对我们生活其中的方式做出一种区别，诸如多种形式的工程、项目和规划"（1996：211）。这样的努力，不仅包括成文的、正式的政策和法律，如规划政策，而且包括其他话语机制的一个完整领域。复杂性程度、不同因素的序列、层级制中更低级别所面对的必须思考之事，也可能是令人望而生畏的。以这样的观点看来，在恰如其分的聚合、压缩、解释和运用这样的影响方面，当地规划师技能的一部分变成了一种操纵：这既适用于目前的情形，也适用于上面所提到的强有力的作者能与政策解释和推介达成一致的方式。如此一组规范、步骤和优先权，给从事规划和参与规划争夺的民众也造成了大难题。

至少，在层级制的运作中始终可以看到三个一般特征，它们在此是重要的。这三个特征是：第一，所隐含的行动或选择的优先顺序划分；第二，有关步骤或评估的顺序或时间选项的观念；第三，强加秩序，或按照试图控制和规范行为而划定框架。最后这一点多少涉及来自层级制中在上层运作的人的监管，如一位经理"签字"之前，按惯例检查一位下级的工作。这些特征在"如何规划"的经典描述中也能够看到，当然，就监管的或分配的规划来说，如格拉森所描述的："分配的规划关注协调、（和）通过整个时间与发展中的政策都是一致的、确保现存的系统是在有效地维持现状的冲突结果。"（1978：20）因此，类似情形可以在这里看到，在此一份计划的蓝图将被一更高权力机关核查和批准。

　　的确，"规划系统"的简略称呼，反映出规划决议是如何参照在许多相互联系的层次上所列出的政策和优先权获得组织的。存在一些必要的强制观念，以及对这里所隐含的垂直结构性关系的承认，并且，它们以某种方式被协调起来。这既涉及一种程序性层级制，也涉及一种实质性层级制，在这里，将运用确定好的步骤和测试以确保协调一致，并且试图在较低级别依次追求目标或更高级别的政策。言外之意是，各级别的权力，按照某种标准，是不平等的；并且层级制的舞台、部分或台阶利用不同的资源，也许可以从与层级制上层所列出的政策和其他条件保持连贯一致获得合法性，或从依附于这种政策和其他条件获得合法性。

　　有关层级制的这种结构主义观点，也强调一种清晰或模糊的分级对其运作必不可少。以这样的观点看，层级制可以被解释为扩展到四海之"滨"的一种"阶梯"形式，通过它，行为可以跨疆域获得集中和均衡的管控。从概念上说，规划的安排典型地构成了一种政策层级制，这种层级制传统上作为一种自上而下的政策流注而运转，在这里，政策可以在更当地的层级上连贯一致地获得诠释和应用。塞尔夫把这定义为一种"积极的层级制……在此，坚决的命令一直向下传达"（Self，1977：69）。国家层面传统上是最有权力的，用塞尔夫的术语表示，它是"权威的"；根源于规划学政策的出发地。不过，这一源泉受到来自国家层面的"上""下"等级或角色的影响。垂直层级制的上下俯仰的本质，也使某种决策被否决，或停留在更上层的决策之上。

> 必定归属于某个地方的正规权威逻辑，促使将更难的议题向
> 上提交给更小规模的群组。（Self，1977：205）

这意味着某些决策权是委托的，某些是保留的，某些则总是掌握在更高级别手中。在英国规划系统中，这表现得最为清楚。在英国，大型开发也许会遵循辅助原则心照不宣地运用，被"通知"或递交给国务卿做决断，也就是说，决定被移交给被认为是最合适的级别，或被认为最合适的级别采纳。当一项开发项目或政策的改变可能被视为国家大事的时候，或在一项规划不能与现存当地规划相一致的地方，这是最经常发生的事。

政策和决策如何做出，因此可以更多地被视为网络的产物，而不是经由一个权力机构所控制的一套垂直的层级制的运作。我们的观点是，在英国，一种多元主义者的杂交已经发展，凭此，在不同层级上更多角色运转和游说的自行决定权和影响，颠覆和扭曲着这一层级制，对于提供总的方向和形成规划决策，它发挥着框架作用。因此层级制是一种尝试，试图表明事情应该如何发生、权力归属哪里。但是，实际上还有其他的互动和流动构成决策。为适应它们的哲学，不同的政治意识形态也会希望维护或轻视层级制和决策的形式，因为更民主的政体通常寻求一种更加去中心化的决策方式。

层级制与规划学

政府典型地利用各种各样的国家机器或工具，并且利用不同方式试图向基层和整个领土逐步完善政策的抱负。这一正统观念被广泛复制，在规划方面看得非常清楚。卡林沃兹和纳汀争论说："一个规划-导向的系统需要国家政策、区域战略或当地规划的一种包罗万象和时

新的层级制。"（2006：81）在这样的表述中，有一点是无疑问的，即垂直的一致性被认为是工具性的需要，因为没有这样一棵决策之树，规划政策和目标的合法性、活力与通俗易懂会受到威胁。层级制方式的这种类型，也被典型地证明为有其正当理由，因为它提供了一定程度的透明性。当政策有效从上至下"运载"和运用权力时，专家所配置的技术证据和定量对预测必要的支持进行了维护。如下面所要强调的，这样的过程是难得顺利或难得没有论战的。

层级制与规划学政策

规划与规划的主管部门的经典的垂直层级制，在与政策、规划和在不同规模所组成团队的角色等级有关的规划中，是层级制最明白无误的表达。的确，正规的土地利用或空间规划保持着宽泛的自上而下，伴随国家和国际的政策与法律构成的限度和当地政策或实践的布局。规划趋向于难得的透明方式，与这种风格化的观点一致。然而，也已经遭到广泛批判，所依据的是碎片化的、全球化的和网络化的社会，或相关的后结构的有关层级制或层级的批判。用后结构观点来看，这种对层级制的思考正在被网络概念所取代。在规划学的运用中，这种"系统"观重新将规划概念化为包含一个关系或角色网络，它首先受到一个国家层面上的政策共同体所维护，尽管利用诸如规划这样的基本工具发挥中间人作用。

尽管对层级制的规划存在批判和歧见，政策"层级制"却在法律评估方面持续给予合法性和程序透明以援助。它发挥一种结构的作用去支持明晰和提供有关意图与全部轨迹的指引。歇雷（1990）认为，澄清"决策规则"或批评标准以提升政策采纳的一致性，是至关重要的。层级制的层级将产生政策或规划，这些政策或规划被传递下去，供更当地化的政策层级做出解释和更广泛遵守，或为诸如开发商、社区团体或当地从政者等其他角色所用。这保护了（或它满怀这样的热望）更高层级的规划师或决策者的意图是向下流注的。这意味着，通过一个"界内协商"的流程，达成了连续不断的政策或规划。在此，某种选择权或优先权大部分被层级制的显著层级（和引向这一产物的相关协商）预先决定了。也就是说，在英国运转的规划系统，在"满足"一种"规划导向"方式的一般要件上，呈现出相当大程度的可塑性和地方解释（Haughton et al.，2009）。为了确保地方的需要和经验得到注意，决策意义上的这种自行决定权，以及附加和细化从上下达的政策的公认能力，是可容忍的。这确保了政策的一般要旨，更有可能在当地（on the ground）被接受。

阿姆布罗斯（Ambrose，1986）在他著名的有关规划学的马克思主义批判中提出，在系统中最利害攸关的强势利益群体的观点，将反映在规划的实施中。这种对规划学和层级制的解释，将规划是如何被自己在其中运作的政治或经济语境所塑造的引入到了观察视野之中。按照这种脉络，突出规划的层级制是如何为几乎不断的修正和论战所支配，是至关重要的，因为利益群体"蜂拥而起"去修整、解释或统一来自"上面"和"下面"的政策和策略。这一概念构想潜地地否定了传统的一种阶梯或垂直的层级制观念。它将角色的关系和相对权力看做是更为流动或网络化的，因为利益群体在它们的资源允许的时候，投机性地"越级"和形成规划与决策。

在这些政治化的条件下，这一点几乎不必惊讶，那就是国家层次上的（和国家以下层次上的）游说活动显得生机勃勃。不同的利益群体寻找影响基本政策的框架或轨道，假如这是针对政策目标和指标采取"重大决策"的地方。因此，对影响或挑战，层级制是敞开的。这也包括"当地"利益群体挑战和协商来自上级的政策时所使用的战略。在与充满争议的开发计划的关联中，欧文斯（Owens）表明了这一点，并且断言：

引起了对政策"流注"这一概念的怀疑，它的提倡者寻求压制有关当地质询的基本问题的论争。人们提出，地方抵制既为更广泛的政策批评提供了一个制度平台，也反过来受到了更广泛的政策批评的强化。对特殊工程的思考的安置，因此为国家优先权的论争打开了缺口，并且重开的论战，也充当了政策研讨和变动的重要的长期的刺激因素。（2004：101）

在规划学中，这种论点可以在无数场合看到。常常有来自下级的挑战和重塑政策的可能性。来自当地或个人案例的论战或其他反馈，能够返回到上级，并且能够重构来自上级的未来政策。例如，有关一件特别案例的当地抗议或一项法律判决，能够迫使政府重新思考政策，如20世纪90年代中期的道路政策，就是继直接的抗议行为而来（Seel et al，2000）。

层级制在规划实践中的应用

如我们已经陈述的，在英格兰，规划系统的迭代已经展示出一种清楚的政策层级制，它被有意地创造出来，是为了允诺透明和基本目标与政策的有效流注。然而这很难得到平稳或始终如一，原因在于：信息的复杂性；角色与政策变动的普遍瓦解；连结到一起从而造就一系列不同的计划、信息和成果的序列化的政策流。争论在于，尽管存在如此程度的差异与混乱，依然存在一种协调一致的标准。我们能说的是，人们发现政策或过程不够令人满意，从而导致固执地批评"规划"是一种负担。我们现在转而简明扼要地描述英格兰规划系统的基本构成成分以及它们是如何被统一起来的。

英格兰的规划和政策的层级制

1992—2011年期间，在英格兰，《规划政策声明》（PPSs）被准备、根据需要被修订。这些已经应用于英格兰全境（不同的文本在威尔士、苏格兰和北爱尔兰使用）。在《规划和义务销售法案2004》之下，制订了《区域空间战略》（RSSs），在这些文件"下面"，则是地方开发框架（LDFs），或先于这一框架的包括城区层次的地方规划。对英格兰来说，直到2011年，这三（或四）个构成成分是规划政策层级制的骨干元素。

此外，在确定全球政策议程上的某些努力对规划产生了影响，并且同时在欧洲层次上产生了影响，例如《东京议定书》和相关气候变化议程。这些努力给规划层级制增加了一项"软顶棚"。还有，对于规划学和相关计划或政策的等级分明的更多细节，以及被运用于实体规划和经济规划的其他工具，请参见卡林沃兹和纳汀（2006）及随后的版本。构成"规划学层级制"或有关规划的层级制的基本政策和组织化的结构的案例，始自2010/2011年的是：

• 欧洲——《欧洲空间开发展望》（ESDP）和其他欧洲层次的方针，参见：http：//ec. europa. eu/regional ＿ policy/sources/docoffic/official/reports/som ＿ en. htm。这是规划学层级制的一个非常宽阔和相当流动的层级，但是，通过欧盟层次的指南和欧洲其他立法机构的特别介入，它获得鼎力支持，例如，Natura 2000年野生物指南，参见：http：//www. defra. gov. uk/wildlife-countryside/ewd/ewd09. htm ♯ euwbhd。在国家层次上，这些已获得记载和解释，并作为可使用的传递到了区域和地方规划与战略。

• 国家层次——在英国，经由多种政策工具，但是主要显示在PPSs和通告中，也有其他机制，如政府白皮书。在英格兰，这种政策等级主要是经由DCLG生成的，参见：http：//www. communities. gov. uk/planningandbuilding/planningpolicyguidance/。

• 区域层次——经由RSSs（在《规划学政策声明·11》〔ODPM 2004d〕）得到解释。规划学的这一层次在各种场合受到争论和解释。

最近的例子是工党的区域规划层次和制度安排被目前的联合政府废除。但是，某些制度安排作为层级制的一部分仍然勉力维持并运转，尽管没有提供一种包罗广泛的指导（参见：Glasson and Marshall，2007，参见"地方企业合作"）。

• 当地层次——在英格兰，各种当地规划安排，经由地方规划主管部门。（请参见例如，从 2004 年起的《地方开发框架》，如在《规划学政策声明·12》所做的解释的 ODPM 2004b；也可参见：Cullingworth and Nadin，2006）。

对认为规划学应该与这种简单层级制相一致的图解，在几个 PPSs 中已得到有效的设计（参见：PPS1、11 and 12，现存的至 2011 年）。

在国家层面，不断出版和修订了 PPSs，它们涵盖一系列政策主题领域。它们为在区域或地方层面上应当如何规划活动和限度确定了广泛的政策目标和指南。也有其他类似的例如与地矿规划主题相关的政策声明（《地矿规划声明》［MPSs]）。尽管许多 PPSs 关注特殊主题（如运输、房产），但三份 PPSs 开启了规划学系统的过程和结构性设计。规划层级制方法在 PPS 1 和 12 中得到解释，而针对这些设施，RSSs，PPS 9 启动了类似的一套指导原则（直到 2011 年为止，自单独的《国家规划政策框架》取代 PPSs 系统的时候。参见：DCLG 2011）。

在每一步，都需要作为详细政策规定基础的证据，都需要外部的推敲或检查。这是旨在确保规划遵循约定的流程，并被装配起来遵循在相关法律和其他政策声明中所确定的指导原则。如果这些条件未能使相关的国务秘书满意，规划可能遭到否决，并要求地方或区域规划主管部门做出修订。在操作方面，这种在不同层级的政策被遵守和被引用的方式，构成了赞成或是反对新开发的决策过程的一个重要部分。

依序检测与层级制

规划师们也利用层级制的决策，特别在决定如何优先处理土地使用的时候。利用一种必备的层级制，土地可及性的依序检测的原则，是一个样板。检测已经发展了，凭此规划师们评估是否存在任何其他有序的更好的场所去提供给灵活的需要。在此，规划师们试图寻求确定、分配或开发优先的某种类型或地方的土地。例如，认识到利用棕色地带或早先开发过的土地先于绿地场所，利用市中心场所先于市中心之外的场地。这一方法，对创造一种层级制发挥了作用，使特殊场所优先于其他场所；对于一种特殊的开发类型来说，如果没有任何的适合场所被认定是有用的，那么将会考虑层级制中相邻的更低场所。在英国，私人部门的规划师常常遵循这一序列的步骤，并且他们将需要证明，他们所做的将会让发挥地方决策作用的公共部门的规划师们或从政者满意。

在许多国家，相类似的普通规划方法，已经被采用在国家层面的目标，构成了规划政策的关键的或最有影响的基石（参见：Alterman，2001）。当然，权力或政治意志将迫使政策的确发生极大变化，游说团体将尝试寻求调整或例外。这把我们带到思考政策过程的不同模式，不同的利益群体是如何卷入或阻止政策形成的。它也引起了对政策的重组和政府的安排如何影响层级制的解释。讨论和经由城区（片区的）规模出现的规划层级制如何运作的一纸短文，收进了卡塞尔和霍顿的著作中（Counsell and Haughton，2007）。由于经济的日益全球化和由于流动或跨界挑战的迫在眉睫，垂直层级制正在被重塑和"重设规模"。这不仅表示政策应该如何一起"适合"，而且突出了在一种"拥挤不堪的"政策环境的条件下它们常常是如何被混淆或只是被特别理解或承认的。因此，角色遵循层级制步骤的意愿，会是不完美的，或是令人沮丧的。如此情形是由于规划的复杂本质和"汇于一处"的

（无）能力能否满足国家政策或其他利益群体。政策、步骤和人员的常规变化趋向，前后一致或始终如一的消失趋向，加剧了这一点。因此，各种各样的知识，如已经提及的"自由决定权"的使用、序列之外时机的真实性，以及不同规划和政策的迭代产生，都增加了不确定性和被看做削弱有效的或连续的规划层级制的瓦解因素。纵然这是不充分的，但地方层面的规划的形成或意愿，也能够被一系列影响决策的其他可能的"物质考量"所败坏。

结论：规划学中，层级制是透明的基础？

用许多不同的形式，在国家和超国家层面上，政策被决定下来，规划学横贯主题范围的广大领域，把政策的诸多支脉集于一处。大部分管辖权中，将存在一种偏爱的或导向性的政策取向和相关的优先权，这些取向和优先权是期望每个区域或当地去遵循的。为了传达和实施政策，一种正规的层级制会被建立起来。然而，层级制观念能够以两种态度来看待：一是正规和结构性的方式指向政策要求和把它们推给下面（层级）。为支持这样的规划和政策，在构建政策流注的形式、内容和使用方面，多种多样的其他算计、策略、报告、法律和政策修订扮演自己的角色，在形成或争论政策之时，或决定或协商开发建议之时，这些将被考虑在内。在层级制顶端，对组织过的政策的忠诚，通过诉诸一系列形式的推敲、批评和资源引爆器的使用，也常常被强化。这些被形象化地表述为"胡萝卜加大棒"，用它来操控层级制中低层级的活动。

官僚迭代的偶然事情，在目标是什么和如何与时俱进地实施政策制定的目标方面，也引起一定程度的不确定性和明晰性的阙失。二是，更加宽泛，当放在它的语境的时候，层级制观点包括权力和网络的鉴赏力和不平等或不对称的影响，这能够对规划系统的运作施加影响。此外，这一观点把重点放在了层级制的政策机制的内容如何曾经被知识和权力群体所塑造之上。以这种方式，权力之物能够影响层级制（或"网络"）本性自身，导致了所遵循的流程、所选信息中的选择性直至政策所产生的内容的倾覆。

英国之外，在其他规划系统中，地方的规划学政制，被赋予了或多或少的独立或自主。在美国，存在一种很大程度的自主（参见：Cullingworth and Caves，2008）。因此作为垂直的或作为鸟巢的政策等级的层级制和规划的层级制的传统观点，依然强劲，但是，应该被看做一种风格化的观点，并且能够当做象征加以批判。在层级制能够自我持续存在的时候，它们也是偶然的，会被或强或弱地强化、采纳或实施。它们也会被特殊利益群体所"劫持"，对一条源自自上而下的权力或影响的清澈之流的描述，也许还不至于是对政策进程的完全简化。规划学层级制不是任何意义上的封闭系统，多样和复杂的影响服务于或重新定向层级制所监视的决策和结果。因此有意致力于保证民主和透明的流动，应该要求不断的防护和微观管理。在此语境下，层级制通过忠告、广发信函和解释性补充而被支持、被开源挖潜。在地方层面的公共部门的规划师的必备的首要角色，将是富于活力地实施和运用国家与区域政策制定者的意图，尽管伴随某种自行决定权与相互竞争的利益群体之间的经常性冲突。

第七章　实施

相关术语：政策流程；协商；目标；资源；权力；网络

引言

鉴于规划的过程包括政策目标的确立，实施这一概念是与政策制定的考量联系在一起的。尽管使用其他工具、资源和行为，规划的结构和过程应该被设计为或与完成它们的目标一致。考虑到规划学的目的之一就是十分清楚地引导或指导行为和把规划与政策看做是要实现的，为什么规划师们应该与实施有关，看起来就几乎不需要强调。

在他们关于实施的影响深远的著作中，普里斯曼和威尔塔夫斯基提供了实施的一个初步定义，"确定目标与调整行为以适应完成目标之间的一个互动过程"（Pressman and Wildavsky，1973：XIV）。这把重点放在了规划师们需要如何意识到或理解政策实施（也就是，如何确保目标完成）以及政策的精确表达（也就是，目标确立）之上。他们也继续提出，政策制定者也必须能够锻造出过程或"链"的必要联系，以得到渴望的结果。这引出了几个关键问题，规划学的研究者需要在这样的联系中反思：如何可以定义"成功的"实施？把实施可能性最大化，需要什么？障碍是什么？涉及什么要素或变量？以及谁参与或应该参与构造或实现政策目标？

出自公共政策领域考虑实施问题的文献相当广泛。的确，当讨论实施之时，最可能反应的将会是哀叹在政策目标上缺乏行动或进步缓慢。常常引用的诗行，出自罗伯特·彭斯（Robert Burns）写于1785年的"鼠颂"："耗子布排神妙计，而人时时出乱子。"这使我们想起规划与行为或结果之间如何错位，是一个漫长而严肃的问题。它也必然使我们记起同一首诗的相邻一行："留给我们的是虚空，除了伤心与痛苦，原为信誓天堂福！"因此，对必要条件和所谓的"实施陷阱"原因的一种考量——凭此政策得以发展、规划得以制定，但没有充分得到完全实施——是很重要的。确保过程是恰当的和行动可能性是最大化的，对于规划学中相关角色来说是一种很高的优先权，对于作为这里的核心概念的实施的考量，当然是一个至关重要的名符其实的切入点。

实施与政策流程

普里斯曼和威尔塔夫斯基提供的实施定义，是相当笼统的，需要进一步提炼。为更细致的检查而拆解政策流程是有益的。流程能够典型地被看做一系列的逻辑步骤，主要的步骤是政策制定、项目构想和随之而来的实施。最后这一要素集中在使政策产生效果。因此，"政策"能够宽泛地理解成意图的一种陈述，或被启动的与行动计划相联系的一组目标。对任何既定领域或真的对空间规划师来说，政策的精确表述不是独一无二的，许多组织发展框架去指导它们的制定决策的流程和相关的战略，目的在于交付。此外，政策流程为其他因素所影响，如地方和国家政治、经济状况和法律限制。这些影响也意味着，政策精确表述的流程以及实施，不是直截了当的。政策步骤是复杂的，因为典型地存在着诸多角色或相关的竞争利益群体，许多其他变量和偶然事件很可能影响或逐渐削弱初始的政策意图。

作为土地利用、开发和其他相关"空间规划"活动的政策已经不断地被放入"规划"之中，这能够被看做一种载体，用于执行政策和确保被影响部分被意识——并能够对这些政策做出反应。被赋予法定地位的这些规划，倾向于拥有更大价值或"分量"。然而，它们不只是行程中的载体，规划师们将利用各种各样的策略和一系列的辅助性的政策指南，例如设计导引、开发背景材料、实践准则、技术标准/忠告、管理计划和相关策略。如我们将要看到的，不是所有被影响或影响角色将必然与那些工具和技术的轨道一致或协调。

实施阶段被看做政策制定流程或"通道"的最后目标；在此，政策和规划被推进到实践中并产生明确的效果。某些实践规划师将利用术语，如规划学的"尽管去做"（getting things done）和"最后收官"（the sharp end），把它从更抽象的政策制定阶段区别开来。这部分是劳动分工的一种产物，它源自规划学的组织。学界和专业人士日益强调，实施不应该在这样的隔离状态下被概念构造（参见：Barratt and Fudge，1981；Hambleton，1986 的早前讨论）。动力是一种互动的东西，这其中多样的利益群体商量"尽管去做"过程中的开发成果。政策制定和实施会被看做一种可适应过程的一部分，这其中，反馈自规划实践和政策目标的信息和知识形式，常常被争论和被（再）商讨，同时伴随着权力关系在形成它们二者中发挥一种至关重要的作用。

在过去三十多年的时间里，在有关规划学的争论范围内，为什么实施日益被强调当然有许多理由。理解实施如何进行和对形成实施发挥作用和使事情迅速而轻松地收工的力量，实际上能够有助于规划师们更有效地反思和做规划，规划学和政策失败或政策的少量接受的经历已经加剧了规划师的意识。从政者和规划师同样已经看到了许多规划和战略的奠基者，要么是被忽视了。反思性的研究能够允许这些从事规划学的人去遵循、调整或更加有效地挑战政策的轨道。以这样的方法来看，它似乎是不言而喻的：清晰和透明的反馈环，能够帮助规划师和其他相关者更加有效地影响政策制定的流程。

关于政策流程的更广文献指出，存在许多因素会阻挠政策的实施。希尔把政策流程看做一个复杂的和政治性的流程，在其中，有许多角色，即从政者、压力团体、开发商、文职人员、公共雇佣专业人士和其他人士，他把他们看做政策的"消极接受者"（他们仍然也参与实践）（2005：4）。的确，规划师们难得领导实践阶段，除了依靠其他人，诸如开发商、金融机构、土地所有者、公交公司、其他公共机构甚或社区集团。与地方规划主管部门相比，特别是考虑到他们将要操控必须的投入如土地或投资基金，这些角色能够单个地或一起聚起更大势力和影响。

在探究这一主题时，我们能够有益地区分有关理解实施的两种宽泛方式。它们是以政策为中心和以行为为中心的方式（Barrett and Fudge，1983）。这些方法证实了对自上而下分析和结构性分析的两种理解，以及更多自下而上和机构导向的、构成实施有关状况和角色的评估。思考实施的传统的、主流的方法，直到 20 世纪 80 年代之前，都倾向于自上而下的以政策为中心的观点。这样的思维方式把政策的连续提炼和说明的重点放进了程序中，任务对准使政策生效的目标。因为政策毫无疑问地被付诸实施，这一流程被看做是直线的和单向的。然而，各种各样的研究已经显示，许许多多的大规模因素如何能够影响实施，例如当形势或关键的外在条件发生变化时，随之也会导致限制或加快实施。

自上而下与自下而上两种政策观点之间的区分，与萨巴特尔的著作（Sabatier，1986）有联系，它强调了可替代的以行为为中心、更多自下而上的视角将传统的分析起点问题化了，传统的分析起点来自一种单一中心的决策者或政策缔造者的观点。它的关注点倾向于忽略已经卷入政策行为过程的其他一系列角色，并且它能够经过遴选后剔除竞争的政策网络和迭代，后者随着时间的推移而突然显露出来并且影响政策的意图和后果。伴随这种有关实施的以政策为中心的观点，的确存在问题。首先，可以从现场的问题和经验折返回到政策。政策也在很大程度上参照主导议题或问题建构起来，并将特殊的焦点或目的牢记在心。因为其他问题和随后的解释在实施过程期间得到发展，还因为时间的流逝，随后的政策陈述随之得到提炼和微调。马约尼和威尔塔夫斯基（Majone and Wildvsky，1978）总结说，这不是政策设计，而是政策再设计，这一点在实践中相当普遍，政策会因为随着流行形势获得解释和改变。马兹玛尼安（Mazmanian）和萨巴特尔也总结说，一种更加精炼的方法是可能的，如果我们注意到精确表述、实施和再精确表述的迭代步骤，而不是假设一个"进化的无缝网络"（1989：24）。政策周边的变动不居的条件意味着，目标指向有可能是移动的，衡量政策目标实施的明确尺度和评估也可能是大成问题的。除非有一套明确和一致的目标与指标，以及做出一次老练和我心已决的努力，检验和评估政策才是可能的（参见：Hall，2002：232）。

第二，政策过程所涉及或所影响的角色和利益群体，以及某种程度需要他们以帮助实现实施的人，通常也能够破坏政策的实施。那些卷入实施进程中的人，有他们自己的利益、理解、时间表和"做事方式"，这些将不会必然与规划中的政策目标或所想象的手段相一致。这种不断变化的同盟和相关协商会因变化的形势（政治、经济、环境、技术、法律或文化的）受到支援，这些形势对破坏"达成一致"的政策和实施政体会发挥作用。另一方面，也就是第三方面，以政策为中心的方法有意忽视的是组织的意见分歧（既有内在的，也有外在的），而正是在它们之中和通过它们，这一过程才得以进行。在一个"系统"中，任何一个利益相关方不能控制实施政策所需要的全部资源和权力，它们将有规律地依赖其他部分来奉献成果，而后者是与政策存在（广泛的）一致。这突显了协同规划学理论与网络运用于规划学理论的崛起（参见第四章），这种崛起强调了关系与合作对有效的规划来说的必不可少（Innes，1995）。

马兹玛尼安和萨巴特尔（1989）概括出有效的实施所必需或最低

限度所需要的六项条件或要素：

1. 追求的政策是清晰和连贯的；
2. 目标与活动之间存在透明的连结；
3. 恰当的权力指派给政策，纷呈政策提供充足的资源；
4. 被授权追踪政策的管理者对政策是熟练和拥护的；
5. 政策为所有利益相关者所支持；
6. 政策不会为随时的社会经济环境的新政策或变化而被瓦解。

这六项要素指出，政策被综合性地实施实际上是多么困难，这也使我们警觉到，有活力的政策制定者需要让政策和政策工具适应它们在其中运作的特别环境。政策意图周边的环境不可能与所有因素一致，或与它们始终如一地一致。尽管以上所列出的前五项要素可能被规划师们做得协调一致，但历史告诉我们，最后那个要素很明显超出了任何个体利益的控制，并且不可避免地改变实施的可能性、均衡或速度。

马克劳欣（Mclaughlin，1987）评论了围绕政策实施的不确定性。他拆散了实施流程并把重点放在了政策与实践之间的关系上。这类考查生成了一些重要的教训：例如，政策不能总是指出对地方层面结果关系重要的东西，以及在决定地方反应方面起重要作用的诱因与信念。政策方向的变化最终被看做一个"最小单位的问题"；意味着实施能被挫败恰恰在地方层面或某种语境下的个体所为。有效的实施要求一种压力与支持的战略平衡，并且（纵然我们回避了某个时间的权力问题）意味着自下而上的规划和提高对政策目标的意识，像专业知识和来自上级的政策解释一样重要。这种对以政策为中心的批评，也提醒我们，组织间的与超组织的权力争斗，很可能卷入到政策实施的日复一日的流程之中。作为一种限制和协商的流程，它也有助于解释为什么备选的政策-行为思维观，已经日益被用作对政策实施进行概念化和分析。

协商的思维观突出了（和源自）依靠或彼此依靠的组织化关系的

作用。这反映了规划师们是如何可能与开发商、土地拥有者、从政者、居民、基建代理商和其他人进行协商的。在这一过程中，主要工具是讨价还价和妥协。因此，完满实现政策目标的失败是更可能的，或目标的实现放慢了或是逐渐达到的。也将追求利益结盟，而不是追求完全的共识。多种多样的策略将被用作逐步削弱"问题化角色"的论据和策略。持续的协商，在所牵涉的利益相关方之间（特别是公共部门的规划师与开发商之间）能够产生一种"社会秩序"或"理解结构"。然而，在这种联系方式上的"结构上的限制"约束了回旋余地（例如法律、判例法、金融、组织化程序和其他已接受的标准），甚至这些"契约规则"可能也是动态的。

实施是行为与反应的一个流程的观点，强调了互动和适应，而不是一种线性的、自上而下的流程。政策是基于经验和运转（它产生反应）所构造起来的，并且随后是适应，例如，通过政策评论或微妙的形式调适。这样的思维方法也有助于把角色（人与非人）置于这一流程的中心，并且说明造成各种反应的各种影响。这样的影响包括：政治结构与解释机制；社会-经济、政治与物质压力和束缚（例如，当地经济状况或当地活动组织的影响）；使用资源的机会，诸如授权、法律权力和信息。

把这一观点向前推进，含和希尔（1993）强调，关注组织化是必要的，因为它们与其他组织化相联系，伴随通过一个"网络化"过程而发生，在此过程中，组织化彼此之间的关系成为研究和理解的中心之一。也有规划问题的"框架"问题，连同形成整个进程的问题和相关思考，例如什么东西被相信是"物质的"或与其相关。这唤起了对作为与无作为的思考，以及对为什么某些问题经由规划主管部门来处理而另一些却不是的追问。科瑞森（Crenson，1971）有关美国的空气污染研究，是"不决策的"一个例子。在此案例中，有势力的利益群体和相关意识形态，以相当重要的方式形成了政策的议事日程。通过在处理有害污染方面不作为，结果形成了一种政策的熟视无睹。

把自上而下与自下而上政策制定和议程确定紧密结合到一起并使之调谐融洽，为促进成功的实施提供了几把钥匙。协作规划学和生产能力建设在这里存在一种可信的联系，借助这种联系，在政策目标及其配套行动之上建立协商和达成共识的过程得到安排。前提是角色更愿意认同政策目标并与其协作一致——如果他们卷入其中或理解到这些政策的称心如意之处的话。按照这一脉络，奥尔森争论说，"那些能够创造自己的互动规则者，在达成有效的合作成果上通常是成功的"（Olsson，2009：268）。这意味着，一定程度的政策和政策手段的授权和合作设计，在更有效的实施或政策实施方面会施以援手。

最后，以行为为中心的思维方式要求我们在人们的价值、意识形态和感受的语境中（例如社会阶级、专业训练、政治意识形态、宗教信仰、性别和特殊利益）来理解他们的行为。这样的思维方式将我们带到了文化、社会的规范化问题，并且得到了例如歇雷和鲁克斯柏（2002）、霍伊和兰顿（Howe and Langdon，2002）等人的思考，这些作者征引了例如皮埃尔·布尔迪厄等人的著作。因此，问题、政策和实施过程被这样的角色内在地"社会性地构建起来"，而这些角色协商政策网络，并且其活动贯穿于一系列网络过程中。总之，规划制定者所遭遇的难题，实施过程的混乱或不完善，是不必大惊小怪的一系列既定的障碍、隔离和"其他驱动器"。将我们的比喻置于一处，我们应该明确提出，有效的政策实施的道路是坑坑洼洼的，路障在每一转弯处妨碍我们，有许多相当不体谅人的车手试图一争高下。

规划学实践与实施

20世纪70年代和80年代之间的政策实施理论化大潮过后，随后基于经验的某些研究，探索了这样的观念与政策实施的相互关联，并将它们运用于规划学实践的不同方面。这些集中地说明了考察实践中的关系的重要性，它也常常涉及勾画出规划、政策、机构、角色和结构性力量之间的大量的、常常微妙的关系，而正是这些关系持续形成和构建了实施的过程。同样，新的理论化方法，已经被寻求理解形成政策和实施过程的要素的某些人所采用。这些研究把一幅实施的画面留给我们，指明了诸多因素对形成和妨碍政策实施产生了作用。这种知识表明了角色、价值、态度、现存资源、条件和其他政策优先权的范围和易变性。

为了阐明这些问题的某些方面，也为了提供一个持续的政策问题的"鲜活"例子，这里我们突出显示规划学中一项主要的政策目标，它曾经威胁到实施难题。在英国，为土地价值获利的规划政策领域和尝试做出的实施政策的努力，是更广泛的土地价值问题的一部分，并且特别涉及尝试从开发项目中收回"增值"价值（Grant，1999）。自1947年起（甚至早于此时），曾经存在一个宽泛的政策目标，试图收回至少部分增加值，这曾作为社会偏爱土地利用的产物而出现，通过规划政策和规划共识的引导而出现。当规划共识被赋予开发之时，一种盈余或"不劳而获"的价值就被创造出来。没有国家行为或政策去声明这一情况，价值将被土地所有者和开发商作为利润而收入囊中。鉴于增加值不是得自于对土地所有者或开发商所采取的行为，政府会把它当做一种有待矫正的机会，或当做一个有待把握的机会，或者两者都是。

结果，各种形式的开发税和土地价值获利引起争论，或由英国政府启动了去尝试至少收回一定比例的改良价值。许多税、税款和费已经被讨论或已经在征收了，但是这些工具已经证明在政治上的不受欢迎或充满争论，不成功或已被废弃，结局是一段相对折磨人的历史，政府和这一问题做着相当不成功的搏斗。这一故事呈现了在政策实施方面所经历的某些困境，在这种情形下，一种政策目的会与其他目的或目标发生冲突。

1947年，作为建立土地利用规划系统的一部分，人们意识到，需要一种具有活力的土地政策，以与新的法律框架相配套。这一方法的一个重要部分涉及创立一种开发费用（尽管相类似的标准是可能的，上溯远及 1925 年的《乡镇规划法案》，参见：Cherry，1974；Goodchild and Munton，1985 有关连续政策工具的简论）。1947 年，费点被确立下来，结果价值上的差额应该征税 100％。1953 年，土地所有者犹豫着从市场得到土地之后，这一方法被废止，由于他们勉强以现存的使用价值卖得出去。1967 年，引进了一项改良税额，因为类似于开发费的同样理由，也因为这一方法对于有效的管理者被认为太折磨人、太复杂了，这也失败了。1970 年，引入了两项进一步的税种；1973 年的开发所得税，它被定在增加值的 100％，随后到 1976 年的开发土地税，减至 80％。

　　1984 年，以税为基础的方法被撒切尔政府大大减少了，并且用一种协商的、因此不连贯的从开发商的"规划收益"捐赠系统所替代（通过地方规划主管部门不声张的活动）。税改尝试整体上已经被抛弃，由于意识形态原则的一次结盟（例如，没有使市场参与者"负重"），并且害怕这样一种税会破坏复兴乡镇和城市的努力。这一"缺口"，用缩减公共开支来连接，对与开发商协商的"规划收益协定"的更广利用给予激励。这是一种很少使用的"实施工具"，而实际上 20 世纪 50 年代后期就已经可用了。这允许地方规划主管部门去协商捐款（和其他重要任务），对于"圆满结束"开发和确保影响或相关的开支被开发商接受或部分地接受相信是必要的（参见第十六章）。这一方法没有保护所有参与者的幸福，但它是耐用的。它能够被看做正在临近的一场政治变化的一部分——远离创造一种基于收回增值的价值原理的税，转向一种更实用的方法。自 20 世纪 90 年代开始，尝试提炼或替代规划协议系统是不成功的。虽然这一工具和更大问题依然继续存在，但各种各样的关税、费、税款的讨论和建议已经让许多观察者感到多多少少困惑不解（参见：Barclay，2010）。2010 年，社区基建税款（CIL）作为一项义务性标准被引入，以撬动开发商的捐赠，但它对在市场疲软中的长期前途和活力，也伴随种种怀疑（参见：DCLG，

2008）。支持这一机制的 2010 年法规，可通过以下网页观察到：http：//www. legislation. gov. uk/uksi/2010/948/contents/made。

对税收改良或对协商捐助基础建设的如此多尝试的解释，是一种严肃的解释，也会被看做一个相当极端的个案。阅读更多有关这一政策范围的故事，是必要的，因为它突出了成功实施的必要条件如何没有得到满足或是不够稳定。它也显示了政策实施过程的发生，尽管存在障碍，却常常作为政策的（再）解释、实施和与主要参与者的讨论的一个持续过程的一部分。在英国，从财富市场的景气与萧条的规律性循环那里，收回增值也已经蒙受损失，这意味着许多提议的方法的活力已遭到瓦解。这证明了经济环境和市场利益群体的权力的重要性。中央政府不能促成所有（主要）利益群体之间的共识，并且许多尝试性的动议已经证明是没有实践意义的。关于何时收费、如何计算费点和筹集的资金应该合法地用作什么，存在技术性难题。

总之，这一问题没有得到满意的解决，对这一问题缺乏共识依然存在。地方当局打算确保在所有方面开发是可接受的，并且它们打算工程"永不负债"，而开发商打算使成本降低并且保持开发尽可能地富于灵活性。改良税的可实践性起落不定；经济环境适用于瓦解开发的活力，或能够促使规划主管部门显得没有提取它们能够（或应该）提取的同等多的价值高出的现款。一旦环境不合适的话，土地所有者和开发商能够并且的确会撤出开发，因此也影响到更广的政策目的，诸如准备必要的住房。简而言之，收回增值或为基础建设提供基金方面的政策，依照所描述的情形，没有能够满足马兹玛尼安和萨巴特尔（1989）上面所提出的六项标准中的任何一项。不过，在某些环境中，规划协议的相对成功，依赖于它们的灵活性和开发商或土地所有者已经有效地避开了一种包罗广泛的收回增值。他们能够利用专业知识，去始终不变地支付少于他们在开发税形式下本来应该付出的。综上所述，收回增值政策与相关的实施工具的可变效果，能够被分析、被理解，从而折射出在政策-行为文献中所强调的一系列考量。

第八章 选定

相关术语：分区；划界；基于地方的动议；空间隔离；选定区域；特殊目的机构；基于批评标准的规划学；层级制；疆域化

引言

在规划学的实践中，边界绘制的选定和相关实践是很重要的，因为它是规划师们和其他人依照隔离和顺序如何典型地寻求勾勒和连接空间与行为的一个标志。选定是规划师们所用的一种工具，以突出特别的面积或问题，并且被用作帮助介入如何管理特别的地方、特征和活动。这样一种方式，通过选定区域、地带或其他有目标的政策的创造，会被利用来启动某种活动。在这一意义上，规划师对细致区分位置与空间之间的差别发挥作用，因此，基于"合理的"（常常是定量的）基础去提供一致的结果，政策、法规和基金会能够被组织起来，或因此特殊的土地使用能够被促进或失去信心。这一过程，经由诉诸特殊的战略性政策目的而常常被正当化了，也许还或多或少伴随特殊的目标，并受到批评标准所指引。

选定发挥能指作用，指明选定地方的特别性质或需要。这些选定常常反映一种自上而下的工具性和合理性的规划方法，凭此，空间被划开和分离以支持组织和管理那些地方。就空间规划学来说，划界或选定的流程具有重要结果，在这里，一个关键作用应该是对为一系列参与者（包括开发商、土地所有者或当地社区）提供引导。这一方法不可避免地意味着，一定程度的决定论涉及确定边界和"在地图上划线"。鉴于它涉及把一个地方处理为有点儿"不同"另一地方或与另一地方形成特别对照，这一概念与层级制概念平行类似（参见第六章）。换言之，这一概念反映了一种特别的主体性，能够隐含一种针对位置和它的秩序的层级制方法，例如，特别在保护区这一例子中，如国家公园或文物保护区（CAs），就是如此（参见第十八章）。

什么是选定？

一项规划学的选定，会被定义为在一个固定的时段或永久的时间内，常常确定一块特定的有界限的空间。选定的目的，可能是明确确定优先权或指明在那有界限的区域中正式表述出来的特殊问题，选定会与某种一致的积极行为有关系，或因某种确定的理由与需要限制特殊活动有关系。同样地，它会被创造出来为了解决一个特殊问题，如可怜的经济成绩——企业圈是一个例子（参见以下论述）——或维持某种连续性，例如文物保护区的建筑或历史的特征，或保护区的风景质量，例如国家公园和著名自然风景名胜区（AONBs）（参见：Cullingworth and Nadin，2006；Gallent et al.，2008；有关这些选定的一种描述）。有关某种活动或成果是否与选定目的符合或相左的批评标准会被确立。在这一意义上，选定会被促使反映出称心如意特征的在场，或会被促使指明缺席或其他可察觉的失败。选定可以是宽的或窄的，可以关注小的面积或大规模的安排。

规划师们为什么选定?

选定对一个区域优先权发挥或多或少的权威的或首要的表述,它们长久被用作划界和隔开不同的区域或问题。如上面所提到的,它们会受到关注,仅仅决定正被讨论的地方/区域的一个方面,或是更普遍的方面。在规划学的广泛领域,对选定来说存在多种多样的类型和目的。因此,作为一个概念的选定,涉及规划政策能够被应用于一个区域或一个专门基础上的方式,并关注特殊条款和/或融资。这里我们集中在空间选定,但是,即使在这一范围内,在一个问题接一个问题的基础上,常常存在资源或权利的优先性。

选定的流程集中在特别的问题和区域——常常互相联系在一起——是如何被确定和隔离出来的,其目的是为了引起特别关注,或为开发商和其他人提供规主管部门和政府如何看待这一区域未来的开发的一个信号。这样的努力常常伴随着制图学上的表述,这种表述确定了选定区域的限制,并向公众和其他利益相关方表明不同体制的运作。例如,在一些事例中,从地区、国家或跨国基金发起提供基金——例如欧洲结构基金(Bachtler and Turok, 1997)。选定也会是法定的或非法定的——发挥编订空间法典的作用(如用划出确定的特殊区域的管理体制),或更少强迫性的,发挥指导目标的作用。

考虑到在理论层次上,选定推动或区分开特别的地方或活动,使其高于其他地方或活动,这对于创造一种"地方层级制"(第六章)和将空间再疆域化产生了影响,在这里,优先权的一种正式排序被确定下来(Foucault, 1970;Murdoch, 1997;Sack, 1986)。这种划界对突出需要和特征是正当的,这被看做要求政策介入,并确保所选定区域为受影响的所有参与者所知;不过,这也会引向无法预料的后果,例如用经济停滞、社会或环境影响吓住或鼓励造访者或投资人(例如,Howard, 2004)。部分地认识到这一点,也为了实现所选定的目标,它们会伴随特别基金和拨款,以组织和鼓励实现相关目标。在某些事例中，选定的灵感可能来自一种特别的政治或意识形态的强化，或明显感觉需要发起一种更宽松或更有力的规划体制。如 20 世纪 80 年代的英格兰，由于简化的规划地带（SPZs）和经济开发区的建立，它与国家致力于振兴某些地方经济联系在了一起（参见：Allmendinger，1997；Beck，2001；Potter and Moore，2000；Thornley，1991）。其他支持某些选定的动机，也有助于将稀缺资源分配到那些能够最有成效地利用基金或支持的地方。

除了选定能够产生的无法预料的外在性效果，当它们被某类团体"俘获"或利用去增强自己的利益时，其"阴暗面"的另一层面显而易见（参见：例如，Scott and Bullen，2004）。在规划学文献中，一个构建稳定的概念是"排他性分区"概念，这一概念是指某些居住社区能够把其他团体从它们的区域排除在外，通过利用规划政策的选定，或更正确地，围绕那些规划所选定的市场过程（例如，CAs，低密度住宅、绿化带或生态区），使因索价过高而无力居住于此望而却步。司各特和巴尔恩（2004）也指出，许多选定被确立的过程，以及管理体制实际上如何运作，往往涉及有限范围利益相关方，并且由界定这些术语和应用这些批评标准的精英"专家"所支配。最近若干年，已经进行了致力于摆脱这种景象和更加合作的工作的尝试，利用好的管理方法和可持续性（参见第三章），肯定保护性选定的更广的难以预料的复杂后果（参见：West et al.，2006）。

规划学的选定能够产生"特殊安排"的一个佳例，是存在于许多国家的国家公园。在英国的国家公园例子中，针对其他的周围区域，权力与行政的安排不同于其他方面的安排。国家公园主管部门紧握它们自己的规划权力，尽管在大多数案例中，国家公园适用于几种行政（地方规划主管部门）单位。在此情形中，国家公园在规划学层级制中享有一种特殊地位。1949 年通过的授权法（1990 修订），也格外将重点放在这些区域的风景保护和公共享有上（Blunden and Curry，1989；Gallent et al.，2008）。

分区是最清楚的和广泛使用规划学的选定例子之一，它伴随着目的在于保护某种特点或风景（就如所说的国家公园）的选定。这一过程清楚地划定了在指定区域土地使用可以或不可以使用什么，并附有成文的政策以解释和指明不同类型的开发获得准许的具体条件。结果，不同区域被加以区分，例如主要用于各司其用的土地区域，住宅、零售等等。然而，在国连国的基础上，这种类型的选定会有法定的力量，或是其他非法定的形成开发或更广决策的尝试。因此，选定会有或多或少的影响，或享有权威的地位，这种权威地位，有的来自欧洲或其他跨国机构。

对立于空间或基于区域的方法常常被描述为基于批评标准的规划，在这种规划中，一旦和如果某种条件获得满足或被违反，便做出决定或启动行动。基于区域的动议（ABIs）涉及某种批评标准下的选定和运行。例子包括，如果某种预先规定的条件已达到，或一张"清单"无懈可击，那么，将在何处颁发开发许可。在美国和某些欧洲国家，这种方法是更普遍的（参见：Carmona and Sieh，2004）。这样的选定在一个更广的面积上往往做得宽松些，如果相关条件或批评标准得到满足，会引发出于特殊原因（例如经济开发、社会不利因素）的行动或基金注入。

实践中的规划学选定

正如间接表示的，选定运用在规划学方面已有很长的历史，并且它们在性质上是多种多样的。下面，对选定场所和它们的目的的几个例子，我们提供匆匆一瞥，以突出不同空间划定的范围和重要性，以及运用选定所处理的规划中的问题。

英格兰的国家公园与著名自然风景名胜区

国家公园有一段历史，可上溯至 19 世纪，由于 1872 年黄石国家公园的选定，美国在这一项目上差不多是个先驱。在英格兰和威尔士，国家公园也成为可能，因为1949年《国家公园和乡村通行权法案》有风景保护和公共享有两个目的，而第三个目标与社会经济福利有关，它近至1995年才新增上去。公园把它们自己从周围区域有效地分离出来，因为它们被认为由于风景和自然美的原因而具有特殊价值。在英国，保护游说的一段很长的历史终于说服政府创设这样的区域（也类似于AONBs）。国家公园是基于呈现出不同凡响的特征或风景类型而被划定的。英格兰、威尔士和现在的苏格兰都有了国家公园，自2000年起，在英格兰，颁布了两个新的国家公园。在南部丘陵，一个项目推动了一个旷日持久的过程，围绕新公园区域的边界，搅扰起了激烈的论战。为"新森林"所建立的另一个公园引动了当地的担心：国家公园的地位可能招致旅游和休闲的一个不可持续的水平，并且花费当地交税人更多银子。其他地方，国家公园有一段更短的历史，并且展示出不同的特点（例如，在一些国家，土地所有权归公共所有），呈现出多有变化的管理结构，因为各种各样的权力和资源对他们来说是容易得到的（有关国家公园的更多信息，参见下文，也可参见：Blunden and Curry，1989；Gallentet al.，2008；Parker and Ravenscroft，1999；Thompson，2005）。在英国，国家公园主管部门有它们自己的规划权力和政策，它们被期望优先于相关法律之下的国家公园的政府目标。也有这样的情况：国家公园和其他选定区域会得到拨款和工程基金的偏爱或优先的地位，例如在风景美化或其他称心的土地管理实践中。为国家公园和全球保护区代言的国际组织，是自然保护国际联盟（IUCN；参见下面相关介绍）。在它们的区域内，国家公园常常也将有其他选定和被使用的特别地位的区域，例如特别居住区或遗产场所会存在于国家公园或更广的保护区，因此可能产生多样的和重叠的或套叠的选定。经常性地，特别国家的行政结构，国际性的保护和环境保护的体制化，以及确确实实的选定区域的日益增长的超国家进程，已经增加了存在于整个同区域的多样选定的相似性。这方面最明显的例子是特别保护区（SPAs）和保护特别区（SACs）的欧洲选址（参见http：//www. defra. gov. uk/wildlife-countryside/ewd/ewd09. htmand and http：//www. jncc. gov. uk/page-162）。整个欧盟（EU）所做的如此一致的选定，有意在作为一个整体的全欧洲将管理标准化，增加透明度，提高保护标准。

AONBs 是法定的大区域选定，它指明了一块特殊的土地面积，以某种类似于国家公园的方式拥有某种宝贵的或特殊风光品质。在英格兰和威尔士，这样的区域有 38 处之多，到 2010 年，覆盖土地面积差不多 14%。在 AONB 的边界内，首先关注的是风景保护，某些活动和开发得到不同处理。由于完成目标的困难或确保被附加上的管理计划政策获得遵守的困难，真是难上加难，因为 AONBs 没有它们自己的规划主管部门的权力，并且仰赖组成的主管部门（常常是造成的多种多样）采纳和运用 AONB 的政策（参见：Dietz et al. , 2003；Scott and Bullen，2004），这明显区别于如上面所讨论的国家公园。认识到这种相当碎片化的控制，自 2000 年起，每个 AONB 不得不有一个管理计划，它应该直到被由合伙人董事会或联合委员会组成的所有主管部门签署。行动和政策安排的基础就得自于这项管理计划，这一计划已经顺从可持续性的建议，确保所包含的政策与风景保护和完善的基本目标不发生冲突，并且与 AONBs 所秉持的促进公共享有的辅助功能相一致。

这类选定存在毋庸置疑的难题：多少是合理的或可处理的？它们能够被正确地投资吗？它们发表了自己的承诺并存在选择吗？可以争论的是，如果考虑到它们的以风景为中心的话，AONBs 会被看做排他性分区的一种形式，具有连锁的社会和经济潜在意义（Ghimire and Pimbert，1997），并且呈现出某些重要的限制。当乡村区域力争调和整合可持续性的不同要素的这一挑战并创建一种多功能乡村的时候，也许尤其如此。在英国，塞尔曼（2009）是质疑如此保护选定的有效性以及这一管控空间的特殊方法的少有的声音之一（也参见：

Thompson，2005 对国家公园中这一方面的论述）。

世界遗产地

联合国教科文组织（UNESCO）是一个国际组织，被赋予确认全球最重要的文化与自然场所的责任，并且与国家主管部门合作，它选定这些场所是为了它们能够受到可持续的保护和管理。实践中，大多数场所应该已经有某种国家认证的形式，并且享有保护选定的地位。由于它们的位置和它们所在国家政府的资源，另外一些场所可能较少得到很好照顾。世界遗产地（WHS）选定代表一种尝试，将注意力引向需要对这样的场所进行富于活力的管理。至 2009 年已有 890 个世界遗产地，并且这一数字仍然在增长。以这种方法识别和选定的工程，已经证明很受许多国家的欢迎，它们看到了"冠军荣誉"地位的利益，包括就旅游来说的一种经济的副产品价值（Graham，2002；UNESCO，2010）。这一问题与国家公园现象是一样的，并且带来了同样的管理上的挑战，包括多样选定问题。例如，在英格兰南部，巨石阵（Stonehenge）和埃夫伯里（Avebury）的石圈，是一处世界遗产地，并且部分是一处 AONB（北韦塞克斯 North Wessex Downs，参见 http：//www. northwessexdowns. org. uk）。它们也被列入古代历史遗迹，并且是目的在于经济发展的 2008—2013 年欧盟领导者项目之内。

绿化带

选定的一种不同形式因绿化带而随手可以找到。这是选定的一种很有名的形式，其目的在于防止城市的无计划蔓延和城镇的拥挤，在许多国家已经尝试过，并有不同程度的成功。所指定的区域常常是围绕一座城市或在居住区之间，而在这些"条带"中，开发经常被很严格地限制或抑制。在英国，绿化带开发常常只有在"特殊环境下"才被允许（参见：Elson，1986；Shaw，2007）；自 1955 年起，在英格兰（《规划政策导引说明》，*Planning Policy Guidance Note*，PPG2

〔ODPM 2001〕），它们已经以不同的方式享受到自己的特别规划政策的指导。尽管绿化带源于国家政策，它们实际上由地方用依托于地方规划中的特殊绿化带政策选定，因为绿化带边界是在地方规划主管部门的层次上来决定的。因此，绿化带能够扩展，并且与一项规划的每一次迭代存在关系（参见：Amati，2008；Shaw，2007）。在日本，当使用绿化带政策时（著名的有围绕东京的），由于没有出现增长限制，这一方法失败了，并且维持它的权力和政治意志最终上也被抛弃了（参见：Amati and Parker，2007；Parker and Amati，2009；Sorensen，2002）。2007 年出版的《环境规划指导和管理杂志》（50 卷第 5 期）的一期特刊，有关绿化带政策的最近争论（参见：Shaw，2007），反映出对绿化带概念和根据增长管理和城市边缘区域利用的可供选择方式的日益增长的抨击。阿马蒂（2008）给出了有关绿化带方式的一项国际评论，突出了它们的受欢迎程度和稍有变化的成功。

保护区

1967 年，在英国，经由《城市舒适法案》，保护区获得启动，到 2010 年，在英格兰大约有 9300 处这样的地方（English Heritage，2005，2010）。一处保护区的目的是以一块区域为基础保护指定区域的特征或舒适（参见第十八章）。保护区的地位将意味着，特殊条件和额外或更具约束性的规划政策将运用到这一区域的特征。一邻近的或一组街区将构成一处保护区选定的基础，或在一个村庄确定为历史核心的全部。这种选定如何识别一个地方的建筑、历史和文化的品性，会是"大于它的部分的整体"，因此允许任何部分被拆除或移动会有害地影响整体的风貌和价值（English Heritage，2001）。由于在那些区域整体的约束性和阻止任何有机的变化，这一方式已经受到批评（Delafons，1997；Larkham，1996）。然而，在全球许多国家，对这一方法的替代依赖于开发控制基金的更规范化的系统。在英国，有关保护区系统的另外一个问题有时会被提出来，这就是，它能够对保护文化上的重要邻居发挥作用，倾向造福于现存的（还可能是富裕的）居民和利益群体，创造出被保护的精英空间。

经济开发区

经济开发区的选定涉及表示在一块指定的有边界的区域从事经济活动的特别条件。1980 年，英国引进经济开发区，其特征是更加简单的规划体制和对于新进来的公司提供暂停征税。经济开发区被国家政府选定去鼓励工业和商业活动，常常在经济不景气地区如在伦敦码头区的爱犬岛，尽管整个英国都在使用。依靠减税和其他金融刺激，投资被吸引进来。这样的区是有意暂时选定的，曾经有三次经济开发区"冲击波"。在 20 世纪 80 年代早期大部分被选定，并且有 10 年的生命空间（参见：Potte and Moore，2000），随后，2011 年英国政府开启经济开发区第三波。其他地方也做出了类似的尝试，在经济开发区，所提供的特别地位和不同权力的主题多有变化，特别在造就一个具有吸引力的商业环境方面尤其突出（参见：Hansen，1991；Tait and Jensen，2007）。由于不利于那些位于被选定区域之外的地方，造成其他地方的商业活动的一场转移，没有必要地产生了一种纯的新就业或经济增长，经济开发区已经受到批评。然而，相反的观点声称，没有如此的"特别措施"，目标区一点也不会得到提升。因此，并且尽管存在对经济开发区效果的不能令人信服的评估，这一方法对许多政府来说还是炙手可热。

结论：与选定相伴的问题与困难

尽管选定目的在于隔出地方和突出那些区域的问题与优先处理，但仍然存在对这种方式的批评。因为一些理由，选定过程已被问题化了。通常，为了目标的恰当实施便于获得的资源以及整个指定区域的参与者的整合是有限的、成问题的。这在没有任何特别目标的组织或单独的主管部门已经准备就绪以实施和捍卫指定区域的目标的地方，尤其显得尖锐。在英格兰，国家公园拥有自己具有预算的主管部门和在公园区域内发挥单独的规划的权力。在它们的区域内进行组织和管理并支持国家公园目标，往往被视为一种成功。

另一个会从选定中出现的没有预料到的或相反的后果，包括源自被指定与没有被指定地方之间的悬殊所造成的社会平等和环境正义问题（Bowen et al.，1995）。例子来自国家公园可能遭遇游客没能绵绵不断地到来而面临的压力，以及在经济开发区周边区域可能看到的"萧条时期的影响"。对选定的批评，也列举了要实现被指定区域的目的所面临的复杂性、成本以及存在其他主管部门与权力。选定区域是规划政策的一个关键要素，并且它们的使用能够被看做反映了规划的政治化本质和国家与国家的地方层级之间的紧张关系，例如有关资源分配和地方主管部门履行国家政策诺言的感受能力。

所指定的区域对突出特别需要和问题发挥作用，并且能够对软化一般政策发挥作用。选定也反映出整个地盘上所征用或所建设地方的一种空间层级制，并且突出了一系列优先权和问题。在许多例子中，它很可能是这样的：特别目的的组织化或相关所募基金，对于确保选定目标得以实现是必要的。尽管具有种种问题和出乎预料的后果，但在沟通人们所假设的地方的千篇一律与需要个体化的或特定地方的反应的孪生危险之间，选定建立了桥梁，而可能需要这种桥梁去处理地方的特殊需要、条件和特征。

第九章　利益与公共利益

相关术语：利益相关者；共识；权利；冲突；权力；精英；社区；国家利益；表征；参与；排除；公共产品

引言

本章把重点放在利益这一观念和更加特殊的公共利益这一观念之上，后者作为一个术语已经被用作证明规划学实践和介入的正当性。鉴于"公共利益"更广的修辞使用和为规划学提供一个合法概念的长久历史（参见：Friedmann，1973；Howe，1992；Klostermann，1985），对它的意义和用途做出解释，是至关重要的。例如，布斯（Booth）要求，"针对土地使用规划系统中所表达的公共利益的本质，进行更加广泛的讨论"（2002：169），其目的是为了厘清规划中的制度设计和决策制定的思考和基本原理，并使其更加透明。

不管如何，有关这一概念存在不同的概念构想，也被不同的对抗性利益群体变化多样地运用，如坎贝尔和马歇尔所主张的："它是一个术语，常常被用作神秘化而不是厘清（问题）"（Campbell and Marshall，

2000：309）。在解释不同的状态和情况上，它多少有些弹性地被使用，许多次又相当呆板（Cullingworth and Nadin，2006）。一个变化中的社会-文化语境和对土地使用规划的间歇性的意识形态攻击，意味着公共利益这一概念已经受到了大量的推敲和锤炼（参见：Alexander，2002a，b；Campbell and Marshall，2000，2002）。从这里向前，概括不同的利益群体（和"公共利益"）是如何卷入或涉及规划学的，他们是如何被考虑、被塑造或甚至可能被忽视，是相当重要的。

利益的观念

利益这一观念会被客观地看做是远离个人的。按照这一看法，不用熟悉个人的看法或态度，利益就能够被表达。另外的概念构想采用一种更加主观化的看法，把利益看做个体的和党派的。这一简明的二元论已经被下面这一观念所补充，即这些被许多个人或团体所告知的从政者和公务员发展了交流、理解和主张，因此而产生的看法和立场是见识和影响的聚合体。被决策者所采纳的态度和立场，有时被指涉为"中心化的主体性"，这里的主体性是随那些利益联结和靠近决策者的利益群体的权力和能力而变化的。它也是这样的例子，在任何既定的情况或时间里政策的强调或解释，将反映出政府态度、现存的法律条款和市民权利。

在利益群体之间分配资源，规划师们已经做出裁断，宣称是维持了有效的经济、社会以及环境的状态。这已经驱使一些人说，规划学自身大部分关注争论财产权的解决方案和管理。规划学牵涉到利益群体之间的权力差别，术语"公共利益"的使用如技术一样也是政治的。它会被用作证明一种相当功利结果的正确性，例如，用一种常常并明确或相当不透明的方式期望"助益"，它将多少依赖有活力的利益群体使出最大的支持和形成可信的证据。如此所处的不平等处境导致对规划学流程和后果的批评，例如戴维托夫（Davidoff，1965）所作出的，他推动了规划学的一种支持模式，当它清楚的时候，规划学流程和后果常常不利于社会中的特殊团体。这反过来无计划地扩大了社区的和协作的规划模式的发展，在20世纪90年代，它升至耀眼的高处，并伴随着更多包容的和微妙的方式。坎贝尔和马歇尔（2000）指出了这种协作方式是如何受到十分广泛的欢迎的，但是，它对流程的集中关注是不足以自立的。他们提出，"公共利益"的行为基础，也需要有获得清晰阐释的价值观和抱负。

规划学中的利益

规划过程反映出社会中更广的斗争和争夺。个人或群体会直接从规划学的决策或政策中获利，而另外的会察觉或预料到某种形式的损失。在不同的时间，也在不同的规模上——通过这一方式规划决策的实行对形成这一世界发挥作用，对特殊的利益群体将有积极和消极影响的知觉。这种影响可能是环境的、经济的，或要么影响社会条件或文化实践。它们可能是立竿见影的或更长时期的。规划师作用的一部分就是评估和理解这种影响，发挥一个仲裁人和法官的作用，平衡开发的成本与利润以及其他与规划有关的活动。因此，规划已经获得预测和证明，其基础是权衡如此的成本和利润以及确保"高效率的"土地利用，同时除其他事物之外，试图保护和增强舒适（第十八章），减轻或防止消极的外部性（第十六章）。在这样做的时候，规划师们已经声称在"公共利益"中发挥了作用；不过，这是一种相当粗浅的和难以测量的花里胡哨的论证，需要被拆开分析。

林德布罗姆（Lindblom, 1959）用"相互调适"和"满足"术语反映规划师们如何没有明显在任何一种利益中发挥影响，而是相反，在顺应和整合许多利益群体上发挥影响。在对这一观点的扩充中，博兰（Bolan, 1983）识别出了十一类利益立场，一个规划师会被这些立场所影响。他把这些叫做"义务的道德共享"，我们将其分组归纳为：

"自我利益"、"职业利益"、"地方主管部门/地方政治利益"、"开发商利益"、"地方社区利益"、"国家利益"、"环境利益"和"经济利益"。所有这些类型很可能以不同方式重叠或矛盾。

政策制定中的利益评估已经被像西蒙这样的作者所提出，他指出一帮利益群体把见闻的不同理解和类型带到桌面，其中的一些被规划学"权威"所肯定，而其余不会。一些利益群体将被给予界定明确或例行公事样儿的机会，能够提出意见和与规划建立密切关系。这典型地包括依法写上的对规划草案评论的机会，或不赞成特别开发的建议。一个规划流程的视野和结构，就所获得的投入资源来说，能够很大影响被整合进做出决策的代表性的价值和信息的可能性。这意味着，对应该反映出公共利益的结合和无所保留的优先处理的考量常常被模糊了。

在规划中，利益也可以用法律术语在狭义上界定为一帮利益相关方有法律所赋予的权利参与到规划的流程中。上面所表达的在规划中（合法的）利益群体的更狭义看法，对为社会的某些成员忙于获得多有问题、受到限制的机会的本质轻描淡写，更进一步，某些利益群体可能没有一点声音——他们有时被称作"消极的"利益群体，而环境或未来数代人便是这里的例子。这里作为"被一项政策或一场开发所影响"的任何一个人的利益的更广的概念构想，包含这一问题，并且会被合法地采纳。根据不同的态度和人口，这十分微妙地接受利益群体讨论的一种扩展，力所能及地思考规划流程和结果是否充分地反映了一个多元和变化的社会，并推出这一问题：对规划师们来说，如此的多样性怎样既表现一种变化的要求又是一个扩大化了的角色？

它也许是这样，依照规划的法律和政策，特殊的利益群体在一种地方或国家层面获得正式承认，或也许存在自组织的和批评活动团体有意地影响流程和结果，要么阻挠开发、劝止它，要么以某种方式塑造或再造政策建议，并且他们可能与一个或更多利益群体携起手来。这些团体可能会受到政策、规划和相关开发的影响，或者被规划师们或其他代表人物要求积极介入。

因为意识到不同的身份、信仰和需要，成群的团体和阶层性利益群体已经如雨后春笋地出现。基于团体利益的诉求，不仅正在变得更加多种多样，而且就他们的练达、洞见和手腕来说更发达了。当然，一些利益团体不会接近信息、时机或理解，而这对与规划建立有效的密切关系是不可或缺的。这后一种关切，巩固了作为提倡者的规划师们的观念，凭此，不同的利益群体被规划师们所声援或被代表，其目的在于公平地进入规划流程。的确，这为规划师们在由权势者所操纵的进行决策的竞技场上进行干涉准备了正当的理由（参见：Forester，1989）。反过来看，一些少数的利益群体，已经精于让他们的观点和立场在地方和国家层面被理解。作为政治或经济（甚或文化）精英的一部分，某种阶层的利益群体已经被给予特殊的进入和影响决策者的特权（参见：Cullingworth and Nadin，2006：446—447）。

用这样的观点看，利益群体是建立在多种多样的因素上的，例如地方性、活动性、或从一种经济的、环境的视角看，它们会是为直接的开发建议所涉及或所影响的特别的公司、群体或个人。如果考虑到基于阶级、种族、缺陷和性别不平等的规划学的现在发展成熟的批评的话，利益者同样可能代表规划中的参与者的一个阶级或类型，例如社区、开发商、土地所有者甚或"更广的利益者"，宽泛地遵循上面所概况的类型，进一步甚或突破这些类型。这就突出了我们怎样、何时谈论规划制定中的"利益群体"。在说住宅或一派当地风光时，就一种国家的利益或一个阶层的当地利益来说，我们实际上也许是正在描述代表其他人而分享利益，或的确是一个个体的自我利益。

不同的利益群体如何影响规划的决策或被规划的决策所影响，将会因地而异，就不同的问题或特性来说，不同的时代也有影响。然而，"利益"这一术语能够反映这一观念：一个人或群体从一项特殊决策里有失有得。角色会寻求维护一种现状的地位或战略性地引入可供选择的事物。因此一些组织策划去代表一种"利益"，对规划政策和开发用一种"利益立场"会采取战略性态度。典型地，大开发公司将为政策而进行游说，这为有利可图的开发创造机会，而其他群体将为更多的限制性政策去游说，例如保护乡村英格兰运动（CPRE）寻求限制在乡村地区的开发。两者都会声称在某种程度上有权代表或实现公共利益，并且通过鼓动代表一种受到广泛支持的利益者的立场去寻求规划师们的支持。公共利益的争夺反映出规划制定的阶层的和政治的本质，因为有关特殊政策和开发建议的诉求和论据，与公共利益的相互冲突概念联系在一起。

因此，有一个问题，关系到不同团体或利益群体如何能够对机会或"权利"发挥作用而参与到规划制定中，以及一些人如何苦心经营地创造出能影响规划制定流程的其他方法和工具。不同利益群体和它们的支持者相关的权力和影响将会变化，而规划系统和结构被组织起来的方式，往往使某些人受益大于其他人。这一问题是：规划真的能够使所有利益群体携起手来，并且因此实现一个合理地贴上"公共利益"标签的结果吗？某些人已经批评规划师们懒于对这一问题和可替代选择进行全面讨论，从而掩饰许多决策的职业的和历史的精英主义。因此，在我们思考有关公共利益的各种各样的支撑物时，有一点是清楚的，不同的用途和方法会被证明是正确的，或遵循有关政策流程和制度性设计的不同概念系统（也就是依赖一定程度的包容性和从容的历练）进行思考是诱人的（参见：Ham and Hill，1993；以及有关协作制订规划的更广文献，例如 Healey，2005）。我们现在转向思考"公共利益"的观念是如何被解释、被用来论证规划决策的。

规划制定与公共利益

过去几十年，公共利益观念已经得到相当程度的关注（Benditt，1973）。在英国，为了回应 20 世纪 80 年代对规划学的政治性攻击和最近日益增长的生活多元化，最近又兴起了新的一波关注热潮。这些挑战和反应已经把怀疑投向了那种结成一体的或一般的"公共利益"的存在。也促进了对作为服务于公共利益的更大努力之一部分的规划的辩护，而这又受到这样的宣称所巩固，即规划学能够帮助促进社会和环境正义，也就是，没有规划学和介入的某些形式，空间（和社会—环境的）成果将是既不公平的也是无效的。

就更广人口的整体益处来看，规划政策常常被证明是正确的。以这样的观点看，就总的社会益处或某种功利的意义上来说，规划活动的成果应该是很有益处的。对于规划系统和作为这一系统的组成部分，这一地位被广泛地看做一个主要的正当理由，一般认为规划师们寻求把有害后果最小化。不过，这里的主要问题是，经由规则化了的立场、体制性的设计和政策的详细说明，公共利益是如何被显现、被维护的？

规划系统不完善的体制性设计和对它们限度的认识，意味着公共利益的突出假设和修辞性运用需要某种审查。有许多论据和不用怀疑的概念构想，规划师们和其他人能够采用它们，也真的积极地在利用。这一强调倾向于声称规划系统就实现整个地盘已经确立的目标来说，是"公平的"，也是战略性的。在这一意义上，公共利益就等同于参与机会，自始至终依赖于开放和透明的过程。然而，比之确保"公平博弈"和希望结果是满意的或一贯的公共利益，存在更为清楚的方式。

几位重要作者最近考查了公共利益，并参照规划在程序和实质意义上既自导自演又自我论证的方式有益地尝试剖析这一概念。坎贝尔和马歇尔证明，规划学需要"解决伦理困境，不只直面程序的改变，尽管这一点是重要的，而且直面依照规划系统力图完成和促进的目标与价值，重新界定公共利益"（2000：309）。

亚历山大（2002a）建议，公共利益的批判标准有三个部分重叠的作用。第一，把政府行为和政策合法化，因此那些活动成为阻挡个人和阶层利益攻击的盾牌。这常常通过求助于一种功利的辩护而获得成功，即它满足于人口大多数或易于识别的（和有所偏爱的）利益群体的需要。很可能，如果相信需要，依靠辅助原则，政府会祈求"国家利益"而不理会当地的反对；例如，在规划主要基础设施的地方。作为地方政府的市长，歇雷2007年作出了下面这样的陈述，强调了在主要基础设施建设方面的层级制方法和国家利益的假设：

> 决策需要在正确层面做出。那些作为一个国家影响我们的决策应该在国家层面进行，因此更广的国家利益能够得到考虑。其他的应该在区域或当地层面进行。政治上的决策——如基础设施建设政策——应该由从政者做出。（2007：未标记页数。）

第二个要素是，这一概念在实践上履行一种规范的和根本基石的职责，凭此规划师们和专业机构认清和坚持规划实践，后者寻求加强"公共利益"。第三方面，关系到把公共利益用作成果的尺度，也关系到评估规划的实质性实施。这就是说，按照来自规划学实践的成果和益处来说，无论社会需要是得到很好的满足与否。本质上，规划学的实践维度在问：规划兑现了一个更好的社会、更好的环境和更好的经济了吗？与人口想要的相符合的东西做了吗？所以，本质上，这变成了一个更广的问题，"对社会来说，规划有什么价值"，以及什么价值巩固了规划学的实践？

这里存在几种重要维度和必备的哲学支撑，其中每一个都突出就规划学活动的流程和目的的可能影响来说，这一词是如何被使用的、如何被理解的。亚历山大（2002a）在细节上区分出了规划中的这一公共利益概念的三个作用或方面如何能够被评估出来。他思考出七种视角，包括起自功利主义到讫于一种道义的立场，在功利主义那里，行为是否合理，基于它是否是"有利可图的"；在道义的立场那里，关键问题集中在规划行为是否在道德上是"对的"。他也阐明了公共利益的一种"集中制"观点，宣称这种思维方式所强调的，更多是当前的实践。在这里，既追求共识，也赞成一篮子规范性目标。

坎贝尔和马歇尔（2000）也看到了公共利益的三种概念构想，这与亚历山大的著作广义上并行不悖。首先是一种功利主义观点，它避免对个人偏爱做任何道德判断，按照有益于更大的善而行事。在这样的例子中，这种应用是各种利益的一种相当粗陋的总和，凭此大多数的观点流行开来，或者在这里，一个固定流程和地方与国家政策被运用于决定正确方针，它将遵守公共利益的"测试"（参见第六章）。在最近几十年，在英国，公共利益已经被等同于个人自由，因为被市场机制用作操控个人自由的首要工具。第二种观点优先处理公共利益观念，由于根植于共享价值，这些共享价值被用作修正公共善的利益群体中的市场过程。要么按它们自身的利益来说，要么按其他人的基于他们自身利益的活动的（负面）影响来说，它也为帮助更少权力或见识的利益群体发挥作用的观念腾出了空间。第三种观点把确保流程公平的需要排在最为重要的位置。这样一种程序上的公共利益已经是规划学理论中规范理论和交流或协作"机会"的重要关切。这意味着，优先性将确保规划流程是包容的和公平的。

它常常是公共利益的明确的"一元"观，亚历山大认为公共利益是建立于某种共享的或集合的道德立场的基础上；包括为计算决策影响，坚持一种预先指定的和常常严格的过程。尽管规划师们和从政者们采纳这样的立场，这些反对其他强势利益群体的相对弱势和强化，意味着巩固一种规划系统的意图，会从这种（弹性的）一元立场起锚扬帆，并且声称有权这样使用；但是，常常地，决策看到和感到的远为功利。这里，一个疑问也被明确提出，正好是有关规划学的道德的或实质的目标究竟是如何被定义的。

在英国，已经做出促进程序公平和一种一元或共享形式的道德与实际目标的努力，但仍然存在可察觉到的挫折、隔膜和衰退。我们的观点是，公共利益趋向于以一种实用的和政治上的便利或权宜之计被更多地利用，问心无愧价值观的或一种包容性流程的任何赞成省略，更多留出"自行决定的自由"和协商的空间。作为一个由选票定夺的从政者的活动的正当性的公共利益的问题化使用，实践上叫人尴尬也是显而易见的，也就是说，公共利益修辞性地被用作民主上选定的代表所偏爱的任何事情。当他们为短期选票最大化有所作为的时候，从政者所代表的和说出的公共利益的混合体，不证自明是有瑕疵的，而不是基于证据、深入细致的考量并参照如可持续性的非常重要的目标而采纳的长期的或负责任的立场。

参照社会和文化的差别，以及传统政策流程和官僚模式没有显而易见地充分有效地处理多元化，公共利益观念也受到了非难。就计算弱势群体和少数族的利益群体连同其他被动地位的利益群体的利益来说，这也许尤其如此。一个能界定的单个的公共利益的不用怀疑的假定，对于要被实施的预先指定的活动，能够变成一项相当惰性的口实，或为利益群体的一种精英主义者的概念构想让道。在它的最差程度上，这实际上宣告了从政者和其他决策者没有责任需要去理解那些人的偏好或需要，而这些人他们"代表着"，或没有责任需要去完全理解支撑规划的那些原则。

在规划中，如果没有其他任何方法缓和冲突和加强合法性，努力确保创造合理性和公共选择与更好的理解是很重要的。重新设计规划系统是一项未来的选择，这种系统能够为多种多样的利益群体的需要、选择和结果发展出可适应的或反思性的知识。同时，修订规划流程、允许诸如此类的批判，将扩大参与规划的正规权利，并且，在这一方面，存在范围广泛的文献。其中一个方面就是扩大"第三方"权利的观念（参见：Ellis，2002，2004；以及第十二章）。第三方的权利是有资格参与整个开发决策的正式过程，它稳坐开发商和规划主管部门之上（作为第一方和第二方）——这一观念是，可以引入检查和平衡，以确保恰如其分地考虑到所有利益群体。一个构想，应该允许第三方有权利反诉一种开发决定，在最近几年的英国，这样的权利已经获得重燃的兴趣，不过，2011年起，却受到抵制。反而是开发商保有权利去提出一项诉求以拒绝规划许可，而同时其他利益群体却不能这样做，或反过来，要求一项赞成的授权。一项利益的优先于其他利益是一个漫长的争抢的舞台，并且在这样的基础上被证明是正当的——这一基础就是，规划主管部门自认和代表所有其他的利益群体，即统一的"公共利益"。

结论

据说公共利益有用的程度与政府对规划所声称的期望成果有密切关系，而且与规划所遵循的流程有密切关系。对开发商、政府和其他人是如何确定规划政策决定和随后的开发模式的有利和无利的更仔细的研究，很少由规划师们完成或尝试。卡林沃兹不无顽皮地提出了这样的看法："规划制定的动议一般是送给大众的一件既成事实的礼物"（1964：273，引自 Cullingworth and Nadin，2006：355）。提案很少是大开大合和兼容并包的深思熟虑或清楚地证明了不同利益群体将如何被影响的讨论的结果。对实用理由来说（例如成本和时间的压力），争论和论战的机会可能是次要的选择，但是更大的担心也许是由于强势群体在所有层次上起到了对规划师和从政者施压的作用。这种影响大多数常常在法律的范围内进行，尽管也以这样的方式进行——那些拥有权力和资源的人声称自己理解公共利益并塑造议事日程。调配数据、安排证据（特别是证据的形式）、奔走呼号的能力，都可能影响决策者对可能是"公共利益"内容的认识，而以更少组织化或更少容易看到的利益群体的牺牲作了代价。

鉴于这种情况，对于公共利益的不同模式和理论辩护的一种认知是必要的，不同过程或结构的采用将反映出一种偏好的规划学哲学。存在一种显而易见的需要，在过程方面，不仅包含"公平竞争"的机会，而且确实地理解和接受规划行为的规则和目的：如所有好的规划应该的那样。塑造并介入政策与开发提案的机会，将要求持续的思考和推敲，用深思熟虑的方式对待规划过程中的公共参与，在帮助集中或"夯实"公共利益方面，值得更严肃和更专心的关注。

第十章 协商

相关术语：斡旋；讨价还价；冲突的解决；相互调适；令人满意的；参与；政策流程；建设共识；协作规划；决策；交流；讨论

引言

协商是社会生活中一个很流行的特征。借用观察家们所宣称的，对整个社会活动来说，个人之间的协商是本质性的（Gelfand and Brett，2004）。尽管许多协商技巧、筹划已经被正式地提炼、研究或实践，但每日的协商实践所共同经验到的却是更加结构紊乱或冗杂的情形。协商可以视为一种可运用于广杂的职业语境中的实践和技巧。渊博的协商技巧可以深谋远虑地有效利用，或被更加组织化地利用去达成一项协议，将利益最大化或发展出共同的理解。在规划制定和开发方面，协商被普遍要求在政策目标上取得一致，实现更平稳的资源分配和更有效的实施成果。因此，在产生切实可行的、更广理解的和更一致的成果方面，协商过程扮演一个重要角色。

协商是规划学环境的一种长久或共同的特征，这里值得被包括在内，因为在各种各样的情形下，规划师们将需要使用协商和斡旋的技巧。卡林沃兹和纳汀断言，在规划学实践中，对所需要的灵活性和自行决定权来说，甚至很可能将有更大的作用，这需要各种形式的协商。在规划流程中，参与者需要认识和理解凭借多种多样利益群体之间的协同事务，协商可以在哪里发挥重要作用（参见第九章），有效的协商在哪里能够有助于政策的实施。

规划师们所居住的而政治上所赋予的职责和多元参与者的环境，意味着协商常常可能是复杂的，并且会显得是相当徒劳无益的。在某些规划学的情形中，协商获得安排，重要的公共利益以及私人的重大利益将被报告出来，并获得重新认定。与以下观点相反，"赢得一场协商的单独的最有力量的工具，就是没有一纸合约而竟站起离开协商桌的能力"（Mackay，1996：81），实际上常常是规划师们不能够离开协商。相反，开发商倒是常常最终有权从规划过程中撤出或撤资，随之规划师们的权力更多地在于延期的一种能力。弗里斯特引述一位美国规划师的话说："对开发商来说，时间就是金钱。一旦金钱在手，钟声正滴答作响。这里我们已经有某些影响了"（Forester，1987：304）。站在社区一边，或其他第三方利益群体一边，不会有机会有效地延期或从一个过程撤出，但是，这样的利益群体相反会不得不同意与一种失败的后果生活在一起，或与一种可怜的成果的结局生活在一起。

规划学中协商的范围和功能已经有据可查地发生了变化，伴随在一些国家规划发展的一种更有协商性的和合作的模式。英国深刻感受到了这样的压力（Ennis，1997），部分根据一种自20世纪80年代已经出现的更多市场导向的规划，尽管这样的维度在其他地方也类似。一种多元流动的社会环境是另一种相关的变化，而政策制定和城市与区域开发的合作的、内在的协商方式，正如歇雷（2005）和其他人所阐述的（例如，Adams，1994；Booher and Innes，2002），鼓励作为利益的多元社区中的一种更平等和民主的规划的一个必要部分的协商。

强调的问题和协商的驱动因素和协商实践的主要的正当理由，与其他几章有关系（如第二章和第七章）。含和希尔声称，"政策流程的研究，就是利益群体之间冲突的研究"（1993：188）。鉴于这种情形，规划制定、相关的政策制定和它的实施就集中地与协商有关系。例如克雷多（Claydon）这样的作者就声称："成功的实施依赖于利益相关方之间成功的协商"（1996：111）。这强调了把市场需求和社区偏爱综合到政策和决策之中的尝试。

什么是协商？

协商能够被定义为一个过程，凭这一过程，通过进行讨论和达到一个彼此同意的决定，利益相关方或团体尝试解决争论的问题（Fowler，1990）。有时，协商过程可能跟成果有一样的价值，不过——在没有达成一致的意义上，至少相关方之间的进一步了解已经得到安排。它也许会是经过友好轻松的讨论，发现至少不能满足一个相关方的目的或需要，因此节省了时间或花费，或既节省了时间也节省了花费（例如，在英格兰，运用前的讨论期：参见：Allmendinger，2007；Beddoe and Chamberlin，2003）。这意味着，在解决争论和达成共识方面，还有竞争性目标之间的立场交流方面，协商可能是有用的。协商的这种观点超越了实用的"赢/赢"或"赢/输"的结果，这一点富有特征地出现于有关协商的诸多普通文献中（参见：例如，Fisher et al.，1991；Johnson，1993；Maddux，1999）。

在此，双边和多边协商之间存在的那个重要区别将被勾勒出来。双边协商能够被延长，但是那里只有两方或利益群体，这一过程可能是比较直率，包括直接的或谈话式的建议和相反建议，做出直接的权衡。多边协商包括多于两方，并且显示出围绕问题所形成的一个复杂的关系网络的特征，而这些问题的解决可能是很困难的。这样的情形常常需要回访和检查协议认定的地方的一个过程，在复杂情况下，立场的转变能够改变其他人的商讨态度。规划学协商常常属于多边协商的类型，尽管也有双边协商的明显例子，例如，规划师和开发商或在地方和中央政府的规划师之间。在这两种类型的协商中，需要有几种关键技巧，还有某种能够用作合适的特殊情形的风格和战略。这些在协商文献里被常常引用，包括一种得体的行为能力和确保遵循各种各样准备好的步骤。典型地，使用一种四阶段模式，遵循"准备、讨论、建议和讨价还价"模式（参见：Johnson，1993），随之使用不同的战略和策略。在英国，无疑还有其他国家的规划，在此领域缺乏训练和技巧变得显而易见。举办了规范的训练活动和会议，以处理这一可以觉察到的缺陷。在这一点上，一份2008年在伦敦商定的规划协议的报告发现，由于协商技巧的不足，在确保社区利益安全方面正在引起疑问（GLA，2008）。缺乏必要的认识和技巧，由规划师们所担当的公共利益的效率和足以胜任的表现也会引起怀疑，并且同样地，由于更少的见识或权力，在某种情况下毫无疑问将出局的其他人，会用其他方法显示出将会是一种多元主义者（并且因此显得是公平的）的方式应对决策。

在规划中，有一个由交流和协作的机会所提供的更广语境（参见：Forester，1987，1993；Healey，2005；Innes and Booher，2010；Sager，1994），它把焦点放在各方之间的权力关系和互动，并且强调用于发展规划和开发中的共同理解的那一过程。我们也力图提升对重要性的认识，并且提供规划学中实践的、协商的案例。重点放在把协商既当做一套技巧也当做一个过程，并且进一步理解在许多规划系统中扮演那种遍布的角色，这被认为是有用的。

尽管协商在规划中总是一定程度上发挥作用，但自20世纪80年代后期以来，对协商和冲突斡旋的一种强调，已经与交流的机会结伴而行。在这一进程中，有些人的著作引人注目（Forester，1987，1993，1999；Innes and Booher，1999，2003，2010；Elster，1998；Sager，1994）。在英国的规划学语境中，关于这场转移，歇雷（2005）他们都曾促进和报道过。歇雷建议，"通过……'学习如何协作'的一个过程，一种对地方环境冲突的更丰富的理解和认识，会显露出来，能够从中发展出解决冲突的共同方法，"（2005：34）。这包含着一种协作模式，在此，为了建设某种形式的共识，不同的利益群体聚首商谈。

在许多国家的规划中，协商是一个主要特征，尽管也许更显而易见的是，在规划系统中，有一定相等程度的自行决定权呈现出来（参见：Booth，1996）。不过，在职业生活中，存在许多其他的练习协商技巧的机会，放到一起考虑，协商技巧和正式与非正式的利益群体斡旋的训练，构成了规划师们工具箱内一大关键部分。许多来源详细列举了便于协商者使用的方式和策略，我们不想简单地重复。值得注意的重点在于：那些在规划中所涉及的需要去理解的必备的基本行为和技巧，其中包括将使积极成果得以可能协商的战略、方式和手腕。

规划政策的准确表述和实施期间，存在许多进行协商的机会。人们不必惊讶，专业机构，诸如皇家城市规划协会把协商技巧认作有效的规划学实践的核心。规划师们要在其中进行协商的某些情形包括：

• 冲突的斡旋和缓和——找到空间，那里的一致或妥协是可能的，并且加强理解对立立场（例如在邻居的争吵中或围绕新住宅的开发，除了其他事物之外，还有设计、规模、布局、基础设施或保有期等问题得到讨论）。

• 资源分配——进行讨价还价，以确保结果提供资源的共享或实现目标，在既定条件下，它们是公平、公道或最佳分配（例如，涉及政府所提供的规划制定的协议或出价）。

• 支持代表名额不足或更少权势的团体——确保它们的声音被听到、它们的利益被公平对待（足够的住宅提供期间，或在规划筹备期间积极寻找少数团体的看法）。

有助于协商和斡旋的一系列辅助手段已经得到发展，首要的是去想象以及与不同团体建立联系。例如，来自地理信息系统（GIS）的输出和设计的影视化，在识别或绘制特殊空间需要去显示开发建议的潜在效果方面已开始扮演一个重要角色。诸如"真正的规划"技术和更广的想象练习，已经用做促使人们积极地涉足于决策的流程（参见：例如，Shipley，2002）。辅助工具的这种更有想象力的使用，有助于增强理解或必要的"讨价还价筹码"，能够用于支持一个更有包容性的协商流程。

一些批评家通过援引商讨或协作的规划过程是如何可能共同选择而不是赋予参与者的，已经批评这种规划是虚伪的权力关系（Tewdwr-Jones，1998；Huxley and Yiftachel，2000）。同样地，一些当事人可能用既定的和合成一体的立场理解讨价还价的过程，这种立场可能发展为防御的机制，或用作搅局战术。规划之上的许多冲突出现了，在冲突中，采用了固定的立场，不能进行发展理解和协作的讨论，或者，这一类的互动被拉在很后面。此外，如果规划师的部分作用是促进型的，是发挥一种斡旋和增强的角色，那么，加强交流技巧和细微差异的理解将需要提出来加以讨论。

概览构成协商讨论之一部分的其他相关术语是重要的。这里，我们希望突出的主要区分是以下两种协商之间的区分：在一种协商中，规划师能够明确地或以其他方式凭自身的资格充当一种在这种结果里关键的利益方，另一种恰好相反，规划师作为斡旋者，或多或少充当一个中立方，并且有助于在其他的相关方之间精心安排、促成一致。在协商进行中的一项特殊成果，就是规划师会典型地宣称代表公共利益，或也许就一项开发建议或一项政策设计而言，他偏爱自由选择。不过，规划师也会处在一种情形，他们被要求阐明当地规划主管部门的立场，或支配性的政治集团的利益，这可能会连累相关规划师的理念和职业判断（参见：Healey，2005）。正如弗里斯特所指出的，这两个信念之间会有混淆；并且，进一步会存在这样的例子，规划师们尝试同时既做斡旋又进行协商。这会引起一场冲突。按照进行斡旋的角色，主要目的在于赞成规划时，确保所有相关方能够发现共同点，并且合理地代表它们的利益，而协商中的角色，主要目的将是实现所代表的利益者的立场。

另一个能够标出的区别是，规划师在利益群体之间发挥作用，或作为或凭借一个利益者进行协商。不管所代表的位置或利益如何，在规划中协商技巧被广泛地利用，并且被所有相关利益群体所要求。考虑到操纵、笼络或利用其他利益群体的尝试往往持续存在于全世界的规划中，这里需要我们注意的一种思考，首先是规划师的代表性角色，在此规划师代表缺席的利益群体进行活动（在一种相当地更加不透明的公共利益观念下常常被混淆，如在第九章所讨论的那样）。其次，我们的兴趣既在规划中的协商过程，也在其理由或动机。第三，我们的兴趣在协商的技术和利益与冲突的解决。好的协商应该寻求达成一致的成果，或至少一种成果，在此每个相关方理解作为结果的决定为什么被做出。现在，这就把我们引向了思考为什么在规划中利益群体要进行协商。

在规划与开发中为什么要协商？

人们常常要协商，在他们需要或想要某些事情，而这些事情需要其他人的"同意"的时候。本杰明·富兰克林有句名言："必要性从不会做成一种满意的讨价还价。"重点突出了一个人的协商地位和牵涉的相关利益阶层的地位几乎将会当然地影响结果。我们能够分辨出，就简单方面说，当有某种所掌握的权力或资源，而这些权利或资源能够做交换或其他方式的联系时，利益群体将进行协商。存在另外的理由，在一个规划的语境中，为什么利益群体日益增长地寻求协商，并且在一个自行决定的系统里需要确保结果的质量是个主要因素。在许多国家，抛弃政府主导"蓝图"规划方式的，意味着协商更为普遍，目的在于支持规划学方面的决策，和促进一个更加开放的过程和公平的结果。

令人满意是一个在文献里常常用于规划过程和实施的术语，它反映出规划中的协商和讨价还价的一种普通结果，因此，妥协或"彼此适应"（Lindblom，1965）得以发生。将"满意"与"献祭"或"足够"会聚一起是个缩合词，表示不同的利益群体会如何接受次选的结果，将其当作强势语境中最佳的可能局面（也可参见：Simon，1997）；这反映了一种令人满意的妥协，会贯穿一项共识建设或协商活动。埃尼斯反对，"决策不能以一种合理方式做成，因为规划师们不得不做的将是考虑不同的和冲突的价值，而这些是由社会中个体和群体以及规划师们自身所掌握"（Ennis，1997：1943）。这根源于一种到20世纪70年代变得确凿无疑的意识；开发业而不是国家常常引导再生产和经济发展的过程，它多少能够随意地终止主要的公共政策目标的实现。鉴于这样的语境，对于促进规划、服务于缓和有分歧的目标上的冲突，协商变得至关重要。

协商的动机与限度

利益群体进行协商的动机和动力，实际上是由机会和机构运行环境力所能及的实践所形成的。也存在需要见识和理解的多变的"可能性条件"，并且它能够把利益群体引到协商桌前。这种方式大多数被运用于一项被争论的开发动议或政策草案，但是，可能也会进行非正规的或更广的流程，特别是考虑到规划师们所卷入的广泛问题和条件。

弗里斯特指出，尽管可能存在许多限度和边界，其中包括在法律或其他平等考虑流行的地方，但协商可能仍然非常重要，因为"在不同的利益群体而不是基本权利处于险境的时候，规划师们的斡旋协商战略是在政治上、道德上和实际上是很明智的"（1987：312）。因此，在某些例子里，存在一些非协商的要素，因为一定的核心原则是不能交易的，它将依赖于规划师们以及社会希望努力获得并捍卫的规定或强调的目标。在许多情况下，维护原则或一种立场达到目标是可能的，与此同时，围绕其他要素进行协商——这些要素包括将要提供的社会住宅的百分比，或将要建造的确切的住宅密度，或为新开发准备的车位空间的数量，或确实地使用其他约束性条件（参见：Duxbury，2009）。公共部门的规划师们因此会在一种更广的（也许更远或更抽象的）"公共利益"中发挥作用（如在第九章所讨论的那样），而且同时也为现有的邻近社区发挥作用。他们会代表缺席的派别，诸如将要被开发新空间的未来使用者、承租人和居住者，他们也含蓄地为了环境和更广的环境目标发挥作用，而这些是通过当地、国家和国际政策或协议而被开发的。

歇雷曾经指出，在其中进行协商的模式和语境，将根本影响开发流程和结果的规则和边界（Healey，2005：224）。所使用的讨价还价的实践也将我们与有关排除在决策系统之外的论争联系起来。协商真的很少有充足的时间用于创建彼此的理解。这妨碍了机构意识的提升和相关合理性的富于成果的拓展（Parker，2008；Simon，1997）。如弗雷斯特提出的："（协商战略）几乎不是'中立的'。规划师们这样做不可避免地要么使其持续化要么挑战信息、专门知识、政治通道和机会的现存不平等"（1987：312）。弗雷斯特在以上所概括的斡旋与协商之间也做出了一个重要区分，他列出了 6 条斡旋战略，它们典型地把规划学中和土地使用冲突的语境中的协商特征化了。这些是规划师们会采用或使其出现的理想化的步骤或角色（以下参见：Forester，1987）。

1. 作为一位监管者的规划师——在此，规划师的角色是被限定的，并且主要功能是作为信息提供者。规划师为其他人充当路标，并表明和指示规范是什么，规划制主管部门所渴望的或所"要求的"是什么。

2. 作为一个赞成者的规划师——代表其他利益群体进行协商。这是进行一场协商或构成一套讨价还价战略的时候，规划师更积极地代表并且运用其他人的关切和偏爱、支配性社区、利益群体的地方。

3. 作为一种资源的规划师——规划师们发挥促进者的作用，鼓励其他相关方参加会议和独立倾听相关的每一利益群体（心声）。规划师推动协商朝向某种形式的一致。这种类型的角色很少可能在英国或欧盟出现，但是在美国可以找到。

4. 作为一个外交官的规划师——充当一个主持人和进行运作使其他相关方得到更好的契约——有效地发挥协商过程中仲裁者的作用。

5. 作为一个利益者的规划师——在更广的"公共利益"中进行协商和发挥作用。在这里，规划师是协商中的一个积极参与者，并且可能有他们自己的或规划主管部门的利益要代表。例如，确保目标和优先权——这些可能已经确定下来——被代表和得到讨价还价。

6. 作为团队的协商者/斡旋者的规划师——规划师们划分遍及前五种战略或其中之一种战略中的斡旋与协商之间的角色。

以上的战略和行为展示了规划师们在协商空间如何能够有力地展开工作。它们也意味着不同的条件和环境会把他们引向不同的角色和安排。不过，它敞开了强制问题，强制是当下的、根据不同的角色而被实施，而这些角色凭借的是见识和信息、现存的结构、规范和技能（Campbell and Floyd，1996）。上面所概述的规划师们所发挥的某些作用的效果和合法性，还有相关的成本，依然还是问题。这意味着，在规划中将存在竞技场和各种情境，在其中，协商将是必不可少的和让人期待的。它会是正式结构的一部分，或作为固定实践之一部分而以其他方式被常规化。

也可能存在其他的情形和突发事件，在此，需要或期待非正规的协商，不过，这些协商中的参与者中可能提出有关规划师所扮演角色的伦理问题，并且他们是否正在违背他们职业的"独立性"（Thomas and Heley，1991）。这变成了规划学的一个文化问题，还有如何维护许多公共政策流程所渴望的更重要的平等和开放原则的问题。

规划实践中的协商

协商技巧在多种多样的规划学语境中得到运用，从邻里争论的介入和斡旋到与社区、开发商和从政者讨论战略选择发挥作用。许多这类情境能够塑造规划师们所扮演的角色。我们这里将检测的主要例子，涉及英格兰商讨规划协议的流程，以简称"规划协议"而著名（参见如"协议106款"）。这样的协议包括更加形式化的协商，有关开发项目的细节和在英格兰与规划准许的许多规划义务。在规划学法律和实践中，这些被尊奉和被认为确保开发对所有相关方应该是可以接受的合法途径。协商"空间"的这一类型会花费很长一段时间，涉及几个步骤并且非常复杂，因为在结果上，一些不同相关方存在争论。规划协议和它们的历史，利用许多文本和资源也被详细解释，就如随后我们将要详细解释的一样。

规划协议的例子有助于证明在规划中复杂的和结构化的种种协商到底如何能够同时存在，重要的自行决定的方式是如何确保开发的奇特性和被考虑到的语境。自1947年始，规划协议曾经是英国规划学的一个特征，但是直到1968年之前，地方规划主管部门对它们的运用是被限制的，依法要求获得中央政府赞成才行。1968年和1990年之间，协议在数量上增加了，反映出当地政府花费的减少（特别对开发基础设施）和主要开发工程外部性效果的日益增长的意识。自那时起，经由许多的检测案例和法律与政策更迭，它们的用途已经获得发展、提炼和形成（参见：例如，Duxbury，2009对规划协议法定范围和运用的论述）。1990年《乡镇规划法案》通过之后，精炼和规范化更加显著（在写作时间里，106款协议和义务使用的完整现存的纲要被包括在ODPM〔2005c〕指南之内，尽管应该强调指出，这样的指南服从于起伏不定的变化）。

规划协议旨在确保开发是"完善的"，并且尽可能提供源自开发影响的外在效果和需要。这将包括开发商要承担的积极和消极的义务。这一观念是，（更大的）开发的独特性和复杂性需要自行决定权和协商来确保实现最好的可能结果。协商范围的规则和解释，在英国是随着政府政策的变化而不断改变的，并且由于法律决定而影响到调整规范。有关规划义务和协议的方法是如何处处区别出来的，歇雷等人（1995）提出了深思熟虑的个案研究。对不同相关方去确定方向来说，这样的区别常常造成混乱，并且这一过程是不透明的，而且缺乏可解释性。它不仅显示出规划中的自行决定权如何能够产生不平等的结果，而且协商技术对于支持产生公平结果来说也是重要的，或有时在不确定的情形下，恰恰需要简单地去协商行得通的协议。

一项规划协议的典型性协商，可能花费几个月去完成，需要仔细地思考和平衡源自当地、国家政策和政治学、法律、成本、延期和金融的可行性。在协议中会形成特点的事情类型是：社区基础设施（例如社区中心、学校、绿色空间、买得起的住宅、贸易或进行交易的时间限制、交通运输、可再生能源供给、绿色旅行计划和其他许多要素）。"单边承诺"也能够促使开发商提出外在于正式协商过程的这一类元素；仅仅对于开发业，它才是可能的一个讨价还价的筹码。这说明了在建构协商要素的范围和时机、在协商中相关权力关系过程中发挥作用的"游戏规则"的重要性。在这种协商中的关键要素，是意识和了解彼此的立场，以及协商的范围，比如所供应的可买得起的住宅的百分比，或能够付给其他目的的款项。这就严格地既要求已经存在的法律判例的政策，又要求开发的金融评估的知识和理解。还有，这后一层面往往给予开发业某些协商上的微弱优势，如在许多例子中那样，这成为协商的基础。

协商的另一个例子来自于英格兰，经由非正规听证的请求斡旋（参见：例如，Stubbs，1997）和日益使用早于规划实行被呈递之前的讨论。更普遍地说，如此方法是必不可少的——一旦准备和提交竞标中央政府拨款、着手再生工程、预备指定纲领、强化规划条件、同意管理规划和重新斡旋荒废的或污染的土地。这些为协商性的规划提供了空间、并且为地方规划主管部门提供了机会，使它们有机会形成开发建议和提升活动的场所或多样性的整体质量（参见：Beddoe and Chamberlin，2003；Carmona and Sieh，2005）。这样的机制也有助于把开发的期望和规模清晰化，它能够加速和"稳定"规划流程。这些局面要求信息交流和从所有相关方大量购入，以确保一种自行决定的规划方式能够行之有效。

结论

规划协商会放在不同的利益群体，特别在自行决定系统和协商机会被政府或其他相关政府主管部门建立或被支持的地方，额外时间和额外开支的问题就会出现，对此某些顾虑已经表达出来。例如，布斯指出，更少自行决定的其他规划系统在时间花费上会更见效率。然而，按结果来说，认识在协商中所宣布的众多特殊与一般条件和标准是否在更加规范的规划体制中已达到并是否提供了更好的品质和更公平的结果要困难得多。针对布斯的看法，也有相反的论点，这种看法指出，从长远看，准备好的协商实际上能够节约时间和其他开支，因为能够避免反对和拒绝，或者减少采用这样的协商实践。

对公共和私人部门的规划师们在哪里、为什么和如何被卷入协商的情境的澄清是很重要的，正如弗雷斯特著作所列举的那样（1982，1987，1993）。正如恩尼斯（1997）所强调的，协商发生的条件，像塑造的这一条件的政策环境一样，很可能对协商有重要影响。讨价还价理论与参与者如何体察和使用权利存在重要关系。因此，规范与流程，规划师们的斡旋功能，与规划流程和结果有关的所有形式的协商，都是非常重要的。因此，协商这一概念是重要的——无论在规划师们什么时间被叫去进行协商公共利益这一意义上说，还是对什么时间维持他们涉及斡旋以确保一种公平话语的环境、因而所导致的协商尽可能公平的意义上说。用哈贝马斯的术语说，这意味着为协商维持一个框架或"空间"。当试图根据自己的信条去代表和捍卫立场的时候，还有当试图让廉价商品遭遇另外合法的"可交易"商品的时候，规划师们的角色可能尤其困难。如果缺乏对一个人如何和为什么协商的技巧和意识的了解，那么危险就在于原则可能很容易被"收买"，有时甚至没有规划师完整地认识到这一点。由于这一点常常会以自由决定权的名义处理，并且能够促使经济发展，因此指南和程序规范对确保对这类实践的一定程度的责任是必不可少的。

第十一章　流动性与可及性

相关术语：移动；流；全球化；后现代性；迁移；跨界；流变；弹性；可及性；社会排斥；网络；交通

引言

影响到我们对流动性与可及性理解的最近变化，已经向规划学提出了一系列的挑战。这些变化已经集中反映在对全球化和人口、信息、资本的相关流动的影响；因为自 20 世纪 80 年代后期开始，政治、经济和技术边界与壁垒已经以显著的方式被打破、被重塑。不过要承认这样的变化有迹可循，可以更多地回溯到过去。

伴随着对未来土地利用的重大影响，并且按人与人之间、人与地方之间的关系来说，人员与产品的相对的流动性已经被改变了。按大众和个人交通来说，流动性已经重新构造了城市，并有效地对"减缩空间"发挥了作用。旅行次数已经减少，交流和互动的电子工具正在迅猛而无限地日益增长，通过赛博空间把人们"带到一处"。这样的交流工具也已经扩大了波及范围和相互作用，并且产生了关系和流动的新系列，同时搅扰了现有的关系和流动。这已经成为社会科学家，特别是地理学家的一种主要忧虑（参见：Latham et al.，2009）。因此，这一章的范围，并不限于个人流动性的问题，而延伸到思考例如信息等的更广流动和运动，以及这些是如何影响规划学政策和决定的。

对流动性的这类思考，自早期的城镇规划史就被认为是至关重要的。这已经被看做属于人员和商品实物运动和因此而产生的对交通和其他基础设施需要的反应。鉴于这样的活动明显对当地和国家经济、土地利用和更广泛的环境已经产生了深刻影响，对人员和商品流动的反应或顺应的规划学因此被很好地理解为优先权。由于世界进一步全球化，以上所说的运动步伐和流动已经加快，而习惯性壁垒已经遭到损坏，并致力于传统的规划学。精准地预测或控制这些多样形式的流动和迁移、为未来需要做规划的能力，也变得更加不确定和复杂了。

同样地，对现存的人员流动、旅行模式、经济活动经销变化的恰当反应，已经最终证明是一项高度资源-集约的任务，利用传统规划学方式，例如预测，常常会给规划留下缺陷或遭废弃，还易受其他政治和道德难题的影响。按照更广的规划假设来说（例如假设一定程度的同类人口和有关优先权和社会偏爱一定程度一致的基础，在更加易动的、动态的、全球化的、多样的和多元文化的社会语境中，已经被磨蚀了），这也与一种危机相对应。对全球化和流动性的认知，不仅引起了对规划政策中已有的假设的质疑，而且引起了对传统规划学实践的结构和方法的质疑。

对在此阶段的规划学实践和理论发展的挑战和随之再思考的一种完整的解释，在这里不能照搬过来；我们只需要重述与规划学有关的很多问题的自上而下的解决方案已经被全球化时代的后果所影响或动摇。至今，大多数国家已经感到使"规划学"与后现代语境保持一致所面临的难题。依照此点，对于规划师们来说，好像需要将论证进一步与流动性联系起来，尤瑞提出，跨国网络和"人员、资金和信息的流动"崛起的日益增长的地位，突出了我们应该研究流动性和它的有意识的分叉，考虑到它对一般社会的深远意义，它已经走到了主张社会学上的一种新的"流动性"范式（Sheller and Urry, 2006; Urry, 2000a; 2000b; 2002; 2007）。

这一章考察规划学是如何受流动性的新（和更持久的）挑战的影响并做出回应。长期以来，已认识到需要为社会中的不同群体确保和管理他们接近建成环境的构成成分的权力。所以，尽管主要概念是流动性的概念，但也讨论相关的可及性的观念，以思考一个更易变的和全球化的世界会产生的结果。例如，交流的进步和普及的汽车所有权不仅已经敞开了新的个人自由和经验，也会留给某些社会群体或个人去面对不利的地位或社会和经济的障碍。就地方来说，这样的过程的"空间性"来说，变化中的经济的政治的相互影响能够同等地把某些城镇边缘化，或造成投资的减少（或倒过来，其他地方经济"过热"）。

流动性与可及性：在一个全球化世界中的定义和应用

流动性可以被用于资源和资源的流动，以及人们从一个地方到另一个地方的能力。在它的最宽泛意义上，流动性的观念意味着运动和如此自由自在或毫无约束的行事能力。个人的、社会的和经济的流动性问题，作为如此非常宽泛定义的一部分进入视野。不过，有一个区别要强调，即一方面，思考个人的流动性对一个惯常的或许是季节性基础的影响（以及对例如接近地方服务业的影响）；一方面，是更宏大的流动性观念，涉及跨政治边界的投资总量运动和流动，或涉及区域和国家之间的人口迁移。

流动性与可及性意味着运动或利用位置或资源的能力。可及性被明确地连结到与流动性的关系上，但是，它也间接指出相对的和变化着的达到或被达到的能力，并且因此被连结到与社会和空间公平的关系上。例如，致力于确保对于不同群体服务业是可使用的，而这些群体可能几乎没有任何进入交通运输或高级交流的技术（有时指如"数码排斥"），可能会出现规划政策寻求去解决的问题。的确，在保护区的某些利益群体，会尝试防止在他们所在区域交通运输或交通基础设施的扩张，为了抑制开发的压力和保护风景。对思考社会、经济和环境可持续性之间可能产生冲突的规划师们来说，这就引起了矛盾和挑战（第三章）。人员和资本的流动性所必然包含的变量和冲击，意味着流动性带来了相关的社会、环境和经济后果；并且这就是为什么规划学传统上被包括在管理这样的范围之内。

不同的流动与流动性的组织化与和谐化，对更广的社会-经济动力有一种影响，并且一定程度上会被规划师们所塑造。此外，流动或"无拘无束"的资本的更广的经济和空间冲击已经有一个标志性影响，表现在指导战略性规划学的能力和许多政府对规范的态度。它的一部分关系到规划师们与迅速变动的环境保持一致的困难和提供合适的应对方法的困难。这常常表现在呼唤规划学的对空间管辖的重组，或表现在围绕这种力量形成规划政策。

全球化与它相关的对空间关系的影响已经清楚地改变了土地利用的模式和对开发业的要求，并且敞开了新空间和地方的种种可能性。因此，这里讨论的两个中心观念涉及运动与变化问题，也面对被发现的与规划学和形成规划的（也有政府的角色）传统模式有关的基本难题。例如，全球管理和资本流动的更广变化，对将规划师们的传统假设和实践及以区域为基础的规划难题已经发挥了作用。当变化迅速时，在流动和网络关系扩展到边界之外并具有更加不可预测的和复杂的诸种可能性的地方，特定的封闭空间所提及的规划的传统组织被削弱了。

当然，得到加强的个人流动性的影响和价值，与现在和未来的物质环境和基础设施提供给人们的相对流动性和可及性联系到了一起（并且它会影响这样的流动）。因此，这就集中地涉及建成环境是如何吸引、维护和促进流动与流动性，并且然后影响地方经济和地区的。这里一个更宽泛的问题是：在已经强化过的流动性、"无拘无束的"资本和文化多元性的条件下，如何进行规划？这一问题已经占据了规划学理论研究者，并在"后现代"规划学和规划学技术的风格和可行性方面引起了持续的争论。这些争论考虑"后现代规划学"的形式，如何和哪里能够充分地处理变化和多元性、处理新的和依情况而定的全球-地方关系和流动的可能影响，以及做决定应该最适合基于什么地方。鉴于全球流动和新流动性对可持续性的这一"威胁"，许多这类争论对改变规划学流程，或质疑规划成就其核心规范性目标能力的观点已经两极化了。

致力于精心安排与指导这些流动和流动性，影响对经济活动和投资指导的一种担心，并且也要求思考有关社会性的可平等分配以及可能对环境的影响。在流动性和迁移方面的变化程度和变动值提到相对的可及性观念属于利益方面。首要的驱动因素是可获得性或对移动的没有约束，也许有对基础设施（如机场或主要道路）等要素的法律的、金融的或知识为基础的约束、限定。规划师们将集中提供基础设施和其他实体元素诸如道路、办公室、工业空间和住宅，而这些服务使流动性得以实现。同样，使用中间物的权利诸如电脑网络或汽车在此扮演一个角色，因为它们都影响人员和地方的流动性和相关的可及性。

流动性的重要，使我们重新思考全球化，因为这一术语是流动性的一个固定对应词。全球化已经被详细地争论，并且各种各样的特征和过程也牵涉其间。在亚洲、欧洲和北美的发达经济体，技术进步和电脑技术的崛起，还有迅猛发展的交通和遍布的汽车产业是共同特征，并且推动流动和流动性跨过边界。政治变革和市场经济以及新自由主义的近于霸权式的影响，对投资和人口流动的流动性已经产生影响，并且因此对空间关系和土地利用压力带来冲击。这一过程已经得到支持，在这里，政府已接受一种自由贸易政策，这已经引导市场的开放和促使资本的新流动跨过传统的边界。欧盟自身有一个在其成员国之间发展流动性的首要目的，以促进商品、资本服务和人员的更加自由的流动。

开放边界和取消贸易壁垒的进程正在朝向一个单一全球经济的发

展，它为人们期待已经有一些时间了。例如，阿帕杜莱（Appadurai，1990，1996）曾预言，全球化主要的突出特征，应该会对消除民族国家控制它们经济能力、维持旧的持续性发挥作用。这已经预示了一种分析方法的变化，包括观察网络的角色和影响。卡斯特尔（Castells）突出了金融网络的重要性："网络社会是一个资本主义的社会。这一资本主义的支系不同于它历史上的前辈。它是全球的，围绕一种金融流动的网络被建构起来。"（1996：471）这一开放过程也突出了流动和迁移的跨界本质，不同地方如何被包括进所及范围及其可能性。这已经导致对全球化竞争以及地方和跨空间之间不断变化的关系的强调与政策关注，同时质疑传统的地方层级制，并将统治的旧结构和历史边界的矛盾问题化了。批评者提出，网络化社会的地理政治条件（即，在全球资本主义条件下）是能够获利的，并且能够使合作和多国公司成为可能，目的在于对国家的和地方的政府获得前所未有的更大权力和影响。这样的条件也能够在不同国家的城市和地区之间激起更严酷的竞争，因为每一个都力图提升自己，吸引投资和其他流动，诸如公司的搬迁和旅游花费。

全球市场清楚地提供赢亏信息，不过与跨国领域有关的公司在提供就业机会方面能够请求国内主管部门帮忙。反过来，在特殊地方会存在隐含的或实际的撤资的危险，根据资本迁移去寻找更廉价的（或在另外方面更高级的）运营条件。这有助于这一角色的撤出，鼓励对任何劳动力、地方或国家几乎没有或根本没有忠诚、关注或责任感。

用规划学术语来说，这样的一种情形曾经有助于产生不确定性和一种语境，在此几乎很少能可靠地做出假设。在如此的条件下，规划与战略在影响投资人和其他角色或利益群体吸引或保持投资方面具有作用，但是这些会因为新机会的出现或环境的改变而被否决。这意味着，对英国和其他许多国家的规划师们来说，持续的角色之一将是可利用的和厘清的土地可持续性，以及为开发准备合适的基础设施。与全球变化和技术的广泛进步如何影响地方联系起来，我们能够思考交通基础设施的改善（例如道路、火车、机场）和汽车车主如何对地方决策与旅行模式产生影响，包括工作地方的位置和居住地的决定产生影响。因此，这些已经迅速而轻松地影响到任何一个固定区域的旅行直至工作模式，影响到商业决定和用工水平。的确，在维护竞争力方面，强化基础设施的供给被看做一项主要的工具。下面这段引述，取自印度一篇报刊文章，它强调了全世界的地区是如何回应全球化和相关的流动性的：

> 世界级的基础设施，对一种全球性的竞争经济来说不仅是关键的，而且对于提高各种层次的生产力来说也是至关重要的。基础设施的不足和可怜，是印度经济增长的最主要限制。（Pandit，209：未标记页数）

这段引文印证了对增长和发展的一种特别期望。在一个全球化的世界，这种流动性的语境中与在新自由政治和经济模式占支配地位的情境中，这两个过程存在矛盾。首先，就政策和系统来说，一方面趋向于一致和相同是显而易见的。这往往会呼吁市场导向的规划学模式，此外，强调商业需要和"经济"优先于其他考量；其次，在其他方面，社会的碎片化与对众多社会和伦理群体的不同利益的认识，将传统的规划制定问题化了。这激起了竞争或互斥的优先权的可能性，或赞成对经济增长和空间政策这样的问题省略不提是更大的回应或"草草了事"。

流动性与规划学：实践中的应用和问题

由于不同规模的流动性的结果，规划师们的理念得到了塑造，或他们的思维受到了影响。我们已经强调，信息、人员、产品的不同流动与新的流动性，已经快速重塑了社会-经济模式，产生了随之出现的空间和环境的挑战。在这一条件下，我们现在思考两个例子，以显示出规划师们对形成流动性和全球化与跨境流动的回应如何发挥作用。第一，通过解释英格兰的城区规划，试图克服封闭的或狭窄的关注规划与传统的规划方法论的局限。接下来，通过在更广的语境中考察可持续的地方交通规划（LTPs），对交通规划做短暂的思考，对强化了的流动性和旅行时间的减少所构成的压力做出回应。

一个流动世界的城区与受限的规划

早期规划方法往往会推断社会-经济和空间的稳定性、可预测性或持久性程度，并且依赖实证所得的人口和人口统计预报。就人们倾向移动往返更加经常来说，流动性的强化意味着有效的规划甚至已变得更加困难，也就是说，我们应该建设什么、建在哪里的标准更加问题化了，因为迁出、迁进和内部迁移发生了，并且投资流动跟随全球的利润等高线或风险最小化了。规划体制的国家性和地方、区域层次的组织化，也在力争处理跨界问题，并且因为流动和功能性关系变得越来越少与旧的边界保持一致而复杂化了。理解各种流动和愿意投资或需要投资的区域，是战略规划的一个主要侧面，已经占据学术界和政策制定者达几十年之久。但是，有关如何回应和恰如其分地形成流动，在许多区域或在某些国家政府部门很少存在成熟的理解。指导这些的工具变得至关重要，其中包括激励和推动特殊地区去支援增长，或力争减轻对其他区域的压力。制度性设计和政府管理促进或适应如此条件的作用也变得重要起来（Simmonds and Hack）。

因此个别市政当局或规划主管部门正在鼓励跨界工作，把"功能经济区"拉在一起和组织起来，这样的经济区是一个特定区域的大多数人居住和工作的地方，或它拥有基础设施来应对城市的扩张。在许多情况下，这些区域也在尝试指导内部的投资和应对国际竞争的要求。城区反映出用功能经济圈进行思考的一种尝试；并且就它们影响到这些次-区域经济和流动范围来说，留意到全球影响、机会和挑战。这一标签有一段更长的和确实影响世界的历史，但是仅仅到最近才在英国当作战略性规划努力的一部分被正式引入。

在英格兰，城区是被建立起来的半正规的合作约定，在形成和交付战略性政策目标方面，为了与所牵涉进来的不同角色协调一致。它们试图把问题和谐一致起来（例如交通和城市再生产遵循一致的战略优先权，特别在经济和空间方面）。在英格兰，城区被有点儿平淡地描述为：

> 这样的地方围绕主城。这些地方是自然形成的，由于长途去工作、购物或休闲活动的模式的结果。它们不必与行政边界相一致，因此会覆盖几个地方行政区的所有部分或几个部分。（IDeA，2010：未标记页数）

这一描述可以解释一个城区的大小，并且尽管它们的确跨越某些地方边界，如此地方明显并不是"自然形成的"，而更像司各特等人提出的，作为规划单元的城区是由于一系列理由而被组织起来的和被塑造的，因此：

> 这一观念能够在合并的形式中观察到。当地方政治组织（省、州、郡、都市区、自治市、省（法国）等等）毗邻单元统一起来，寻求区域影响的联盟，将其作为对付全球化威胁和机会的一种工具之时，它便开始出现。（2001：11）

城区观念也反映出在国家层面并使用隔离方法设计小区的规划局限的一种认识。这种跨界规划方式，是用一种系统的思维方式把地方概念化的一个例子，试图认清并规划出它们的网络关系。作为一个例子，利兹城区（Leeds City Region）力图整合战略功能和诉求以反映出：

那些地区的真实经济：边界内，商业运行自如，供应链井然有序，社区过着它们日常如新的生活。在这一区域，人们前去工作、上学和休闲，其结果，它内在地拥有劳动和住宅市场。（Leeds City-Region，2010：未标记页数）

当然，实际这样做并且留意和介入国际流动与关系的能力，无论如何多少是有问题的（参见：Scott，2001；While et al.，2004）。尽管有这样的批评，利兹城区是与新的流动性和全球流动搏弈的一次尝试，并且它过去拘束于经济发展的一种名曰"北方之路"地区方法。北方之路的归类把它的存在证明为合理，城区方式一般说也是如此，按照这样的办法：

通过跨行政边界的工作，他们因此在一些领域诸如交通运输、住宅、技巧、就业和再生产，为贡献更好的经济政策成果准备了一个清楚的基础。（2010：未标记页码）

通过上观下察，这种归类正在尝试找到服务它们自己人口的办法，用"明智而协调"的方法，将焦点放在发展他们自己的生产力和基础设施之上。如此合作还是主要把重点放在国内战略规划之上，并且往往依赖传统规划方法，并与它们的下属区域的市场协调一致，这是典型地把激励和规划政策连接起来，通过地方和国家机构而使其和谐运转，其中包括文件的准备，例如"城区开发计划"（参见：Price Waterhouse Coopers，2007）。在一个城区或分区层次上的部分努力，包括交通运输供应。现在我们就按照流动性和可及性的意义来考察这一问题的一个侧面。

流动性与可持续的当地交通规划

　　规划师们很长时间在交通网络和相关基础设施的规划方面（如公路、铁路、港口和机场）关注物质的流动性。这与参与和管理水平、界内和跨界的人员流动和流动的速度问题联系起来了。不难理解，当商讨或精心安排可持续发展，特别在使用个体交通工具的机会已经普及的时候，对提供交通基础设施和形成不同类型的交通使用的关心，被看做是重要的考量。在20世纪50年代和60年代，英国规划师们的反应是设计城市和基础设施，以便提供空间和优先处理汽车之需。

　　人口分布和迁移形式变化的影响，与此有关的大量人口居住地与工作地相距很远的挑战，对许多发达国家来说是一个持续存在的问题。这就激发了创造叠加的目标，既在如上面所提及的战略性经济发展政策方面，又在交通规划政策方面（Banister, 2002; Banister et al., 2000）。交通规划师们现在正尝试平衡某个时候的竞争目标。其中包括确保使个人自由和旅行乐趣为基础的流动性最大化，维持有效和公平的公共交通服务，创建"有竞争力的"基础设施（包括机场和高速铁路）。其中也包括将环境影响最小化，在碳排放和交通拥堵方面通过减少行程长度和鼓励"辅助改变"，即让人们离开汽车和飞机，而去使用公共交通；总之，支持完成更多的可持续的城市和区域的样式。

　　这里，我们更特别地注意地方交通规划所呈现的公共部门的不同层次的规划师们正在试图如何把增长和对新开发的需求与可持续性协调起来。在英格兰，自1998年地方交通规划已经历经沧桑，在2000年已经成为法定的了。思考地方交通规划产生的原因，应该是针对可持续的交通运输而造就战略性方式，通过与一系列相关角色（包括社区）一起工作来完成，考虑为这一地区提供所需要的不同形式的交通运输。英国政府提出，这种艰难的尝试，是地区经济表现和为当地人口的服务业有组织化的一个重要部分："对帮助当地每一个主管部门与它的参与者共同工作，去加强它的塑造-地方的影响和对该社区所提供的服务，当地交通运输规划是一件有活力的工具。"（Department for Transport，2009：5）

地方交通规划应该反映出地区和国家层面的政策，并且帮助组织中央政府资源的分配，以便完成在那些层面所制定的政策目标。地方交通规划对围绕利兹的下属区域（英格兰，在西约克郡）的一个例子，解释了致力于组织交通基础设施和服务的影响和激励，伴随把经济维度用作一项极重要的正当性，正如下面所述：

交通战略必须寻求对现存基础设施的最佳利用，又开发可供汽车选择的功能，为了管理交通的增长和堵塞，并且提供为经济竞争力所必须的关系。（West Yorkshire Local Transport Partnership，2006：11）

西约克郡应该获得一个交通系统，它满足当地人们的需要。如果西约克郡将维持竞争力和确保工作和住宅的增长，忽视交通堵塞不是一个好选项。合伙企业认识到，为了这样的情况我们需要未雨绸缪，需要勘验和规划，将来应该需要什么样的规模。（West Yorkshire Local Transport Partnership，2006：79）

用这些办法，地方交通规划（像其他许多规划类型一样）开始积累多样优先权和目标。有能力四处移动的人们应该提供环境和社会的好处，增加坐落在它的地区环境中的地方性的总体竞争力。如前面所讨论的，鉴于资源限制、信息滞后和已经讨论过的迅速而流动的流动性，如何去做这件事并不总是一桩易事。不过，它们是松散结对的一系列规划和战略的构成部分，甚至由于这些多样目标（和所涉及的复杂性）会造成紧张和矛盾，这些规划和战略旨在处理新的流动性所隐含的影响、优先权和需要。

结论

　　这里所得到的主要结论是，流动的社会与流动的资本流，加上通信、交通和相关技术的进步，正对规划师们提出各种各样的挑战。这些挑战至少可以分为两部分。首先是预见或回应交通需求和一个更具流动性的社会的其他可能影响的挑战。例如，考虑到大量的人们有能力生活与工作（和娱乐）之间的距离相距很远的话，交通基础设施与环境之间便存在矛盾。致力于了解和预知这样的流动和流动性受到限制，国家政府持续地控制或塑造它们的能力也受到限定。第二个方面事关在最合适的空间层次上去进行战略和经济的规划，在这里，致力于了解和塑造资本流动和其他资源的尝试，越来越变成全球的，跨越了现存的行政和政治边界。相应地，这些方面挑战规划学理论和实践去创建新的观念和技术，以有效地回应这些"后现代的"和"全球的"规划流程。

　　因此，流动性概念鼓励规划师们对人员与资本的流动作出回应和塑造，以便提供有效的和称心的空间成果。眼下，通过规则、合作、激励和依赖的市场力量的随机混合，这一点已经在做。相反地，我们认识到了这样的挑战正在以何种方式迫使人们对规划的制度性安排和知识论基础做出反思，这种反思透露出了在一个"全球本土化"的世界中寻求和鼓励更加持续性的空间成果的限度、难题和重要性。

第十二章　权利与财产权

相关术语：规划系统；利益群体；社会；私人财产权；人权；参与；冲突；协商

引言

　　在对现代国家的讨论中，常常可以找到对权利概念的解释。对权利的范围广泛的思考和分析，也存在于法律研究和政治学的文献中，在这类文献中，可以追踪作为行为规范的权利和责任的发展。观点的范围，从权利是社会及其组织的基础，到权利分配是压迫的和持续的不平等，不一而足。鉴于它们是向质疑和争论敞开的社会建构，权利现身于人类学和社会学有关不同文化中它们意义的大量争论之中。权利已经吸引了来自地理学家的注意，因为它们也有空间的可能作用，例如，就如何管理不同空间和地方运动与活动来说（Blomley，1994）。在日常生活的应用中，权利被例行公事地引用、要求，也在法庭上被争论、被质疑；在这里，个人、团体或机构愿意寻求澄清一个来自既定语境中的一项的权利的赋予与确实的义务。

对权利的兴趣如此深广，反映出了这一概念在一般的社会中和如我们所解释的规划的运行中的重要意义。土地利用和开发的决策，在影响由权利所有者和其他人所形成的权利分配、经济价值和更广的分配影响因素之上发挥了作用。特别是，在讨论受规划政策的实施所影响的财产权和其他人的间接权利时，这是能够区分清楚的。我们提出，财产权的地位和运行对于反思规划和规划决策的冲突是极其关键的（参见：Bromley，1991；Sorensen，2010）。

在这一章，经由对权利的基础、类型和发展的一次简明扼要的讨论，权利概念得到解释。我们提供了规划中的权利的例证和它们的作用及运用，以论证其应用的可能性。有关权利理论，并且按照土地利用规划的意义来说的进一步信息，在大量辅助性材料里能够得到了解，其中包括诸如：Freeden，1991；Cooper，1998；Bromley，1991；Ellis，2004；Geisler and Daneker，2000；Pennington，2000；Rodgers，2009；Sorensen，2010。这一章开始澄清某些定义。

权利的定义

一般的术语认为：一项权利是一种以某种方式对他人做或限制做的法律或道德资格。在这一意义上，存在积极的和消极的权利，它们提供了对其他人的资格和义务。在社会规范和法律权利方面提供一项重要准则发挥作用的权利，是那些拥有权威地位的分配。克勒曼（Coleman，1990）把重点放在作为社会存在的权利，和存在于具有一定程度共识的该权利所在的地方，以及在社会方面为什么它被证明是正当的。为了资源分配、保障秩序和提供清晰的思维能力——特别就行为的合法性来说，社会维护法律的和非正式的权利（或资格）。需要认识有法律约束力的权利和其他习惯的或非正式的权利，为了被认作一种权利或自此奠定一种"权利诉求"。依照布罗姆雷（Bromley）的说法，"一项权利是要求该集体拥护一个人的诉求的职责"（1991：15）。

T. H. 马歇尔（参见：Cranston，1973；Marshall and Bottomore，1992）在他的影响深远的著作里论述了辨明市民身份的不同权利类型：公民权利、政治权利和社会权利。由于现代国家的出现，这些范畴已经发展，权利已被扩大。在一纸复杂和发展的（或新兴的）契约中，权利与时俱进地得到清晰表述。这已被许多作者思考过，例如，吉登斯（1984）把经济权加进了这一清单。史蒂芬斯（Stevens，2007）解释说，某些权利向所有人倾情开放，也被所有人享有，"普遍人权"的信念（例如生命权、自由权、隐私权，或有争议有某些社会权利，如教育权利）也常被引用。公民权是这类人权的一个大的分类。一项公平审判权是一个范例，如果有关这一流程的某些事情存在毛病而又被正式宣布出来，某些人应该能够挑战所作出的针对他们的一项决定。因此，下面要强调的有关规划诉求和第三方权利，已经被引用。政治权利（和请求权）包括投票和自由表达的权利，而社会权利典型地包括例如医疗服务、福利金或一个整洁环境的权利。

在公民社会运转其间的分配、建立规则和结构方面扮演着对个体的保护人角色的，常常是现代国家。在权利和义务上的争辩是很普通的，和随后的权利是稳定不变的，因为社会偏好或容忍改变、权利的限制和扩大反映这个社会和文化的变迁。通过道德/文化的行为规范，权利被司法系统和其他官方权力，有时也被社区本身所加强（参见：Bourdieu and Passeron，1977；Cooper，1998）。这样的判断和社会规范也对随时随地塑造和再造权利产生作用。对这样的"游戏规则"是如何再产生出来和如何受到挑战的，布尔迪厄提供了有趣的思考（参见：Jenkins，1992）。

要观察的权利超出或外在于正式的国家权利和义务的具体化，会被表达为地方化的"权利"或地方化的权利解释（和这暗示为什么地方规划主管部门会变通地解释和应用政策）。同样，有些权利被认为是持普遍的权利，超越了民族政府决定或否决的范围（例如，"自然的"或道德权利可以或不可以庄严载入宪法，或作为民族或国际法的原则而嵌入）。人权，因为与其他权利相联系，在理论上居于某些共享的价值和道德正义之上。它们因此是道德和伦理立场的象征，既反映了智慧和经验的历史结晶，也反映了严格的相对权力分配的结晶。在这一意义上，它是一清二楚的，权利的存在和分布反映出社会的轮廓，或社会中支配群体的偏好的轮廓。

如果权利充当了人们之间互动的规则，它们把约束和义务放在个人或群体的活动之上，那么，只有它们之中的少数被列入法律。特殊分配的维护可以根本地影响社会中的财富分布。例如，继承权意味着，依据出身（或遗嘱），资本从一个人传给另一个人，这就把现存的不平等永久化了。因此，我们认为从不同的社会群体之间权利分布的理解和接受来说，往往存在一种差异。

更广环境的改变会意味着一项权利的定义和实践必需评估和改动。这可能由于地方文化的变动、政策改变，或反映出适应于一种国家层面上的法律判决。例如，作为一项主要的全球问题的议事日程的气候变化的出现，给边界、机会和伴随私人财产权优惠而来的特权带来了新的压力。这里，在决定实际上流向权利所有者的公共事业和权利方面，规划师们常常涉及至少两个层面：首先，在授权规划许可的时候基于就事论事原则，其次，通过空间性地的为新开发或为保护而设区或划地，在战略层次上影响未来公共事业（和因此影响某种权利的"价值"）。用这种方法，规划师们变成了权利所有者和更广社会之间的调解人。

财产权与规划学

私人财产权是受法律保护的公民权的一种形式，人们发现，它深深地存在于与所有权联系于一起的资源利用、独享和资格获取的一整套假设之中。财产权常常被引述为现代社会的重要建筑模块（和作为经济交换的资本主义模式）；好的或坏的（参见：North，1990）。财产权"确保"所有人实现特殊资源的利益和实用，因为各种各样构成的权利或特点，被看做包含土地的"完全自由的产权"。霍诺里（Honore，1961）列入11类这样的权利或财产"事件"，包括：使用权、来自于土地的收入和资本的权利。财产权和相关权利的许多说明，突出了它们如何因时而动和限制私人利益与公共利益之间的平衡。这些能够被看做人们与权利依情况而定之间的（变化中的）社会关系的表现（参见：Geisler and Daneker，2000）。

有关财产权的好处，有一个更广的理解，例如："财产权并不为掌握实际财富的那些人而存在……权利存在于服务社会目标而远远凌驾于那些实际运作这些权利的人"（Sowell，1999：164）。我们的理解是，财产权是一种互相便利，但是，从财产权的分布和管理来看，某些社会团体或利益群体可能会更多地为个人谋利而不是为他人谋利。规划权力和决策影响到利益，这种利益会从所有者那里（和相关权利）累积起来，在相互冲突的权利诉求之间，规划师们会扮演一个斡旋者的作用。霍奇解释说，在英国，规划系统是"在决定土地所有者所享有权利的一个主要成分。规划定义财产。变化中的社会价值和看法导致土地所有者的变化规则，常常经由改变规划系统而实施"（Hodge，1999：101）。

规划师们的重要地位就在考察和理解外部性，如果某些权利被限制或没有被限制，这种外部性会随之而来（参见第十六章）。这大部分发生在财产权和它们的维护和交换的规章制度上，或发生在私人诉求正好与别人的"权利"做得截然相反的地方。这种相反的立场关系到与财产相关的更广的公民权或人权，它们寻求保证隐私和产权的安全（Allen，2005；Denman，1978；Massey and Catalano，1978），而且为了社会，这一信念会有一种更高利益需要而得到维护（参见：Geisler and Daneker，2000以及第九章）。规划在形成和分配利益给财产权拥有者之中所发挥的作用，因此将规划师置于一种更高政治化和常常剧烈争执的环境之间，并产生竞争的社会、文化、环境和经济的后果。

在强调变化对财产权的影响方面，罗杰斯提出，"无论何时，法律改变土地上公用事业权利的分配，那么财产转移的一种形式已经发生"（Rodgers，2009：135）。所以，无论何时准许一项规划许可，利益分配方面的一种变化都将从中流出。"增值"是一个范例，由于一个地方的法律用途或公用事业的扩展，财产权的经济价值得到增加（参见：Booth，1996；Cullingworth and Nadin，2006 和本书第七章）。

行使权力的实际能力可能受一个人的特殊情况或变化的经济条件所影响，或诸如见识或其他资源的不足等其他原因所影响。也存在试图阻挠权利的行使。《银河搭乘者指南》前面的一段话，很形象地说明了这一点，并且格外地相宜，因为被拎出来加以奚落的，正是规划和官僚对私人（财产）权的"干涉"，在一系列画面中，主角阿瑟·丹特（Arthur Dent）的房屋为了给新公路让道而被推平。为征求公共意见，相关的文件已经展示出来，但是丹特要求将它保存在当地政府办公室的柜子里："在一个不用的洗手间里塞进上锁的文件橱柜的底部，在门上有标志说'小心豹子'"（Adams，1995：20）。在画面里，这位大为光火的规划官员明显感到惊讶：对这条新路加以评论和反对的这种机会、这项公民权，没有被采纳，而阿瑟随后对他的（财产）"权利"遭到侵犯而心怀怨愤。这一不乏幽默的范例，把重点放在了权利应该如何能够加强和能够行使之上，这就把将我们与规划中的参与、流程和公平问题联系了起来（也可参见第二、九章）。

普兰特指出，财产权如何促成一个好的范例，其他人的权利或自由是共同依靠的，并且凭借财产所有者被合法化的分配和权利影响其他人：

> 在我们的社会，把财产权当做已经安排好的，在这样的社会里实际上没有任何无主的资源限定无产者行使他们自由的自由。因此真正的问题不是关于对自由的侵犯。例如，问题无非是，是

否生活方式的权利凌驾于财产的不受约束的权利。（Plant，1996：186）

这把重点放在权利如何最终依靠成功地保卫它们的能力方面。赋予财产"拥有者"的权利提供了保护，并且暗含其他人有义务承担遵守那些财产拥有者的权利。然而，那些财产权也构成更广的社会契约的部分，而后者必然包含某些互惠的责任。土地使用规划的运行是一个明显的例子，在此政府介入和指导财产权的分配及运转；很显然，其目的在公共利益和确保被视为重要的公共利益得到保护。如果不是其他任何事物，规划的决策就是按照对经济、环境和社会领域的影响，计算行使私人财产权的利弊（参见第三、十六章）。因此，对规划师们和政策制定者来说，在创造可持续环境方面，权利特别是财产权的作用和考量是重要的。

作为对财产权和社会或"舒适"权利某些改变的斡旋者和规范者，规划师们常常陷入一种相当不舒服的立场，也就是，陷于相互冲突的诉求之间，这些诉求会得到一系列论点、证据和其他思考所支持。这种政治化空间，会发挥作用，打造正在形成的内在价值判断，并在不同类型的权利交换或修正中打造规划系统和扮演中间人的规划师。由于政策和可能对土地和其他权利（例如，一种健康环境的权利）的经济价值的影响，规划也激起了挑战；每一项土地利用和开发有一种不同的经济价值或必然包含不一样的"利益溪流"。在规划学法律之下被修订的权利的最明显的例子，是开发权这一个案，在英国，1947年的《乡镇规划法案》名义下，它被有效地国家化了（参见：Booth，1996；Cullingworth and Nadin，2006）。卡林沃兹和纳汀从这一方面解释了1947年法案的结果："土地开发权和相关的开发价被国家化了。在它们的土地上，所有业主由此被置于仅仅拥有现存的使用权和价格的地位"（2006：23）。这有效地把开发置于"特许权"之下和把权力放在政府规划师们和从政者的手中：就使用的类型或大小来说（例如，合法使用的范围，新建筑的规模，或例如在空地上已批准的大量采石活动或风能涡轮机的场所），去决定哪处位置、哪片土地能够被用作不同的目的，对所支配权利的范围进行限定或提出条件的能力。

用实用主义的话说，对于服务公共利益，权利分配的改变被证明是合理的，因此经由正式的规划，开发的全局性的精心安排能够为规划师们所组织起来。放在个人身上的另外的限制是在建筑设计和变化，诸如与其他建筑物的相对高度和关系。更进一步说，其他环境的和社会的影响将作为要素纳入决定中。一般来说，这种立法将开发土地和财产权利从私人控制转移到国家手中，因为地方规划主管部门扮演经纪人角色，经过规划批准系统，把所有权人的权利赋予或"返还"给开发。

权利与强制征购

开发权被定义为允许土地所有权人在他们自己的土地上改变用途或继续新的开发的权利；如已经讨论过的，这些权利会受到限制。私人财产的典型权利由奥诺雷（Honoré，1961）列出，其中之一是售卖权。相反地，在许多国家，公共主管部门可以迫使私人所有权人按要求售卖土地或财产。这既以强制征购著称，也是行使"征用权"权力（参见：Azuela and Herrera，2007；Jacobs，1961）。当认为开发或继续开发是必不可少时，国家可能会发挥作用，使土地归属公共目的。在英格兰，有许多条件和环境，在这些条件和环境中，允许使用（变化中）的规则和法例（参见：Cypher and Forgey，2007），它们定义和限制此程序的使用。而此条件和"检测"已经随时代发展了，在不同国家也发生了变化。在英格兰，《规划学与强制征购法案 2004》（9 部分）改变了与扩大了，作为使用强制征购法令（CPOs）的基础，声称：规划主管部门将"能够获得土地，如果它们认为进行开发、再开发或改善，将很可能有益于它们地区的经济、社会或环境的话"（HMSO，2004：第 9 部分 128 节）。对于利用强制征购，这是宽泛的正当理由，并被某种检测所限制，而这些是在"规划制定之环 01/05"所提出的，并且也被断断续续地修订过。这样的指引有助于角色确定一项 CPO（参见：ODPM，2005b）的合法性。这一例子把冲突带到了眼前，这样的冲突可能产生于私人利益与他们的随之而来的公民/人权诉求与更广的公共利益的考量之间，而公共利益会要求将夺取一种私人权利正当化。存在这样的例子，致力于用这样的方式获得土地已经遭遇抗议，在某些情况下，为了打出强制征购/征用权的要求权的旗号，会有争夺权利的发生。在日本，国家宪法阻止政府强制获得土地（参见：Parker and Amati，2009；Sorensen，2010），也存在许多其他的机制、政治和法律的差异，影响这一国际上通行的强制征购方式（Adams et al.，2005；Allen，2005；Cypher and Forgey，2003）。

规划与参与权

在规划系统中使个人能够争论决策的权利，或在规划系统中与参与有关的权利和从事、影响规划政策的权利，很有益地称为程序的或"系统"的权利。如此特殊的权利（和更广的申辩权）对检查与平衡代表和专家系统提供了重要机制。例如，在程序专业术语中的"发言权"，是市民可以参与和反对决策与建议，是规划系统构成的一部分。在西方社会，和平抗议的权利是一种注意保护的公民权，大部分是因为觉察到正规程序不公平和有缺陷，或对代议制民主系统起一种抗衡作用。抗议也对挑战不合适的和过时的边界条例发挥作用。就规划学来说，抗议会迫使就方法、流程、取证规模和形成规划决议的争论范围进行一次重新思考（Owens，2004；Parker，2002）。

在规划学中的"第三方"权利观念，与不同的个人、以利益者身份、如何可能享有对一项规划的建议行使反对权利有关。在英国的规划中，只有那些直接为规划决策所影响的人被允许正式提出反对。在一项规划的建议中，开发商被视为第一方，而规划主管部门为第二方，而后者在有关开发建议形成政策和决议中应该为了国家和公共利益发挥作用。一旦一项规划决策被做出，除了第一方可能上诉这一决策外（除非在例外情形下，例如在司法评议能够胜出的情形下），只有被拒绝的开发建议能被上诉。不过，第三方权利将挑战其他人做出的建议和决策，如果某些条件得到满足，就可以上诉得到许可的批准。这表明了在规划流程中所实施的边界条例的扩大。在英国，在规划中对反对权利的一种限制被当作使用的正当理由，常常是实用理由，与时间和资源的限制有关联。埃里斯（Ellis，2004）提出，第三方权利如何能够当作伦理和平等的均衡方法，确保规划决策是公平的和一贯的，表明一个公平的和民主的系统能够被挑战是个原则问题。如此的第三方权利，能够确保当地的和当地之外的利益群体整体，能够顶住规划师们和开发商们对自己行为的解释（Webster and Lai，2003）。在存在已经表达出来并关注这样一个系统应该如何工作，以及它已经能够对做出决策的速度产生哪些影响（和因此对第十七章中所提到的经济竞争力问题的影响）的同时，在爱尔兰，第三方权利已经被合并为规划申诉系统之一部分。这种申诉会被一个申诉委员会斡旋，这种斡旋会考虑被接受的否定的基础，并扮演调停者的角色。这一系统运转得井井有条，因为较之最初所担心的，提出的申诉更少，并且在商讨和预备开发动议方面，这一方法明显对于提高开发商和国家规划师们的留心和关注发挥作用（Ellis，2002）。

1998 人权法案

人权是对权利的普遍的诉求，并且在国际上的不同层面被明确地说明。在欧洲方面，也许与规划学最直接相关的，是《欧洲人权公约》（ECHR）和英国对这一公约的正式接受，通过《1998 人权法案》（HRA）而在 2001 年履行（参见：Allen，2005；Cullingworth and Nadin，2006；Parker，2001）。《1998 人权法案》的履行带来了广泛的思考，这样的权利如何粉碎现存的规划实践和程序。通过第一、六和八款，分别有三个主要方面曾经直接影响规划学：拥有和平享有的权利，公平和中立审判的权利，享有家庭和家庭生活的权利。

《1998人权法案》的正式接受和应用（和《欧洲人权公约》的明确要求），在哪些条款如何影响规划系统上面，已经引起争论，如果公共利益和界定过的规划学程序这一方式，为相关法律所支持，常常获得对于私人（财产）权利或在1、6和8款中所表述的确切权利的优先权，质疑在对规划学质询的司法职位上行政部门和立法者（即作为规划制定的决策者发挥作用的从政者）如何能够发挥作用。规划法的领域依然服从于开发的判例法和前例（Maurici，2002，2003），并且《1998人权法案》/《欧洲人权公约》仍然为法律挑战提供一个基础，如果规划学流程是与所引条款相矛盾的话。从2001年开始，已经有了许多惹人注意的判例，有关无规划许可而仍逗留土地的权利，特别是第8款名义下（这款"家庭生活的权利"）的权利凌驾于规划法和政策之上。也就是说，社会和道德的考量已经被相信重于其他的物质规划学的关切和现存的当地规划政策的标准应用（参见：Allen，2005；Maurici，2002，2003；Moore，2010）。解释过程是持续不断的，并反映出普通法中权利和它们的发展或整合的随机本质。这种情况，在许多方面对国家来说，与正规和成文宪法规定相左，但是，它们也服从变化中的法律和程序的权利，它们对重构规划系统和随规划而来的权利成果发挥作用。

结论

这些例子在此提供了权利如何塑造规划的一个简要说明，也就是说，显示出规划如何是一项引起争议的和重要的活动，就分配和形成作为"利益之泉"的权利（例如开发权）来说，规划活动又是如何被其他公民权所塑造和规范的。以特殊方式被强化或解释的如此权利和要求权利的存在，把重点放在了规划师们所要处理的普遍的争论和挑战之上。这些源自于个人拥有的相对自由有关的论点，来自政府干涉和控制，反之亦然。

规划中的权利问题连接着重要论争，不仅有关参与权，而且涉及这样的权利如何被规划主管部门和政府行使、实现和鼓励（参见第九、十章）。对规划决策的法律挑战，曾经是世界性的规划系统中一种长久生命的特征，特别是如果争执中的一大笔资金和考虑某些规划活动必然包含的可能的环境和社会成本的话。这也是对人权、财产权和更广的公民权的不同期待或分或合的地方。理解规划中的权利角色、权利如何被规划学所影响，有助于我们理解不同利益群体的行为方式和为什么围绕规划决策会引起冲突和对立。

至少在三个方面，权利概念对规划师们来说是很重要的：第一，发展对现存的权利和规划师们可获得的权力的一种理解，以明确哪些是可能的、合法的；其次，财产权和个人利益是如何被规划政策和决定所影响的，对此要有一定程度的认识；第三，理解规划如何影响更广的公民权和人权，并被更广的公民权和人权所建构的。最后这条理由很重要——规划师们应该意识到更广的变化和思考规划系统的束缚是在系统之外的。也许还可提出的是，对土地、财富、开发和规划，有兴趣的人，或被卷入到调解中的变化的任何人，应该需要理解权利和财产权的社会建构的与随机的本质，以及在改变权力分配的哲学和经济维度上的潜在意义。

第十三章　地方与地方感

相关术语：社区；保护；网络；地方风气；认同；无地方性；非地方；
环境正义；特性；意义；依恋；地方性

引言

　　有争议的许多规划学思考和政策，以某种方式集中于空间、地方
和空间关系的议题。皇家城市规划协会的口号"斡旋空间、理解地方"
的目的，在于传递对空间和地方的关切如何集中于规划实践之上。的
确，规划活动当然影响空间和地方的变化或得到维持的方式。认识规
划学如何和为什么对斡旋和帮助地方产生积极作用，是很重要的，因
为它既是首要目的，又是规划活动的结果。

　　当地方显得是一个十分朴素的观念的时候，各种各样的元素和困
难都与地方概念有关，并在与相关观念"地方感"中得到探讨。这是
因为地方抵制简单的定义或标准化，并且日益为本土、全球、文化与
其他影响的一个整体领域所影响。制造地方也是国际上许多规划活动
的一个公开目标，并且如果考虑到地方与社区的关系是规划学中的几

个主要关系之一，那么"地方"为活动提供了一个修辞学基础或实际上的正当理由。经由规划，已经扩展的规范性实践能够形成地方感和人类归因于地方的意义与价值。它是最广意义上的环境与忙碌于建构"地方"的人们之间的互动。麦克道尔把这一点概括为"地方与人们建设之间的一项互惠关系"（Mcdowell，1997：1）。这可以进一步扩展，因为这一过程既是一项互动的建设性关系，由于人与环境的某些控制或管理，对创造一种共享的、特殊的、不同凡响的认同以及文化或环境方面的更广的、融合的或演进的变化发挥作用。

我们提出地方是由一广泛的系列因素和人们，以及包括政策、环境和经济条件的影响所共同建构起来的。规划能够宣称只是创造或形成地方的诸多因素之一。规划师们的确需要反思规划学和其他影响对地方的作用。规划职业已经受到批评，因为在形成城镇方式中它过去的角色以及产生于其中的成果，大部分依赖于"信赖科学的、技术的逻辑而排斥地方价值的观念"（Crang，1998：107）或更加仁慈地，这样的技术成为支配性的了（参见：Hall，2002）。前面，由皇家城市规划协会自身所认可的空间规划所强调的重点，通过有关为地方做规划的主要目的和方法的一项陈述，部分得到了解释：

> 规划涉及孪生活动——对空间的竞争性使用的管理；被赋予价值和拥有认同的地方的创造。这两项活动的焦点在于社会、经济和环境变革的定位与品质（2010，未有标明页码）。

依照这一观点，地方被看做包括土地利用和实物形式，具有文化和社会含义，而这些合在一起产生意义。这一陈述也提出，在这些地方和为了这些地方，以及试图平衡优先权和影响地方的冲击，规划是如何涉及塑造和引导变化的。

我们现在开始解释这一核心术语在使用上的理解，然后集中探讨"地方感"和地方风气的观念（Jiven and Larkham，2003；Norberg-

Schulz，1980）。这些观念特别影响到规划学和城市设计的思考，并且影响到更广的城市政策，特别涉及调控和政策规划中的社区和舒适。这种说明只能简单地提及有关更普遍的空间/地方一类的更广范围、更久争论的文献。不然的话，要做的应该是一项海量的冗长任务，有人在其他地方已经试过了。相反，我们集中在地方感和为规划与相关原则所唤起的、概念化以及斡旋的"地方"之方式。

规划学中的空间与地方

空间传统上被认为是一种普遍的、抽象的现象，并且服从科学规律，往往被看做一片能够定义的区域。依照这种传统的或欧几里得的解释，空间是能够测量的、能观察的和有限度的或有边界的。然而，致力于以这种方式定义空间，被批评为一种简单化。它们常常为工具理性所支持，无法理解空间的社会建构，或珍视"地方"的意义和文化的丰富性，或竞争的概念构想所提供的空间的减缩、重叠或折皱，如同时空压缩的观念一样（参见第四章）。

例如，里尔弗（Relph，1981）发现了空间的四种类型或"层次"，首先是和一个地域之内与人的位置及方向、我们如何通过空间进行导航有关的"实用空间"。第二个层次，他称作"感受空间"，反映了我们经验或者观察到的东西的大部分是以自我为中心的，并且是一种个人化的经验。第三层次是"生存空间"，它为文化和意义所影响，我们从当地感受可以得到；最后，是"认知空间"的观念，作为诸要素之间的空间关系或空间利用以及相互关系的一种结合。克让（Crang，1998）指出，许多规划师和地理学者过分强调了后面这种空间的概念构想，从而损害了其他几种。这可能导致对空间和构成成分的太过简单的说明，而空间及其构成成分对人们和社区却至关重要。因此，空间得以同时分辨为"地方"或者作为空间经验的一组地方，而空间经验是基于不同的原因由该空间的居民、游客和观察者所给予的评价。

人们对不同的特征做出反应，并且会很好地容纳地方同一性的其他共有方面。这种共有的赏鉴往往被描述为"地方感"（稍后讨论），它也与社区的考量相关（参见第十四章）。

地方的最基本的定义把它看做一"空间部分"。地方常常被按照规模、按照空间的构成差别的特征而被区分出来，因此，当一个位置被找出，或给予一个名字，它被从围绕着它的未被定义的空间隔离开来。图安（Tuan，1977）提出，当人类赋予更大的、未有构成差别特征的地理空间的一部分以意义，以及由于这样的情感纽带和情感经历以及互动而被融合进和连接在这一地方时，一个地方才开始存在。因此地方被看做社会地建构起来的，并作为聚居地、（再）开发、事件和记忆的一种结果而与时俱进地发展。对于社区和本地情感关系来说，地方成为了一个容器和促进因素。有不同的构成成分已经被地理学者和规划师们识别为地方的重要的潜在的构成要素。这包括自然的和建成的环境，活动和人们之间的互动，这些会通过记忆、意象和的确经由政策而被折射出来。图安（1974）发明了一个术语"topophilia"（地形癖），用来表达关系、感知、态度、价值和世界眼光，所有这些把人与地方连结在一起。这是与对经验中的地方的物理和心理反应的状况联系在一起的一系列流动的、复杂的环境和进程的集合体。图安的著作也提出了可能存在个人化的地方想象和地方感，因此被一个人认为重要的或珍视的，对其他人并不总是可能如此。变化的、形形色色的和更加流动中的人口也会瓦解一种共享的地方感的观念。安德森（Anderson，1991）提出，这样的地方要求"想象的共同体"，有选择地决定加入特殊信仰和细选过的象征，然后构想一种"归属感"。因此规划师们面临一种真正的挑战，即理解和保护"地方"，以尝试保证某些连续性和一种共享的地方感的潜力。对规划师们来说，一个结论性的问题就成了如何明智地使用和理解地方变化和连续性的长处？

关于地方同一性和地方如何被群体、活动和记忆塑造的支配的或竞争的变化的概念构想已经得到探讨。历史的表征或遗产能够变成一部"元虚构作品";一部挺有气派的小说被有效地利用成一件玩物或眼前的政治资源,被用作保卫或重塑地方和地方知觉(Ashworth1994,1996)。在这种理解中,地方反映了影响的集聚,包括媒体、竞争风格或趣味、多种多样的群体,以及经由变化流程和解释锤炼出来的理解和想象。

例如,庞特尔·卡莫纳(Punter Carmona,1997),将这些思考浓缩或简化为三要素——"活动、环境和意义"——它们对形成地方和形成地方感发挥作用和互相作用。不过,这些构成要素遮盖了一些问题,包括变化、多元化和地方认同的政治学,后者产生了流动和争取赢得的地方和地方关系,无法物化或它们能够为地方的全体居民所共享。一系列训练已经增进了对地方的更广理解。环境心理学的洞察对规划学和"创造-地方"的实践有所启示。安塔鲁概括了地方在人们生活中能够扮演的角色:

> 人们把地方思考为活动和相互活动的主要语境,许多情况、书写和行为背景会在其中发生,并且这些被赋予意义、价值、感觉、知觉、激情、记忆和欲望。鉴于认同和价值是由历史赋予的,因此地方是社会建构起来的,并且经由生活、造访和工作其中的日常经历。(Untaru,2002:173)

不过,如此细微差别依然与本质主义的地方概念相矛盾,后者在规划学中保持着支配地位(参见:Hillier,2007和本书第四章)。空间与地方有关系的看法,强调地方与空间之中、多个地方与空间之中和之内存在的连结与关系,并且质疑形成边界的区域政策观,这种观念聚焦在坐落于这一空间内的能够真正有效的、有意义的和包罗万象的人口、活动和资源。空间只不过是一个形成地理边界的固定位置这一观念,就交流和赛博空间的出现来说,也明显地被全球化、流动性和技术进步的影响而削弱了(参见第十一章)。"超空间"这一术语

（Harvey，1989；Soja，1996，2003），最近已经被用作反映全球流动和后现代影响的冲击，它把稳定的意义和同一性断裂开来、挑战了传统的或有机的观念。

外源的和当地化的关系和多元化，已经被形成边界的地方和称呼的传统概念低调处理，传统概念（诸如"镇"、"城市"或"区"）对于强化这一点发挥了作用，在许多规划和战略中，这些往往被形象地描述为有边界的和分离开的。空间与距离对人类和人类与自然关系的影响的"减缩程度"已经被注意到，空间或空间性的不同形式的增长也同样引起了人们注意，特别引人注意的是"赛博空间"（Dodge and Kitchin，2001）。第一个已经通过"空间取消"这一术语得到表达，它从19世纪已被注意到，并伴随时空压缩的相关现象，后者对铸造新兴"全球本土化"关系发挥了作用（Robertson，1995；Svensson，2001）。有关时空压缩对地方的影响和重要性存在不断的论争（参见：Bridge，1997；Massey，2005），它告诫任何假设，空间、距离和当地关系已经完全被全球化的或网络化的社会隔离；相反，这些是展现了地方的发展和形成中的一系列持续存在的要素之一。重要的是，这样的相互作用能够影响地方感知和在已获确认的"地方"对变化和新开发施加压力。

不把注意力放在形成乡镇与城市的跨时空的关系与互动、流动与连结的争论上，我们停留于思考地方的传统光谱之内。我们集中在地方是如何被修辞性地使用并用作政策术语，同时继续一种社会构成主义的批评。这确定了要理解形成地方，构成地方风气和密切相关的、富有影响的"地方感"观念的各种构成成分和元素。

地方感与地方风气

规划学往往思考地方和创造地方，参照在一现存的区域如何明智地利用变化、如何建造新城区或市镇，这些能够自豪地拥有一种"地方感"。如此思考已经展示出一种合理性，它使空间接受了秩序、规范和抽象理论。地方的竞争力概念和试图推行或具象化地方认同，已经从一种张力下成长起来，这种张力存在于对地方的能够概括的或其至普遍化知识或所有权研究之间。存在于把空间疆域化的努力，一方面常常进行同类化和规范化，另一方面尊重当地独特性、语境和多元化，它们会接受不完的见识、当地自治和迅速的社会文化变革的影响。按照不断变化的地方风格、历史积累和选择性使用可以启发变革的决策来说，这些张力透露出多种多样的偏好、经验和随机性。与深深扎根于空间性的差异、变革和多元现实相比，简而言之，在有关地方的类似、连续性和支配性看法上存在持续的争议。在政策方面，往往存在地方与它的特征的综合经验的一种混合。

这立即引向对一种方式的批评，即这样一种方式，规划师、设计师和某些当地或全国的群体试图通过政策、市场作用和总体规划技术来推行或"冻结"地方认同、地方风格和地方感。如此努力能够导致对地方的一种支配性表征，它选择性地勾画出地方的特征去创造地方的形象。进一步的，创造新的开发或都市区的方式曾经遵循一种相当"俗套"的方式。这至少已经为大部分产生于1960年代、并且为科学的和实证主义者的方式或假设所加强的设计理论所知悉。最坏的是，开发曾经进行而几乎不顾及当地偏好、风景和地方的存在元素。

多元或个人化的地方感能够被人群和不同类人不一样地经历或分享（例如，居民、旅行者、青年、新来者）。由规划师们所制定的政策会反映出适合一个或多个这样群体的优先权、形成地方的态度或觉察到的利益。存在这样一个可能的影响，地方感可能随时间而改变。地方的感知能够随着时间流程而变动，横贯作为地方居住部分的循环方式的一日、一季或全年的不同时刻（都是如此变动）。或者，"地方感"会需要很长一段时间被经历或被同化。地方的如此变化和"节奏"，对于居民和访客建构一个地方综合感受的构成部分发挥作用。

各种观念、方案和"工具箱"已经被运用到规划学中，简单地说，要强调什么使空间成为地方和如何创造地方感。这往往相当的机械化，并涉及将地方客观化和"脱水"——试图将地方分解成为众多构成元素。这里被思考的使用中的主要术语或概念是地方风气和地方感。吉凡和拉克汉姆（Jiven and Larkham，2003）提出，它们相当不清楚地被使用并重叠一处。他们宣称，地方感是个更广的概念，对一系列客观和主观要素来说，它能够当作一个容器。地方风气常常深深植根于更窄的、更客观的地方要素中。我们的理解是，任何以自上而下的和静态观点尝试推行或有效勾画地方，都是存在缺陷的。不过，在理解规划学、城市、风景设计师们如何寻求保护和创造"地方"方面，这些术语被运用和被定义的方法是很重要的。

地方风气

地方风气反映出这一信念，地方会有某种特别个性或集合了造就特殊性种种因素。克让（Crang，1998）把风气描述为存在的一种"本质品性"，它能够营造出对地方的依恋。按照字面它被表述为"地方之灵"，或对一个地方来说，它是很奇异的。它会被集中注意在几条街道的品级、一处街区、小城或一片更广的风景。不像地方感这一更广的概念，它小于地方感，更可能是可看得到的有形的要素或构成成分。在文献中作为风气使用的基础，主要根源于诺波克-舒尔兹的著作，在他们的著作中，风气据说反映了构成成分的总体，它与城镇规模和客观环境有关系，并且与如何被感知的也有关系。不管如何，诺波克-舒尔兹（1980），是费大力气承认地方的意义和象征性理解也是如何对风气有所贡献的。吉凡和拉克汉姆也显得打算把风气理解为"人们拥有一个地方的感受，理解为在自然和人文环境中的全部客观的和象征的整体价值"（2003：70）。

当它们与文化的或个人的认同联系起来时，一片风景或一处街区的熟悉特征常常得到强烈捍卫。更零散地，它们会被认为是积极属性，有助于维护私人财产的经济价值，诸如靠近绿色空间或一派农田风光。因此，城镇规模变化，风气微妙演变，人口变化，访客数量增长，或也许当地方的市场活动开启，就地方感知来说的一场类似的变化过程很可能就要发生。的确，如此变化可能会被某些人或由规划师们"明智地使用的"其他人所抵制。如此变化可能不适应一定的利益群体，并且引起冲突，因为规划应用和规划政策的蓝图为诸如此类的紧张对立的上演准备了确切的地方。

地方感

　　常常存在将地方感与地方风气的意义混为一谈。阿格纽（Agnew，1987）指出，"感受的当地构成"作为地方感的重要部分而存在，并且这一点与风气也是共同的。我们宁可使用地方感，因为它涵括有形的或能够看到的因素，以及难以形容的和个人的感知和地方价值。当它们存在相当程度的重叠的时候，有效地使用这两个术语就变得混乱起来。对这两个概念来说，已经深入记忆或被强调的特殊建筑物、场所、手工艺品、自然的或建成的环境诸方面、历史人物或史料记载的活动和事件，能够创造出对地方的一种共享的理解。地方风格和认同元素的相关意义有关共识或确认，很可能通过当地和国家的精英人物的活动，随着时间而被建立起来。据说有强大地方感的区域很可能拥有一种同一性和风格，它被当地居民和访客所经历和享有。经由小说作家，也有音乐家或艺术家，地方感会得到强化、重构或其他方式的描绘。某些地方会被赋予特殊地位以反映这些特征的某些方面，这也会对强化地方和地方感的特殊建设发挥作用（诸如 CAs 或保护区，例如国家公园）。

　　地方感隐含一些潜在的情感依恋或情感反应，以及规划师们尝试复制和保护的已有环境特征，这些很可能唤起积极的感情，或维护与现存的地方认同的确定的持续性。情感的维系可能包括与不一样的特征的关系、掌故和民间记忆。这些能够联系到地方的个人记忆，常常与事件相关，能够联系到作为一种经验背景的人们与地方的互动（例如，那里一段很长的个人经历发生过，诸如童年过节的背景，或初吻经验的街角）。对地方感的理解，认识到在社区开发和塑造生活质量的某些方面中，创建或塑造地方能够起到重要作用。这些思想大部分已经影响到英国政府 2000 年正式启动的城市复兴计划，例如：

> 城市环境可能是粗陋的和令人害怕的，或它能够鼓励人们感到无拘无束。它可能是缺乏人情味的和造成人们之间接触的困难，或能够增强一种社区感。（ODPM，2000a：para. 4.2）

并且确认：

> 在英格兰，我们已经有一种长期创建有品位的优雅的集镇和城市的传统，这些地方能够把社区联系起来。（ODPM，2000a：para. 4.4）

因为被意识到的可能激起不同反应的不同的元素以及可能存在争论的或多元交叠的城市评价。迅速或全方位的变化能够造成地方持续性的"断裂"，并且被提出或被批准的变化的地方，以及特别新的开发、城市设计解决办法寻求减缓变化对地方的影响。在某些国家，反对土地利用混合居住的方法，无助于实现一种具有活力的、富于意义的和多元的城市环境。一个结果就是城市中心缺乏一种混居或足够量的人口去有效地从事和争论开发建议，以及一种随之而起的所谓的"克隆集镇"的增长（Simms et al.，2005），缺乏多元化，某些人会说，缺乏地方感。

对规划师们来说，这表现出一种特别的挑战，在评估变化对特别宝贵地方的关系和元素的影响方面，后者对地方的当地的和更广的理解有所贡献。地方感的某些共享或统一的观念，可能带有自上而下勉强的和把地方物化的味道，但是在产生将要被人口"所接受"新空间方面，它们常常被看做实践的选择。在规划学中，实现这样结果的流程曾经是更多争论的源头。一个根本特征已经获得讨论，围绕着一种觉察到的需要，朝向一种交流的合理性与合作，并和有基础的社区形式或邻近街区的规划的改变。

因此，地方概念的建构，常常依照它的提升者的目的而被塑造，因为规划师们经由设计的介入，致力于建设一种可共享的地方经验，目的在于提升共享的理解，又在于"保护"物质环境。对于政策制定者实现增强一种广泛拥有的地方感这一目的来说，一个更快流动的、多元的社会及其相关的态度做出了一系列挑战的姿态。很有可能，就开发更加丰富的地方风格或地方的可宝贵方面来说，地方活力理解的一种缺乏，一种多元理解、社区感知的未开发的理解力和单一向度的概念意识，对产生错误方向的政策和造成显得俗套及迟钝的许多开发有可能发挥作用。

地方感往往传递一种积极的含义，然而，有负面的地方形象与此会构成对应的一种地方感的缺乏。一种"负面的"地方感，可以包括刻板印象或排斥之感，或被建筑师类型化了，可能是压抑或毫无个性可言。负面地方形象的观念，在"无地方性"观念中得到部分表达（Relph，1976），并且也是"毫无地方"相关联的观念（Arefi，1999；Auge，1995）。后者是指为现代空间而新造的，诸如购物中心、空港。在这些例子中，作者悲叹千篇一律，缺乏与历史和使用的共享关系，并且在某些例子中，也缺乏人们能够与其联系的意味深长的风格。有关特殊材料的使用和作为房地产和其他的土地使用的建筑形式，尝试形成地方以便它们更能传导一种积极的地方感，这已经是一个长期的论点和正当性的重要部分。的确，物质的改善常常是公共主管部门所采取的第一步，当试图使地方重生的时候，尽管在最近时间，社会和经济方面的更加统一活动的一种认可在政策中显而易见，当然是在英国。全局性的变革可能暗示了制造-地方的一种感知化的规范性"受挫",后者要求完全的介入(Cochrane,2007)。通过讨论对城市和风景设计师们来说地方如何成为一个主要动机,我们现在可以进前一步考察这一问题。

实践中的城市设计与地方规划

城市设计师们往往在物质环境、土地使用和与个人有关联的关系的控制范围内进行思考。像以上所提到的,许多城市规划师认可一种三元要素,它们造就地方与地方感知:环境、活动与意义。在城市设计文献中,地方感被视为一种条件,它营造出使心理舒畅的一类环境。它被看做一个目的,在设计和安排物质环境产生积极的社会和文化行为的结果。对此存在几个关键方面,包括地方的合法性或地方的理解,这一点与视觉环境的感知有关。另一维度把地方和人、活动和人类的本质目的、意义的可和谐共存性背景联系起来,设计应该适应于这些活动得以发生的地方。

凯文·林奇(Kevin Lynch,1960)具有影响力的著作给地方以评价,通过评估界限是如何标划出来、从一个空间"过渡到"另一个是否清晰——地方是如何被划分和某种程度上被区分的。这部著作潜在地涉及以一种相当自上而下方式强制和指定地方与确立地方边界。城市设计师们可能很有兴致的地方在于,行为和群体的满意范围是否被准备了,好的使用者是如何理解和接受那些边界的意义和划界的,尝试一种更具合作性方法,例如,应用"现实规划"流程和设计的专家参与的讨论会(参见:康顿(Condon),2007)。更重要的是,城市规划理论中被争论的,地方的同一化和它们的组织化不仅承认人们有效地发挥作用,而且也能够是情感安定、愉快和理解之源。这些后者的构成成分与记忆、激情、感受的知觉和感情相关联,它们通过环境而得以产生或激起。环境心理学家往往把这些特征描述为"环境暗示",

它对促进行动和反应发挥作用（Bonnes and Secchiaroli，1995）。

　　卡伦在解释"城市风景"这一观念时，重点放在物质的和可看得见的构成要素在现代规划学中如何被赋予优先权："将要创造环境的这些元素：建筑物、树、水、交通、广告等等，以戏剧方式把它们编织在一起要得到释放。因为一个城市在环境方面就是一场戏剧事件"（Cullen，1961：7）。设计师们属意于其他认为是成功的地方，无论新旧都去复制特征和并置物质元素，并去再造成功；去制造和复制"如意的地方"。在许多例子中，通过新开发和突破相邻地方的特征，如此的介入力促减缓无感觉的或贫乏的思想。对规划师们来说，城市设计文献因此主要由技术的和其他指引所支配，为了创造地方而重复和把显然有意义的或容易发生的元素"固定一起"。然而，这也可能在超现实的或"不实的"地方摆上了一种危险。如此超地方的例子据说包括"历史主义者"或"新城市主义者"的开发，诸如美国的佛罗里达州的塞利布瑞欣、英格兰的多塞特郡的庞德伯雷的落成（参见：例如，Molotch et al，2000；Bond and Fawcett-Thompson，2007）。

　　技术和自上而下方式的可选择使用，在更不吉利的方面能够被看做隔离或分离人口的尝试（参见：Yiftachel，1998；Flyvbjerg，1996对规划中所谓的"阴暗面"的论述）。这一过程当然被激烈地论战，特别在伦理和宗教的紧张关系上，并且呼吁新的空间性服务于多元文化的和综合的集镇和城市之上。

地方与城市设计"原则"

　　如已经提到的，设计和创造"地方"的努力已经被提炼到针对执行者的各种行为规范和手册，作为这种方式的一部分，许多城市设计师已经把"如意地方"的信念过渡到设计原则中，以指导当地规划学政策和做出决策、形成新开发的物质形式。一个早期例子是1973年面世的《埃塞克斯设计指南》（参见：Essex county Council，1973；

Goodey，1998）。不同时代的著作显示，相对连续的一套观念已经被赋予（或已经出现，依靠对不同利益群体的过程开放）建构地方范围的规划学。曾经存在几种不同的"如意地方"的设计原则，不过，在英格兰规划学指南的不同时期被改进。CABE（2001）详细列出了以下七项原则的入围名称："风格、持续性和圈占地、公用领地的高品位、自由自在的运动、合法性、适应力和多元性"，而卡莫纳等人（Carmona et al.，2003）的讨论，围绕制造地方的原则的思考与时代一起发展，显示出了不同的元素和着眼点（也参见：Bentley et al，1985；CABE，2000；Madanipour，1996；Morris，1997；Rowley，1994）。这些指南和原则，服务于提供一种指引或方法，让规划师们、开发商和其他人就地方和社区方面使用一种更好的成功机会去寻求促进开发。在"城市设计信息资源"（RUDI）网络中（http：//www. rudi. net/tags/udl_content），当地设计指南的一种好的资源是便于得到的。

结论

这一章曾经指出，地方感可能不被分享或不是静止的，风气可能不被普遍认识或不被认可。不同术语的使用，诸如相伴而行、能够互换的风气、地方风格或认同以及地方感，也许真的不必要地把事情复杂化了。有关术语方面的区分和它们应该如何只是有限成功地被使用，吉凡和拉克汉姆（2003）努力尝试提供某些厘清的工作。风气似乎指地方的更多可以观察到的因素，诸如风景、建筑物和土地使用，而地方感与此重叠，同时包括居民和游客能够分享到的个人的和可触知的因素。如此的一种认同和风格或一套能定义的属性真的存在，并能够得到保护、创造和再生产，这种设想在规划学实践中已经占主导地位。不过，经由一套极复杂的交互关系，地方与地方感得以形成，只有其中的一些被规划学所理解或控制，这一点是存在争论的。它可能是这样的，地方性内外的居支配地位的主管部门和群体，为了它们自己的目的，会努力维护特殊的有价值的人（或物）、风格和修辞性构想的地方和认同。在最坏的程度上，这可能是精英主义和排外的，但是也可能在文化、经济和环境方面提供好处。因此，存在许多例子，作为一种修辞工具的地方感的一种有选择的和盲目的利用，已经被用作阻挠变革。在如此的建设中间，规划师们努力经营物质的改变、要求取消隔离政策作为向"空间的"规划学的一次转变。这隐含一种新的感受性，方法和方式将需要走向一揽子塑造地方的议事日程，这种议程的目的在于提高生活质量和"可居住性"，促进环境公平和服务的可及性。就可共享的地方感的损失或维护以及保护与过往的某些连续性来说，变化的速度和类型，变化是如何得到斡旋的，也被看得很重要。

尽管存在上面这些问题，在致力于经营地方方面，地方感的主导性使用，大部分会变成城市设计流程和方式的一种保护，这种方式从20世纪60年代开始，打造精粹化的"造就一片如意地"的活动。尽管更加微妙和细微区分的方式最近已经得到发展（例如，Carmona et al.，2003），这些方式的整体已经牵涉到把地方分解成小块、特征和要素。这是有打算的，为了规划师们通过建筑技术的使用和重要元素的应用和并置，可以再制造地方。在其他地方讨论过的协作批判，以及这里提到的文化地理学的贡献，具体说明了对于造就和维护可生活的城市或激励社区——特别在一个多元的和变化着的社会中，如此的面貌如何能提供必要的行为规范的一部分。由早期作者如诺伯格-舒尔兹（1980）所提供的环境心理学的思维方式，指出地方的个人-中心化和个体化感知是很重要的，并且这一角度也突出了物质环境的作用对人所施加的影响（例如，Bonnes and Bonaiuto，2002）。对详细解释政策和设计决策的方式和流程，包括更多交流和合作的流程，两者有着显而易见的后果。

第十四章　社区

相关术语：凝聚力；生活质量；参与；认同；地方感；舒适；网络；资本

引言

社区是个用滥了的术语，在公共话语和广泛的跨社会及政治的科学中已经被使用或误用。按规划学的意义来说，规划师们的许多活动被证明是存在于公共利益之中的（参见第9章），但是社区观念越来越依附于多种多样的规划的流程、政策和活动。规划活动与社区的一般关系，既作为目的又作为参与方团体证明了有关这一术语探究的正确性，以及它与这里所谈论的规划师和规划实践的关联性。

在古代社会，社区被看做一种政治理想，作为社区的组成部分，市民应该参与公共事务。这一概念已经丰富，因此"作为归属感的社区"已经被看做既是一种过去的城邦，又是一种值得拥有的期望。霍布斯鲍姆敏锐地观察到"最近几十年里，'社区'这一术语从来没有用得如此随心所欲和空洞，要在真实生活中找到社会学意义上的社区变得很难"（Hobsbawm，1994：428）。鲍曼甚至更加悲观（Bauman，2001），他指出，恢复或发展社区的偏爱忽略了相似性，它毕竟从来没有存在过。采取相当不同的思路，德兰特（Delanty，2003）强调，社区的早期概念被假定与城邦观念或更广的社会相对立，相反反映了一个值得拥有的强大的"内在世界"，这一世界拒绝更广的社会，将其当作某种意义上不可取的或颓废的。

这样批评的观点为思想家所平衡，他们曾经指出实践上的社区典范和社区值得拥有的建设性元素。两百年前，哲学家康德辨明了社区中的一个关键要素，这一要素甚至在后现代时期也持续存在：社区中的交流特性，以及关系发展和维护不同社区中的重要性（也参见第四章）。这涵盖了对作为一种象征的、规范的或乌托邦理想的地方性或社区的关注，因此到今天也依然与我们产生了共鸣。

社区的定义与使用

社区这一术语的传统用法，也将一个地方内的共享关系和人群作为它的核心定义特征。这一术语的这种用法可以或隐或现地服务于许多政治目标。社区的概念构想多有变化，但是，在使用的时候，这一术语往往不加解释或定义不明。社区规模可能同样模糊不清或任其开放，用某些应用的术语指特殊团体，而其他人代表整个人口，或其他方法作为介入的一种简略的表达，在一种没有界定的范围或类型的情形下，这将有利于"社区"形成。社区也被用作传达一种理想化的和谐状态的观念，而不是反映一种实际状态。在这些用途中，社区一般被误用作刻画一种"任意的包容性"，并设想同质性和某种共享价值与态度的感觉，而这可能是误导性的。按照这种途径，社区会被宣传为灌输对理想化社区的期待，或为众多参与者的活动和要求提供一种积极的拥护，在空间规划中，这些参与者会发挥直接或间接的作用。

许多人悲叹社区的崩溃，同时引述这一条作为众多社会病的原因。

这样的假设支持了近几十年中政府和规划师方面的一系列活动和行为。歇雷把重点放在"从政者、市民和规划师们常常乡愁般谈论的往日的社区，每个人生活在彼此熟悉和信任的那个地方"（2005：123）。这确立了社区的常规观念的根基，即社区是这样一个地方：其地方关系奠基于共享活动、特殊共识和一致的价值观之上。这反映出被鲍曼小看了的社区理想。结合相互作用和共享目标，以及并注意到社区有时是如何针对"外在"的影响或变革的威胁得到表达的，威廉姆斯提供了对社区不同概念的一个不错的概述。在这样的语境中，社区可能只有在提出一种挑战时才是显而易见的。按规划学术语，当抗议和反对形成、"社区"活动群体寻求游说和挑战开发商与规划师的时候，这一点就看得十分清楚。在这一情况下，很可能存在地方与利益之间的重叠，尽管那些声称为了社区的言论所具有代表性将是不确定的。

相互冲突的社区定义共有几个特征。当地和共同的议题，以及功能性联系，可能充当整合的元素。个人会选择当个成员，或被承认接受为成员（参见：Anderson，1991），另外的人把社区假设为包括居民而不是"成员"，后者实际上具有共同特征或主张。

认同是社区的一个核心要素，个人分享某些共同关切或经验，并且这也将第十五章所要讨论的环境关系与地方关切带到人们眼前。无论如何，共享标志符的在场，并不证明相互的强烈认同感和成员资格。应当认识到，个人会有与多元化社区有关的本体的和自我认知的众多侧面，后者反映出它们不同的关系、利益和主张。一个特殊地理位置的居民可能被看做以地方为基础的社区的组成部分，有时被描述为"近邻的"社区。它们会被想象成不同的规模，从街道到街区、村庄、集镇或城区。这里我们能够区别一种清楚的分别，它处于以地方为基础的社区的理解与基于利益和共有关切或价值之间，因此并不必然与特殊的形成边界的空间相等同。作为拥有共同特征、或人们分享对地方的"依恋"的社区的一种宽泛的观点，已经被人们更多接受，不过，社区的任何理想化观点将不可能是一种精确表述。

的确，有关社区积极属性的假设忽视了许多评论家，他们曾经指出社区成员资格的消极特征（例如 Bauman，2001；Crow and Allan，1994；Williams，1977）。这能够把群体的内部冲突、压制和一种隐私的缺乏纳入其中，它们对个人能够产生一种令人窒息的和太过正经的影响。科罗和奥兰指出，社区成员资格不可以被选择，"处于一个社区"的经验会引起不舒服的情绪紧张。布尔迪厄的场域与习性的观点在此不无裨益，指明了关系是如何构建行为的，理解是如何达成的，而由社区所斡旋的冲突是可以获得认识的（参见：本书第十三章；Bourdieu，1994，2002；Jenkins，1992；Hillier and Rooksby，2002），因为在社区内凭借所实施的行为规范和惩罚，对规范行为发挥作用（Coleman，1988）。

稳定和容易造就的关系较少可能存在于一个后现代社会中，这里人们就表达差异而言是更加流动、更为多元和更少限制的。个人拥有众多的其他机会、消遣和资源，这些被允许离开地方和当地关系或联系的相对独立性，使人们能够更多地不顾当地或团体的惩罚（Fischer，1982；Ghezzi and Mingione，2007）。韦伯（1963）指出，这不是一个新过程，社会-经济-技术变革已经危及到社区的传统看法。团体强烈的认同感的这种流动性，强调了依赖社区开发的困难，社区开发是作为实现更适宜居住地方的一种工具。社会变化已经瓦解了强有力的或密切的当地关系，并且也把以下行为合法化了：规划着眼于多样性，努力创造一种更具包容性的规划，以探索如此人口的空间的和物质的需要（参见：Greed，1999；Hastings and Thomas，2005；ODPM，2005a）。

对土地利用和其他流动的无法预料的限制和压力，实际上能够服务于重塑和在某些条件下损害已建立的以地方为基础的社区，因为人们以各种各样的方式无法嵌入或重塑他们的关系（Murdoch，1998）。利益群体的社区和他们互动的能力，是行为模式和流动更广变化的组成部分，例如与在线社区、休闲为基础的群体以及全球互动的商业社区，并且考虑到人们为了社交或工作往往更少与特殊地方相关联。对以利益群体为基础的社区的关注（参见：Crow and Allen，1994），已经表明人们是如何旅行和使用资源，以及如何改变以前的土地使用和社会互动的中心（例如教堂、中学和节庆）。的确，利益群体社区的观念和它们在社会中的角色已经走向前台，对传统政策的设想提出了某些挑战。

同样有争议的是，利益群体的社区不仅跨空间范围运转着，而且通过代表或特殊的利益群体与当地政府网络有牵连，并且拥有空间需要或诉求。在更加多元的人口中，将有多样的阶层和不同层次的社区，这些需要建立不同的密切关系的方式。而找到可接受的解决办法可能更加困难。因此"政治社区"的信念，在碎片化的人口之间发挥一种桥梁作用，在地方或地方性受到侵蚀的地方发挥社区主要决定条件的作用。在某些例子中，"社区"可能会围绕在计划中的为特殊地方和场所的开发或草拟的政策周围，或者相反，构成为当地所保护的半正式的政府安置的一部分（参见：Doak and Karadimitriou，2007；Raco et al.，2006）。这可能要求或本身就是与社区相关的的改革性安置的一种产物，在这里，资源是紧张的，或规划动议在预料之中将在人口的某些团体或部分充满争议。

实践中，在他们自己的管辖范围内，规划师们同时与"社区"和"诸社区"互动，并塑造"社区"和"诸社区"。这里存在两个规划学的维度：什么被延后或更少重要性的维度；新的动力所面临的挑战的维度——需要不同的解决办法或监管立场，规划政策在其中可以发挥重要作用（如在第十一章中所讨论的）。

作为一种具象、方便和简化的社区分析，已经不必要地降低了对社区的热情，在空间规划中，它被作为一个中心考虑和对参与者进行标识的方式。因此，在自上而下和自下而上的社区观念与"公共利益"考量中的社区理解之间，可能存在紧张状态。这样的社区观念为各种各样的的政策和行为提供了修辞性的支持；政府的确已经感到，社区这一术语能够自由地为形形色色的公共项目和倡议提供吸引人的标签。这就使我们更直接地思考社区观和规划学是如何走到一起的。

社区，政治学与规划学

尽管在过去的情形与当下的理想化之中存在一个摇摇欲坠的基础，但在规划学中，社区的维护还是被看做一个重要的合情合理的观念。寻求支持开发和维护（当地）社区、将其当作社会凝聚和生活质量考虑的一种途径，曾经是规划师的一个实际目标。经由土地利用和设计原则使用的适当组织化，以及超出规划学之外的一些不同活动和结构上的安排，作为社区的一个构成要素被要求增强。（诸）社区被日益看做规划中的主要受益者和合伙人，并且在许多国家与（多元的）社区（群体）建立密切关系的努力中获得广泛讨论和尝试。所有这些有关社区的看法反映了一种强加的社区概括，并且与"公共利益"方面的规划的正当理由紧密联系在一起（第九章）。这也许被看做为规划师们和从政者提供了合法性话语的一部分，旨在有助于证明决策的正确和实施政策。不过，社区是什么，这一术语为什么如此流行和如此强大呢？

社区这一标签已经姑且用作一些目的，并能够隐含不同的动机和意义。更不用说包括了众多的政府项目，因为"社区"为一系列新方案和它们的目标提供了一种积极的、方便的和使人热望的标签。在规划中，它有一种正当的涵义，主要因为规划所提出的诉求服务于"社区"，并与"诸社区"多有纠结，有助于发展"社区感"。

社区有一种很有力的积极涵义，并且被用在公共话语中，几乎专用于代表一种使人热望的状态或重申一种使人肯定的社会条件。也许，由于这一支配性的文化理解，它曾经被从政者和政策制定者共同青睐。政府扮演"社区的代表"的地方，用途和定义普遍地宽泛，并且能够被更少感染力的可供选择的词汇所代替，诸如"公共"、"国家"、"当地"或也许作为"批评靶子的"政策。它常常变成委婉地沟通、标识和聚集一个大规模的团体、范围和政策的一种工具（Paddison，2001）。在这种用途中，有关动机与试图控制和合并利益群体的问题提了出来（参见：克西瑞尼，1986、2003、2007）。

依照德兰特（Delanty，2003）的说法，在思考通讯时代及其对认识社区的类型与动力的潜在含义时，社区越来越切题：在一个"去传统化"的年代里（Heelas et al.，1996），或在非嵌入性发生的地方（Ghezzi and Mingione，2007）；认同和关系因此是流动的，并且更少可能是围绕作为一个支配性的传统的构成部分而被建构或遗传的社会规范与地方认同的基础之上（参见：Fridmann，1993；Sternberg，1993）。这是为什么一种社区感知的丧失是与"地方感"的话题联系在一起的另一个理由（第十三章）。

往往被假设的社区的更宽泛、更无力的用途，能够隐匿差别和多元化。克西瑞尼言简意赅地举例说明了某些人如何看待这一发生的可能性，在此，规划师们和其他人愤世嫉俗地或宽泛地应用的社区政治和社区关系：

> 好像它是一个喷雾罐，能够喷向任何社会项目，假如它具有一个更开明、更讨人喜欢的声望。（Cochrane，1986：51）

所关注的是这样一些努力和例子——祈求或要求社区投入其中，这种关注可能通常是表面主义的，或目的在于整合社区的各组成部分而不是真正地参与。这一负担过重的术语唤起一种想象的凝聚力和互惠性，代表了一个固定的形成边界的地方中的成员和人口，诸如街道、村庄、集镇，或为了一个地方中的特殊群体。在这一意义上，它更清楚地指涉分享某些共同关系和认同的群体。对于希望以一种风格化方式界定它们自身的群体来说，社区可能是一种自我指涉的工具。社区也用作反映一个自下而上的流程，这一流程会造成与官方和局外人的对立。相反，它会被来自上面的从政者或研究者甚至规划师所强制和应用。致力于强加某些抽象的社区观念的地方，或可以感觉到对一个群体和地方的某种其他威胁的地方，那么会对立地出现"社区"这一术语，例如通过一个当地的活动群体。

按规划学的意义来说，对社区的关注集中在至少三个主要方面。首先，它被用作一个有用的政治的委婉表达和邻近街区范围的一种简化。其次，作为行为正确的解释和为"社区利益"而进行斡旋的一个想象的团体。第三，与团体有关系，这些团体活动于社区名义中或名义下，并且实际影响于一个参与团体的政策制定者（参见第九章）。在第一种情形下，社区被看做对当地规模一种便捷的简略表达方式，为了规划师们和经济开发代理人寻求视野和此后的寻求与合法的规划、政策和标的的密切关系。社区也循环地充当一个调节器，代表关系的一个集合体，这一集合体要求规划师们和规划政策给予支持和合法化。按这样的观点看，"社区"以一种重叠的方式被使用和被代表：作为当地人口和作为目标状态或目的。为了以多样的方式支持当地做出决策的流程和结果，二者常常是需要的。例如，在有关城市政体和社区政治学的文献里，可以看到这一点（比较：Stoker，1998；Stone，1989），在这里，当地人口被咨询或"被代表"，但是伴随许多声明——他们以某种方式被剥削了，或咨询受到了制度性设计和可获得资源的限制。所进行的努力曾经被一种可疑的流行精英文化和传统的拉拢活动所困扰，这些能够阻止当地人自己掌握自己的命运。

保护和鼓励社区开发的众多努力已经做出，在理论和实践中有一种强大的历史，在此"社区"观念被看做行为的一种正当理由。尽管存在以上所批评的将社区用作正当理由的标签，但依然有一些例证表明，规划师们寻求更直接地代表社区和社区某些部分的利益。推广规划是一种形式，诸如德维多夫（1965）和甘斯（1969）这样的作者指出，规划师们如何能够对支持弱势群体或其他少数人发挥作用，这些人往往在规划决策和咨询中被遗漏掉了（参见：Campbell and Fainstein，2003）。推广规划是一种行为前介入，其目的有助于平衡机会和权力关系，从而为这些团体获得满意的结果。在一些国家，既就正规的规划学流程来说，又就更广的社区开发的努力来说，这一观念导致在规划学中对公共和社区关联的重新评价，并预示变化朝协作的规划学模式和一种与社区群体一起活动的传统转变。

在英国，以直接的方式，社区和社区这一术语，已经引进规划学实践中。政府已经认识到了民众与国家（和规划学决策、结果和当地民众）的一种更广的无关联，力图协商社区的凝聚力，常常瞄准特殊的地方和群体，将其作为"无能为力的"社区，这些社区大部分在城区。也唤起社区建立与更普遍的规划流程的关系，尽各种努力找到鼓励作为"社区"公众的合适办法，接受参与的机会（Brownill and Carpenter，2007；Brownill and Parker，2010；Doak and Parker，2005；Kitchen and Whitney，2004；RTPI，2007）。尽管修辞的和可疑的表面主义者致力于理解社区和与社区建立密切关系，对规划师来说，存在一个更基本的需要，即更好地理解作为一项更具反思性和人文主义规划之组成部分的复杂关系和人们的历史、情感与态度。下面要公开在规划学中修辞性地依赖和援引的政策工具和相关流程的两个例子。

规划学中的社区参与

社区介入这一术语被杜撰出来，以表达与规划学和市民关切的一种更广的关系如何被加强，同时纳入了对邻近街区和片区之内的不同社区或群体的鼓励和认同（参见：Campbell and Marshall，2000；Haus et al.，2005）。这也反映出存在于当地的各类支持者如何没有被规划很好地照顾到。尽管许多政府声称想增强一项更具包容性的规划。正式的社区参与，在规划系统和与规划流程相关的有限条件下，常常按照固定步骤去寻求。在英格兰，这些步骤，以社区参与声明形式（SCIs）被概括出来，而在2004年规划系统修订版名义下与每一个规划主管部门的地方开发框架联系到一起（参见：Brownill and Carpenter，2007；Doak and Parker，2005；ODPM，2004b），并且纲领由中央政府和其他部门提供（DCLG，2008；RTPI，2007）。尽管不完整，这一证据意味着许多地方规划主管部门（LPAs）的确减少了与"社区"的密切关系，部分原因是关于谁如何参与和谁更重要而必须参与的特殊性。规划也依然遭受来自信息缺失、资源限制和所有不同的参与者不对等的权力关系的束缚（参见：例如，Moulaert and Cabaret，2006），这使这种情况雪上加霜。在某些情形下，当地规划主管部门，对于参与实际上会创造"便利的"障碍，通过利用标准的咨询和参与方式有效地遏制密切关系，而后者对于来自中央政府所明确要求的咨询和参与，提供"复选框"一般的解决办法。针对更多的方式和渠道以及社区参与的批评（参见：ACRE，2007；Brownill and Parker，2010；Cochrane，2007；RTPI，2007；Wilcox，1994）。显而易见的是，社区如何同时既被看做公共部门规划师们的一项核心关切，又被当作设法解决社会问题的一个共同目标而促进一系列一体化的努力的术语。同样地，它也被看做为参与制定决策而创造机会的一个工具，并确保人们获得足够的信息、倾听和理解。无论如何，如何做出这样的努力，还有许多需要改进的地方。

英格兰的社区战略

努力理解和扩大空间规划所关切的主要内容，以及可能不同的利益群体和关系从"社区"获得解放，在英国努力构筑一种新的当地统治或"新当地主义"（参见：Cochrane，2007；Corry and Stoker，2003；Imrie and Raco，2003；Parker，2008）与空间规划之间得到反映（并且它是一项持续的工程）。这已经涉及扩大期望和敦促，与当地官方政策领域和参与人团体合作，并潜在地涉及与当地合作，社区将获得表现。

在英格兰，社区战略（2006年作为"可持续的社区战略"或SCSs的重塑）与地方开发框架的连接，为我们提供了一个例子，努力把不同群体的和跨不同政策的多元期望与新空间政策联系起来，在当地层面形成管理关系的更广语境。社区战略被视为在一种不利区域协商活动和协同工作的方式——最初目标在于英格兰 88 处最贫困的地方，20 世纪 90 年代后期作为政府的"邻近街区复兴计划"。这些是有意反映社区期望和涉及把行动优先权汇聚一处的社区。多克和帕克（2005）具体论证了这一思想的协同工作和当地管理如何预设与规定活跃的社区关系，以及评论政府早前如何看待可持续的社区战略的运作。尽管这是持续的难题，伴随实现在规划中有代表性的社区和其他参与者跟当地管理的审慎的、高质量的和有意义的互动。完整的可持续的社区战略应该反映当地水平的"社区"需要和期望，并且准备好指南，以支持参与者在发展和争夺邻里街区（社区）的领导权。可持续的社区战略也被看做进行组织和把私人的、公共的和志愿的部分汇聚一处，为优先权而与社区建立更加直接的密切关系；两者表面上和名义上是为当地社区的。从最初创建明确的关联和现在可持续的社区战略流程的一种借用已经被带到正规的空间规划中，并且伴随不平衡的成功（Brownill and Carpenter，2007；Darlow et al.，2007；Lambert，2006；Tewder-Johns et al.，2006）。不过，清楚的事情倒是鼓励"活跃市民"的一场逐渐的变动，可能有助于导向更有趣的和与政策的密切关系，并在英格兰通过当下的政府规划得到发展与重视，它想发展社区的自主权，目的所指和"跟主宰它们自己命运的邻里街区一同创造社区，它感到如果它们凑份子和一起参与，它们能够塑造它们周围的世界"（Cameron，2010：出版页码未明）。

结论

这些例子一起有助于表明政府和规划流程如何利用和依靠社区这一术语，为了不同的政治的和采集信息的目的，当地人口如何常常被具体化为社区，（也作为政治的合法化的一个基础，参见第九章）。同样明显的是，任何社区的本质主义或"核心"观念已经被严重地削弱，然而它依然被看做是一个组织化的名称，既作为规划学而与公共关系有连结，又与证据收集、斡旋和管理的自下而上的流程有关系。建设和维护一个环境这一信念，使当地分享的期望和视野能够作为一个能够实现的目标，它应该隶属于一种健康的怀疑态度，即使人们会认为这样的目标值得赞美。

因此，在表示一种称心的目的或状态方面，社区依然很重要，这种目的和状态，是规划学要求努力所向往的，尽管这是明显困难的：这种困难既伴随着常规的社区概念、达成具有凝聚力社区的途径，也伴随着与开发规划系统联系在一起的困难，这种开发系统要能够处理片区人口的不同需要和期望。总而言之，社区与这些有意义的关系有关，并且因此在规划学术语中，社区是一种双重的可期待的目的和流程的一个要素——力争一项审慎的和包容的综合的规划，达成一种更加协调一致的努力，以开发和经营物质及其社会的社会结构。

第十五章　资本

相关术语：社会资本；环境资本；文化资本；人力资本；资源；关系；网络；嵌入性；社区

引言

在美国和欧洲，到 20 世纪 60 年代，许多规划师和评论者已经开始评估土地使用和实体规划的限度，全力关注设计和建成形式，试图理性化地组织土地使用。一些已经开始致力于在社会科学中被更广发展的洞见和理论，例如简·雅各布斯曾经确定，为了规划学活动更有效地促进改良生活质量，那么便不得不更好地理解地方的社会和环境质量。在流程、政策和规划决策中，这些应该必须得到反映。此时，雅各布斯据信（1961）创造了"社会资本"这一标签来包含和突出社会互动，将其作为地方功能和社区凝聚力的关键理由。她的观察是，居住地依靠人们之间的关系和信任，它导向了"社区感"（参见第十四章）。它声称，行为的自我规范是重要的，并且这应该导向更安全和更"宜居的"地方。

这里要解析资本这一术语，扩充由马克思所提出的著名的资本名称或隐喻，资本的多种多样的类型或面貌，在与社会结构和人类环境关系中，自马克思以来已得到阐释和讨论。我们将介绍这些阐述和讨论，以提供一个概述，说明资本是如何被使用和受影响的，或说明结构、规划实践和结果。按照它的不同面貌、围绕资本，一大卷书已经出版。有关争论的不同形式，我们将提供一个简明扼要的说明。实际上，我们目的在于更加明确规划学是如何生动地涉及形成和被形成，经由不同的概念和资源来解释资本这一术语。这包括金融投资和经济资本，还有大量资本名称发展到暗含社会-文化-环境价值的其他"资源"或大量储藏。

资本与诸资本

资本主义经济依赖供其运转的经济资本或金融资本，许多规划系统的运转涉及形成和指导经济资本的流动，并对这种流动发挥作用。经济资本在社会中扮演一种结构性力量，这一马克思主义的立场为这一概念的包容性提供了某种程度的令人信服的观点，不过这里还存在更广的理由。例如，增加财富如何需要经济资本的方式，也就是金融投资如何使增加财富继续进行。这意味着，理解开发商和机构与可行性相联系的决策标准，是规划师角色的一个重要部分。同样，在积累和兑换资本的过程中有关资源的恰当使用和管理存在更广的问题，并且这些构成政策选择评估的重要部分。这会意味着要根据有关资本形式的相关话语，反思不同资本形式的在场或缺席可能如何影响地方和空间。

正如大卫·李嘉图（David Ricardo）这样的古典经济学家所构想的，经济资本已经表明，资本是能够被用于更多的财富生产的任何财富形式。其他人认为，一个好的宽泛的初步定义，应该把资本当作一种资源，例如："引起商品或服务流动的资源供应物"（Ekins et al.,

2003：166）。古典经济学中，资本只是被看做一个"生产要素"，因为这一术语排除了土地、劳动和企业，它传统上构成生产的其他要素。资本开始被看做资产，它代表了财富，能够用于生产。依照这种观点，诸如矿产、树林或土地等自然资产因此被理解为资本的现存要素。

对皮尔·布尔迪厄来说，通过劳动和"投资"的不同形式而积累资源，资本是个有用的比喻。这种形式的分析来自马克思主义的思想，在此就它的更狭窄的意义来说，资本这一观念支配着社会学中的许多思想，并且被用作建立一个完整的社会学说。对诸多马克思主义者来说，经济资本是社会中权力和控制的根源，并且这主要是按照金融资本和资源控制来思考的（例如土地和其他生产工具）。这些已经获得挖掘和探讨，其中包括经济学者、社会学者、地理学者和规划师延及经济发展领域和可持续发展的研究。他们曾经寻求理解和增强不同地方的不同类型的经济活动，更完整地说明资源的严格的开发方式。这曾经导致被采用的称呼的多元性，以标示一系列资本形式和杂交体，以及一种与日俱增的对空间规划在使用、形成、开发和经营资本形式中的地位的认知。

社会学者已经提供了有关社会如何运转的理解，并且许多其他人从事有关资源和文化价值的发展理论，这种资源和文化价值是社会附加于特殊行为、语言和建成环境与自然环境之上的。有一种对传统的或新古典经济理论的局限的认知，它促使思想家们扩展资源概念的构想。对于支持资源类型与它们为什么和如何在社会中受到重视两者之间关系的理论化，扩大资本隐喻是合乎逻辑的。这中间一个重要的元素是有关"社会资本"的地位和重要性的一个评论（例如 Bourdieu，1986；Coleman，1988；Lin，2001）。

在 20 世纪 70 年代和 80 年代，布尔迪厄发展了这一名称，发展了围绕文化资本的和社会资本的思考，他有关社会和这一社会世界的经典看法属于"积累型历史"，在其中，经验与态度的一种相互影响服务于将价值赋予某些特指关系。这常常是无意识地形成的，因为角色为了维护和推进他们的主张，赋予了和用其他方式反复灌输的特质或才智。他的分析表明，资本的所有形式存在于与经济资本的关系，这暗含着它们都植根于经济资本或经由经济资本赋予的意义。布尔迪厄也解释了从一种资本形式到另一种资本形式的"实体变换"或转换的可能性，同时提出各种各样的资源或资本在直接的经济形式之外处于社会循环之中，并被积累和被使用。举一个例子，未来论坛（2005）提炼出了资本的五种主要样式的入围名单："自然资本"、"社会资本"、"人力资本"、"制造资本"和"金融资本"。

我们能够把这些资本形式，看做提供活跃或取得经济或福利好处的一种工具，直接或间接的有时超过一个长期的"投资"时段。个人利用一种资本形式去获得或建设另外一种资本形式。布尔迪厄所提出的关于资本的观点，正如积累型劳动所反映出的，在发展他们的资源时，依赖于持有者投入的货币、时间和能源的结合；每一个都拥有一种"资本组合"。这种资本观——资本是能够被持有者引导或利用的一种资源，对于规划师的理解是一个重要的组成部分，并且在环境资本与规划学政策所拥有的和可持续性的关联之间存在一种清晰的联系（参见第三章）。我们现在思考一些更广使用的"资本"标签和类型，它们日渐被理论学者、政策制定者和其他人所引用。

资本的类型

现在有许多前缀加在被使用的资本标签之前，为了连接在社会中流通的一种形式或类型的资本。这种术语的广泛使用和多样性已经变得普遍的通用，但是它们没有得到解释或反思。这些术语需要一些解析，并且它们对规划学实践的应用需要说明。我们提出，每种资本类型对规划师们都有可能的影响，并且的确不同的行为和政策很可能影响一种或更多的资本形式。

多年来，规划学理论工作者证明和使用资本隐喻去表示为了产生所期望的结果易于获得或需要的资源聚集和潜力。一些人已经指出，这样的关系和资源如何能够对阻挠或曲解政策企图的最高标准发挥作用。此外，更多规划政策经常暗含的目的将是保护、利用或以其他方式思考所认识的资本形式的影响。在这一后者的陈述中，存在一个关键问题，它能够被处理成一个疑问：在他们的研究和政策中，规划师们真的认识和理解资本形式？次要的问题变成了：规划学政策对资本形式拥有什么更广的影响或强大作用？我们现在开始考虑一些资本形式，作为经济资本开端的资本元概念（meta-concept）。

资本与经济资本

存在明显的重叠，有时在用不同的术语系统去解释非常类似的事物。经济资本的解释也是存在争论的，并且这一术语已经被经济学者用发展的术语的多样性划成部分以便分析，在最广的意义上，经济资本与有形资源相关，后者能够用货币形式、土地和财产权买入或投资于其他资本领域。布尔迪厄对经济资本的简略定义是，经济资本是一种能够直接或间接地兑换成货币的资源。不过，它被马克思更狭义地定义为"剩余价值"，即一个所有权人从生产中获得的利润。其他人，大部分来自商业或经济背景，曾经争论金融资本这一术语应该得到使用。这包含了一个狭义化的定义，它把货币只是描述为能够被用作投资。两者包含以某种方式积累资本的明确意图。鉴于规划政策、规章制度在影响土地和财产价值与这样的价值如何被计算方面的作用，这一点是至关重要（参见第十二章）。这也在如何完全平等地规范财富和资本上（例如对资本形式之间兑换的限制）产生了一个冲突的观点。开发权的控制是一些规划系统在这一方面所扮演的最明显角色，并且允许某些这样的用途之间的改变，尽管如果期望做出其他改变，要求谋求规划许可。这一系统的运转改变了土地的资本价值。

政府担忧，所要确保的国家和当地经济没有得到规划学规章制度整体上的保护，并且同时那些与经济或金融资本不能投资于创造就业和产生经济增长（包括实体开发的其他方式）。当然，这类投资对其他资本形式、资源或"大储藏"是如何产生重要影响的，是有关可持续性和继之而起的规划学的所有层次与领域的分析的恰当素材。现在我们进一步简明解释已经普遍讨论过的资本形式领域的其他部分。

文化资本

一些作者提出，文化资本在所有其他资本形式的积累中扮演一种结构性角色。它被看做与"人力资本"连结在一起，因为它为个人所掌握，随时间而逐渐积累起来，并且随个人而丧失。依照布尔迪厄的说法（1984，1986），文化资本以三种方式得到表达：象征化的、客观化和体制化的文化资本。这些资本的结晶影响到个人、群体和阶层之间态度、实践和关系，并且服务于对这些差别之间的区分。布尔迪厄把每一种解释得很清楚；文化资本的"象征化"形式指涉持久的或历练的态度和"性情"。它们是历练所成的行为，以某种方式强烈影响其他人的态度和意见。它们筑造个人，且把它们"安排"在符号、象征和意义中，以及文化资本的其他两个构成元素的某个位置。第二个方面是"客观化"文化资本，它与客观物的所有权或赏鉴有关，例如艺术品或其他受人尊重的商品。客观物与所有权人与首先理解之间的联系，价格和那个物品也有的"意义"或重要性被反映到这一所有权人。例如，一辆罗尔斯-罗伊斯汽车的所有权人会被给予一定的荣誉，并且经由产权和社团获得文化资本。它可能也是这样的：客观物，也许一件艺术品，会间接地提出所有权人方面的"趣味"或雅致。因此，比方说，参观艺术画廊超过观看足球比赛，往往会引发争论的带有更多值得尊重的和文化资本的价值。同样地，这可以从按照不同的价值安排片区或地方、排列某种建筑设计和类型优先于其他种类来看。文化资本可以包括社会上所认可的学术资历，或它可以联系到特殊的习惯或象征着社会地位的谆谆教诲的和历练的行为。这一形式有助于解释在财产或地方中的投资，如何会被看做文化资本的投资，以及金融资本；因此一些地方被赋予更高的价值，不是因为它们在规模上更大，或因为它们产生直接的收益流，而是因为它们为所有权人注入了声誉。资本的这一形式，也包括为个人所掌握的见闻、技能和教育（或正规的或非正规的）。

第三种显示是"体制化的"文化资本。这勾画出了正规的资历和荣誉在社会中是如何被认知和赋予价值的。因此，例如，学术等级和相同的造诣提供一定水平的能够交易的文化资本。同等地，就序列或等级方面的地位能够被看做体制化文化资本的一种表达。专业机构的成员资格，例如皇家城市规划学会（RTPI）、皇家特许建筑师协会（RICS）或皇家大不列颠建筑师学会（RIBA）也能够为它的成员提供文化资本，证明胜任和提供合法。不过，这一类型与上面已经提到的"体制资本"的观念相当不同，体制资本是当地或群体资本的一种形式，是一个网络易于获得的资本资源的总量。

人力资本

对资本这一形式的一种简略描述，在这里是完全需要的。人力资本是用作解释为个人所掌握的渊博见闻和技能、能力和适应性的术语。实际上，它是文化、经济和被那些人（或他们的家族）所安排和投入的其他资本形式一个最后的总量。鉴于诸如技能、教育和经验是在解释文化资本时所描述的核心要素，许多作者把人力资本与文化资本合并（如上面的作者，以及 Becker，1962；Coleman，2002）。关注"智力资本"的研究者们也补充了对人力资本的争论（例如，Lundvall and Maskell，2000）。在知识经济中，这被看得格外重要，对通过新技术、有吸引力的投资或新公司落户他们当地而寻求重塑和给当地或区域经济增加价值的战略规划师们来说，也是相关联的。按照开发能力和增强对规划和为规划师们所斡旋的问题的理解来说，它也被认为相当重要。在规划和当地管理方面，与公共或社区参与的关系，是最显而易见地紧密联系在一起的。

社会资本

自从雅各布斯在 20 世纪 60 年代早期（Jocobs，1961）使用这一称谓以来的几十年间，社会资本这一观念已经获得发展、得到提炼。她观察到出现在北美城市的当地社会关系的重要性，以及它们是如何被社会-经济变化和城市的发展所影响的。从此，许多研究者和理论家曾经扩展社会资本这一概念。考虑到它所包括的广阔语境和确切表达的话，这一概念据说很有些含糊（Fine，2001；Lin，2001），并且过去数个十年在不同的规模上被探讨过。作为一个概念，它代表着在一个现存的社会中以某种价值资源类型的投资（Lin and Erickson，2008）。社会资本也能够被描述为一个关系网络的成员资格或与接近途径，而关系网络是个人投资战略和文化行为的产品。这导致了群体成员资格的产生，并有意或无意地将目标瞄准在短期和更长时期能够利用的和有益处的关系，如此的社会资本成为一种通过交流和信任而得到保护的个人资源和共享资源。克勒曼更加简明地提出，社会资本反映出角色之间的关系结构（Coleman，1990）。其他人强调维护社会资本的彼此依赖性，一些作者谈到社会资本所发挥的团结社会的"胶水"作用。还有，这里如第四章所讨论过的与网络的联系应该是显而易见的。

社会资本是不那么容易交换或"购买"的，在发展社会资本方面，它的随时间发展和信任关系的常规化被看做核心要素。布尔迪厄提出，社会资本的积累是"昂贵的"，并且需要不断维护。重要的是，在社会资本理论中，几个其他不同要素也是反复出现的特征。普利提和沃德（Pretty and Ward，2001）陈述了社会资本的四个维度。它们是：

• 信任关系：这些据说有益于合作和促进共享与一种友谊文化；

• 交流和互惠的存在，或"礼尚往来"的关系：在此，人们乐于进入这样的安置，但是回报收益的一些义务也必须隐含在内。

• 规则、规范和批准的存在：这些常常是非正式的约束，它们被参与者或网络成员所遵循和强化；

- "联系性"，或群体或网络的成员资格：这会包括会议或其他的交流和互动。这被看做社会资本的一个重要构成成分。

本质上，这四个方面集中围绕见识、信任和所牵涉的对作为一个互利网络构成部分的人们中的一个群体的道德义务。

研究什么叫做"社会资本范式"的学者，也将对关系的质量有兴趣，对它们是如何得到保护和破坏或破裂，以及为什么那些关系得到维护和获得鼓励有兴趣。"桥梁"、"人与人之间的关系"和"相关联"社会资本称谓已经被设计出来去标出某些关系的界限和努力协调社会资本，尽管政策已经被引向增强现存群体或社区之内的关系，和被引向其他社区或群体之间。这些可能存在于群体内（例如人与人之间的关系资本），跨群体或跨社区，并且存在于试图进行垂直整合——例如在当地政府与社区之间，发展信任与合作——后两种类型是沟通或连接资本的形式（参见：Putnam，2000；Selman，2001）

物质的变化和其他变化会摧毁社会资本，因为它破坏了社会环境。这方面最明显的例子之一出现在 20 世纪 50、60 年代，其时社会网络中所建立的社会关系和可触知的资源遭到破坏，整个城市复兴计划既在英国也在世界的其他地方被着手展开。"社区"被转变成新的住宅，当许多人很高兴生活在改善过的物质环境的时候，他们的家族关系和当地社会关系往往被打破了。一种观点表明这样一种破裂在最近社会的动荡中发挥了作用，创造了一种社区真空，犯罪行为增长（在英国和整个欧洲，它曾经被特别报道与公共住宅地产存在一种关系）。一旦关系、传统和长期投资被打破或丧失，让人们在如此的社会关系中产生或增加新投资——用铸就的社会资本——可能变得更加困难。当社会资本可能被破坏的时候，这变成了一个中心论点，被用于尝试确保政策和社会-经济变化得到缓和。这也造就了对这一观念的一种广泛接受，即规划学和更广的当地管理实践应该增强"有力量的社区"，它使人想起大约五十年前雅各布斯所做过的观察（第十四章）。

因此，在英国，规划师角色的一部分曾经是推动或促进社区。尽管对这一观念和社区在规划中的中心性（和相关政策的修辞化）持保留态度，社会资本概念与社区概念之间，还是如广泛的或普遍的理解那样，存在一种直接联系。对经济规划师们来说，去开发作为一种资源的社会资本，是一个共同目标，它对当地经济发展和社会凝聚力是有用的。的确，存在一种与经济和社会活动的嵌入性相关的议题（参见：Granovetter，1985，2005 和第十八章），这一议题与社会资本和体制化的资本密切相关。对其他规划师们来说（包括资源规划师），社会资本的维护在有助于维护环境和当地机制方面可能至关重要。这类关系的存在，也有助于规划和政策方面的社区参与，为市民活动提供一种基础和激励。

环境资本

环境资本能够与"自然的"特征诸如风景联系起来，与其他生物-资源联系起来。对资本的这种附加思考，已经发展到反思和扩展"自然"资本的观念，发展到可以为人类所使用和管理的资源。自然资本是一个广为运用的术语，例如艾肯斯等人所用的那样（Ekins et al.，2003）。因为作者们把重点放在环境的不同方面，它已经被划成几个不同的元素以便分析。在文献中被认识到的自然的或环境资本的首要部分是土地和水的生产能力。其次是环境对付垃圾的能力，第三是存在的自然和环境的角色——承担一种基础的支持生命的功能；即居住、食物链、产生氧和防止有害的照射的能力。自然资本或环境资本这一概念最后的要素，是"舒适"要素。例如风光、遗迹或静谧——它是社会构建起来的，环境被珍视，即我们把价值赋予了这些事物。用规划学术语说，既就有关生命的内在价值和环境必然的意义来说，也就自然和环境对健康、消遣和人类享乐所扮演的角色的意义来说，需要认识和积累环境资本。

环境资本可能不是劳动本身的直接产品，但是通过劳动被潜在地认识到，并且能够被非-所有权人为获得某种利益而用作一种资源。它能够被看做现货或储存物，以及一种红利或利润流。例如，在利用它的环境资本去产生市场形象和为游客准备游玩的机会方面，达特穆尔国家公园发挥一种旅游业资源的作用。同时，土地为食品生产提供一个基础，它过滤水和发挥碳的洗涤池作用。这提供了与另一混合概念的连接，特别对那些在乡村和战略规划学起作用的概念来说，尤其如此。"乡村资本"这一标签被偶然发现，去用作表达乡村这一元素，这种元素会被看做一种资源红利，能够为社会-经济利益而得到利用和经营。因此这一观念取自社会、人类、环境和经济资本的形式。主要的规划议题，将是平衡依靠它们细心的经营并利用这样的资源提供一种更可持续的乡村经济和社会。

结论

实际上，资本称谓已经得到发展，以解释资源居于何处和如何处理，以及在哪里交换和如何交换。为了更直接地诉诸政策制定者和其他人，伴随特殊的或某个阶层利益并且包括资源循环和塑造社会的类型，这些最近已经得到扩展、更新的称谓已经创造出来。每个称谓把不同角色都会有的关切的一个地方或类型隔离开来。这些目的在于聚焦于资源的一个特殊方面的社会构建，它们与人们或地方聚居一起，并且在它们的互动和交流中被赋予意义或价值。例如，制度资本曾经被创造出来作为表达在一种制度或当地网络层面易于获得的资源总量的名称。不过，这种理解并不一定思考更广的网络和管辖区域能够如何被一起看做一种为规划活动所影响和塑造的资本集合体。我们认为，就更有效和更协调或更可持续的空间规划来说，对这样的集聚以更多认知和关注，将能够提供一部分答案；并且这种结合能够被有效地表达为或叫做"空间规划资本"。

简而言之，规划师们代表其他人阐述政策和形成决定，影响着资本积累和消费的战略，并且能够减低、缩小或阻挠资本的某种交换或兑换。规划师们也与资源管理紧密联系在一起，并且在塑造、实现和保护经济、自然、文化和人力资本或资源方面拥有举足轻重的作用。代表社会和表面上处于"公共利益"之中的规划师们，是与政府、当地参与者、从政者和其他人一起活动，去有效地稳定资本积累和资本类型的某种过程。这些价值和偏好在政策和规划中得到反映，后者寻求对资本进行组织、经营和随后的"空间化"。在保护区，或在划出能够实际上得到鼓励的开发的开发区，这一点可以看得一清二楚。用这些方法，规划师们利用和影响形成规划和政策的不同的资本资源。资本如何和为什么被形成和被交换的见识，这一（些）概念自身的理解，作为规划师们一般教育的一部分是需要的。这使有关可获得资源（或资本）的反思成为可能，并且这种反思在"起作用"。

第十六章 影响与外部性

相关术语：公共产品；"污染者承担"原则；可持续性；权利；法规；功利主义；自由；变化；环境影响评估；减轻

引言

这一章概括规划学如何发展的思想道路，寻找应用某种工具和技术，以努力减轻或避免来自人类行为的所谓的"外部效应"。在 19 世纪，对增长与相关的非计划开发的各种影响的认识，在英国和国际上引起了对规划的许多早期思考和尝试，以及需要更加特殊的某种形式的对规划的控制（Booth，2002）。得自于城市化与工业化进程的教训，产生了一种需要，去思考如何减轻或重新调配负面的影响，从某些多种多样的生活质量方面思考去有效地安排土地的使用。这种思考方式为一种规划学的敏感性提供了一个基础，这种敏感性与环境、公共健康和高效的土地利用相关，并且从此逐渐成长为可持续发展的更加多面化的观念（第二章和第三章）。

对于规划学的早期思考的一种发展，特别涉及城市化的社会和环境的重大影响，以及规划活动的早期的正当理由，它已经被扩展和更新以适应 21 世纪气候变化的挑战和碳减排的当务之急。这一章的要点特别集中在外部性观念和人类活动的影响，以及规划工具如何被设计出来以对付或回应这些影响。外部性与影响是规划学中的核心观念，因为对规划师们打算利用形成市场流程或提倡社会有效的资源利用来说，它们是首要的正当理由。这些观念把重点放在规划如何在有助于对土地利用和开发类型、规模和地方的最优化决策方面发挥潜在作用。在实施对一种更广的影响的考察中，规划所扮演的角色，对于非再生的环境资源和其他公共产品也是一种预防方式的组成部分，通过对环境影响评估（EIA）进行一种简短探究，我们对这一点进行了论证。

外部性、影响与规划学

克劳斯特曼（1985）概括了批判自由市场语境中规划学的四种基本功能（这种批判是 20 世纪 80 年代做出的，并且早于广泛采用的"可持续发展"的观点）。这四重正当理由包括：保护社区的利益群体；为个人和集体做决策而改进信息基础；对社会中（和与环境公平问题相关的）贫困人口的保护；最后，考虑个人和群体活动的外在影响与对（可能）活动的影响和外部性的回应。有关规划系统和技术曾经如何良好地发挥作用以及政府介入是否真的产生更有效的结果，这些论证导致了争论。不过，不论这样的问题如何，对规划的控制与规划学研究的产生来说，对外部性的重要性和控制的认知，仍然是一个核心问题和首要的正当理由。

活动常常是有目的的：有时它们有计划，有时更多是自发的。活动的意图或目的常常是清楚的，但是影响或效果并不总是可预料到、可理解的、朴实的，而被认作是称心如意的。当考察规划学的连续图像时，在勾勒、评估或理解特殊活动或变革的多种多样的重要影响和间接后果方面，存在一个难题。尽管完全评估这些遇到挑战，规划师们和其他人仍然意识到这一主要的或可能的变化的影响是重要的。无规范或无约束的个人或团体的活动能够导致公共"堕落"，这种看法与上述规划学的更广正当理由联系在一起。这些所指涉的是这里所说的负面外部性。按规划学术语来说，这样的外部性应该常常被看做与更广的"公共利益"（第九章）相对立，并且规划工具的发明，很可能导致负面的外部性某种程度上得以避免、解决或减轻。很多规划系统的意图之一是提供一个框架，以理解、指导、塑造或扭转各种各样的重要影响。通过开发的部分改造或通过指导空间的某些开发，例如通过划出特区来确保工业区集中起来而远离居住区，某些影响可能是容易处理的，并且这也会是可能的。为了消化一种外部性影响，会采取进一步的行动；一个例子就是由开发商把资金提供给公共主管部门，使其筹备交通基础设施，在此按照一种建议开发，新就业、商场或休闲旅游就被创造出来。它也是真的：开发或其他活动的影响也许是称心如意的，这里的规划的角色可能会是期待与合作，从而将拥有集群经济活动的政策一类的积极因素最大化。

一旦一个人的行为影响到另一个人的"安康"，一种外部性就可以说存在了。最宽泛的外部性定义把它们看做"溢出效能"。这意味着，外部性超过了范围，正当的或地理的空间，而后者发源于或被认为是社会能够接受的。外部性常常为经济学者看做"市场的不完善性"；它们被看做一个行为的影响，这种行为不能完全反映市场消费和消费被传递到的其他方（他们几乎没有或根本没有能力避免这样的影响）。影响在某种意义上是更宽泛的，并且能够扩展到意味着有意和无意的结果或副作用，这种结果或副作用能够看做积极的或消极的。在某些情况下，开发的重要影响会被算作积极的，并且创造就业或通过比如一套医疗设备的提供，也许改善生活质量。不过，在规划中，通常讨论影响和外部性的方式，往往集中在，无论正确或错误，需要被避免的或用其他方法处理的负面的外部性或影响。

在进行这一讨论中，我们提及上溯至 18、19 世纪的自由政治经济学。这里，进行活动的个人自由得到强调，并且它也被确认为这种进行活动的自由不应该给另一个人强加负担。大约这一时代，国家或法治国家活动的角色，在以与个人自由诸问题相类似的方式一直争论不休。约翰·斯图尔特·穆勒的知名格言之一，指明了已经广为应用的一项原则：

> 无愧于这一名字的唯一自由，是追求我们自身善的自由，在我们的征途上，既然我们并不打算抢夺其他人的所有物、或耽误他们努力获得它。(1859：16-17)

个人自由应该得到鼓励的原则，它已经成为英国法律的一项重要信条，并且已经被全世界所采用。重要的是，对于这种自由适当的限制，一般认为是行使这样的自由的对其他人没有明显影响。当然，确定在哪里和什么构成了一种侵犯或什么不利于另外一个人，是困难的。的确，按定义来说，致力于纠正这样的情况是事后的，并且有效的弥补也许太晚。这就把我们带回到政府的角色，在这样的活动之前（以及以后）进行干涉，为的是阻止、处理或减轻负面影。作为试图促进平等、有效的资源利用以及减少冲突的重要部分，已经进行过干涉。对规划师们来说，这大部分得到了精心安排，在土地利用方面，对正式的和预先的规划活动来说，土地利用活动和认识到不利影响就是一项首要的正当理由。

当我们考虑个人角色的或特殊利益群体的活动，在空间方面（和跨社会、经济和环境方面），肯定存在许多这样的情境，偏爱或有意地活动可能给其他人增加负担，或个人活动随着时间可能会把一个问题复杂化。例如，如果每个人得到允许，把他们的住宅再扩展到公寓的街区中来，将会有一系列附带的影响，包括用水、交通、采光损失和舒适。这些应该由更广的公共部门所承担，其他的会直接影响邻里并且不能简单地被消化掉。有时这样的意愿能够进行商量和做出安排，因此影响或外部性能够得到规划和处理。在英国，围绕这样的紧张关系进行商谈的一系列措施和变化得到协商的地方，曾经获得过尝试，并且在下面将进行讨论。进一步，这样的影响和外部性不可能总被看成负面的，也能够引向最终的利益或被连接到战略目标上。在许多情况下，特别是开发涉及到就业的使用时，积极与消极的综合影响常常在预料之中。在这一意义上，"良好的"规划包括减轻负面或化负面为积极、把积极最大化或同一化。总的来说，这也是这样的地方，在此更广的公共利益得到考虑（参见第九章），并在各当事相关方之间进行协商。

积极的或消极的影响可以被认为可以接受或不可以接受，有关什么程度的规划控制和规定是合适的或必要的论点，谁有效地"赔付了"和内化了外部性，或在什么地方社会上的偏好约束了其他利益群体，在规划学与经济学中是持续争论的话题（例如：Alexander，2001）。特殊环境的"诸恶"（例如污染的产生），是个常被传讯的案例；恶名昭彰的烟气、煤烟、油煤气形成了无孔不入的烟雾，它们曾经弥漫伦敦和其他英国工业城市，对于现代规划控制的确有相当大的影响并且发挥了一种推动作用。日渐增长的污染影响或花费不应该经常由居住者或土地所有人承担，并且对为社会大量需要的公共产品诸如清新空气和饮用水来说，它们是有害的。

教育与意识-提高可能会纠正某些无效的资源利用问题，但是规划管理和控制的佳例是调控，诸如开发的最大限度和不同于其他土地利用的开发特殊类型的分配。特殊活动的特许是调控的另一方式，包括限制水的利用。另一选择是用税收或财政刺激来减少负面的外部性，或追回源自"污染者"或其他方面的某些支出，以指引活动者采纳其他行为。在这方面的一个例子应该是通过税收制度激励新的开发业利用绿色技术，或创造一项"碳信用额"系统（参见：Sedjo and Marland，2003）。社会如何选择分配资源的问题，曾经受到漫长争论的支配，并伴随可替代解决方案，例如更多地依赖定期提出的市场分配，将其置于传统的规划控制和政府调控之上（参见：Evans，2004）。

外部性和影响也会被看做社会建构起来的或主观的；这也就是说，有关外部性是否提供积极或消极的重要影响，或是否和如何设法解决它们，或的确是否大规模、重要、影响长远以至于介入很有必要，往往可以做出一个判断。有时作出判断将会是困难的，因为两方面的要素可能都是当下的，并且，确实，规划常常被迫面对努力平衡这些因素并论证这种权衡的使命。例如，要权衡创作工作岗位或维护经济活动，并且关注在沉思默想中发挥作用的对环境或生活质量的考量。总会受到争论的一个地方，正是不同当事人争辩感受性和相当模糊的特征——例如"舒适"的丧失（第18章）——的地方。

用作处理影响的规划工具

我们能够看到，对于理解和设法处理外部性和各种影响，存在不同的方式。某些居于传统土地使用规划的范围之外，但却是更大一套规划和监管工具的一部分。现在我们更特别地思考某些规划工具，它们可以分成法规、税收与激励、意识提高这些范畴。众多的规划政策和工具已经被设计出来，努力瞄准特殊的外部性，并且规划更普遍地曾经尝试创造一种语境或框架，这种语境和框架涉及减轻、改善或避免特别的影响。凭借深入细致地思考土地利用的恰当并置，经由土地利用与空间规划生产两者的调控，这一点得以实现。引进指导开发的特殊调控或政策，或清楚地设立旨在限制影响的标准或门槛，是这一方法的组成部分。为开发设定密度是一个有趣的例子，因为它具体说明了外在化影响的不同规模。在某种情形中，对于维护特殊环境，更低密度可能是称心的，例如在某些乡村地区，这也许是真的，而在城市地区，为了维护服务和确保高质量的大众交通和对寻求更宜居的开发政策的回应，更高密度也许被看做合适的。第二种范畴间接提到前文所述及的与税收和刺激政策的关系，以及这些如何能够被引向鼓励或阻止特别的行为。在英国，规划协议与规划条件（第十章），带有这样措施的某些特征，因为它们寻求压制或组织开发的影响，当没有严格的能说明问题的税收，它们着手做出规定，用特殊方式"演述"，对开发来说是需要的，旨在避免负面的外部性或把无用的影响最小化。第三个范畴涉及教育和意识-提高，以及环境影响评估（EIA）的例子，这在下面将要讨论，涉及这一范畴的一个侧面。就它们的"类型"方面，我们能够检查影响，不同影响大多会被界定，正如影响经济、社区、社会组织或环境一样——尽管区分这些不是那么轻而易举。

影响的类型

影响或外部性能够以各种方式得到处理，但并不总是被预见到；但它们会被分成鼎立的三分，遵循标准的可持续性维度。因此我们能够把社会影响思考为：对社区的社会结构与对个人和家庭的安康感的一次活动的一种影响。当界定影响的这一类型并不是轻而易举的时候，它集中在生活质量的观念和触及到舒适与公共健康的问题。一种负面的社会影响可能在这里：一项新开发建立在一个现存地方的绿色空间的最后一块地方，当地居民没有任何休闲地方可以进入。

对环境影响的认识，以及一种评估环境影响的方式，稍后一点我们将要讨论，但这些是过去二十年左右许多注意力集中在规划之上的地方。论述可持续性的第三章曾经讨论了环境诸问题，以及随着时间如何表现为规划学一个主要考虑的特征（尽管随着时间的流逝，采用稍微不同的形式和用不同的称谓）。思考环境影响的一种方式应该思考污染、碳排放或风景和舒适价值，这些应该被生产并且可能丧失。这里，引导规划师的许多协助是便于得到的。有清单、层级制和标准，根据这些东西，提案将得到合理的判断。环境效益或环境产品的科学和经济的成本计算是困难的，事实证明，这一领域对经济学家的处理来说，是面临重重的问题（Hanley and Barbier，2009）。成本-利润分析、随机价值评估和享乐定价方法，正好是某些创造出来的模式，用来计算近似价值。其他专业曾经寻求制作手册和绘制地图，把环境系统模式化，以此努力帮助形成决议，而在这里，可能的环境影响将得到预测。最后这一范畴涉及经济的重要影响，就当地和国家竞争力与创造就业或投资可能性方面来说，它们是重要的考量因素。经济影响与经济增长可能的外部性，常常是影响的三种类型可能相互冲突或是处于紧张状态的地方。作为开发的经典论点往往以利润或积极影响的措辞来表达，这些措辞在经济方面应该存在。另外，假使存在着这种可能的影响，规划在协商与合作中便扮演一个重要角色，在不同的利益群体之间进行居中斡旋而做出公断（并且有时"让人谴责"，一旦处理结果会负面地影响一个或多个利益群体的时候）。

规划的影响

许多作者，当然还有政府，对规划的成本或其他影响都感兴趣。这主要由那些把经济发展放在其他因素之上，或把市场过程看做资源的最佳分配的人所驱动。有关分配模式与决策的争论，反映出试图确保过程与结果而不是相关原则为我们做什么准备了正当理由（而不是我们为什么做它）。如埃文思（2004）一样，莱丁（2003）讨论了规划的影响，并且两者都指出了延期和其他成本的问题，而这是由运转规划-指导系统所引起的。这些问题和论点不能令人信服地应对市场差异和不足的环境资源的利用（例如农田或不可替代的环保产品），或足够的驳斥了需要长期思考的问题，一方面又要确保短期利益没有损害或违犯那条未来原则，后者在第三章中已经提到。

在乡村或非城市地区限制开发，是一个很不错的范例，那里积极和消极的综合影响已经得到证明，并且自 19 世纪晚期以来也增强了，而那里某些活动的外部性能够得到评价和比较。就论证和反对规划与规划所使用的工具类型，韦伯斯特（1998）着手提出了某些有趣的观点。分区是一种途径，用作一种尝试，去提供一个基础的框架以组织和预测可能的影响与外部性——寻求稍加介入而又明确地指引在不同地区合适地使用类型，并且强调进入成本，这会采取税收形式而要开发商必须直面的（或确实是刺激方式或利润方式）。

实践中措施与理解的影响

利用环境影响评估的例子，我们表明了在英国某些预测的影响与外部性是如何通过规划系统而得到解决的，并且在整个欧盟类似规定现在已经生效，还有许多其他国家也选择采纳环境影响评估的变体。对于检查随着一项特殊提议的开发，什么样的影响与外部性可能接踵而至来说，环境影响评估是一种广泛使用的工具。它本质上是一个过程，对于确保开发影响的反思与检查——特别事关环境的重要影响——由开发商所造成、由规划师所检查和考量。在英国，1988年这些规定最先被引进，稍后被修订和扩展。环境影响评估的目标一般据说是：

> 在做出决定的过程中，在行动采取之前，通过明确地评估一项提议活动的环境后果，给予环境以合适地位。从长远来看，对几乎所有的开发活动，这一概念有衍生后果，因为可持续发展依赖对自然资源的保护，这是进一步发展的基石。（Gilpin，1995：3）

其他人声称，在向所有人表明和突出开发的可能的长期影响方面，环境评估充当一种教育的角色。通过这样做，决策应该坚决离开据信是不可持续的提议。一套环境影响评估的典型要素开始于——首先，确认利益相关方（例如一个时机要素）的主要问题与关切；其次，常常要进行一次仔细地检查过程，以决定一套环境影响评估是否必要，并且基于收集的信息，对提议做出选择的鉴定与评估。相近的要素存在于提议减轻的措施，以便处理所确认的影响，并且置评所提议的活动，以便防止把工程的潜在负面影响最小化。最后，一份环境影响报告出炉了，它详细列出环境影响评估过程的调研结果。因此环境影响评估被设计出来，在有关开发提议做出决策方面帮助规划师们，并且能够发挥一种方法的作用，邀请开发商们审思他们原初的想法。环境影响评估常常只是为了更大的提议而得到执行，并且在那里很可能发生重大影响。与影响解释相关的问题，以及被思考事情的规模或范围（包括累积影响的观念），是世界性的规划法与实践争论的持续的特征，并且在这一意义上，往往反映出所应用的有关可持续性和可持续发展的争论与解释。

尽管存在这样一种方法的逻辑与成效，但环境影响评估的应用还是受到了批评，因为这样的评估可能是偏颇的或不完善的，或在其他方面"放缓"了规划的流程。然而，尽管有这样的批评，环境影响评估依然是控制和争论更大规模开发的一个重要核心。它们表明了在运转中，规划师们和其他利益群体是如何被要求论证哪些影响是已知的，减轻那些影响的措施是否准备就绪，或者，指明哪些地方有一种需要，去改变所提议开发的规模和类型。

结论

外部性与影响的观念以概念的称谓提供给了我们，它们指明了活动和特殊的开发是如何产生更广效果的。这些影响中的某些能够或不能够被预测到，并且某些能够被相信是积极的，能够为社会所建构起来；被主观化了，是"可接受的"或"不可接受的"。某些建议可能涉及影响，按规划或环境的意义来说，可能被认为是不可接受的，并且因此不能获得批准（例如，在保护区重新扩建一座大教堂或建设大的住宅开发业）。在规划学方面，控制影响或消化它们的一个系统能够得到发展——在面对环境和社会关切方面，某些人会说影响了折中方案。这一环境影响评估流程，例如，显示了规划学如何拥有一种地位，在理解可能的外部性和支持控制它们方面，还有其他的机制，包括私人财产权和法律系统的运转。在平衡税收和刺激措施使用与工具使用方面，诸如规划协议会被用作促进开发、管理和其他方式控制影响。规划学的这一方面是潜力很广的，在英国的最近实践已经认识到这一点，并且把它扩大到包括一项更广的"监管影响评估"（RIA）之中。2010年出版（有效期直到2012年停止）的针对英格兰的PSS5，规定当地规划师用一套历史上有名的环境影响评估，去对历史上具有重要意义的或具有历史遗迹的环境造成可能的影响进行评估（DCLG，2010）。这一概念与特殊影响被定义的方法因此可能发生变化。政策代表一个持续存在的方面，致力于提供确保发展得更可持续的形式与更长时期的、可接受的发展模式。

从以上讨论来看，一定一清二楚的是，努力参与和随后管理或控制影响和外部性作用的使命，是一项沉重的和艰难的任务，对规划学和规划师都是如此。有关规划师们实际上完成这项任务的使命和能力的范围与复杂性，存在持续的争论；特别是假如影响的力量抵制保护性开发，可能产生某些更少影响，或一定程度的负面外部性；在这样的情形下，规划师们有义务努力进行协商和减轻这些影响。这一流程因此是政治化的和可能是资源紧张的和费时的：在规划师与开发商之间，这些特征中没有任何一个形成温暖的互动。因此环境影响评估致力于提高更广影响的认识是信念上的，是一种良好的认识，但是它相当有限。如果气候变化的当务之急和更广的生活质量问题必须得到令人信服的答案的话，更多需要去做的，该是构造监管的框架和全部规划学工具箱以便管理影响。

第十七章　竞争力

相关术语：资本主义经济发展；全球化/全球本土化；基准；生活质量；投资；吸引力；资本；创新；生产力；网络；集群经济；治理

引言

在规划学与经济发展的术语系统中，"竞争力"一词常常被用作描述较量和反映公司、城市和地区相对业绩的一种水平，以及推动政策和措施跨社会和经济领域的指标。它又是被广泛地运用但没有非常好地得到理解的一个术语。鉴于地区的竞争力已经变成"不仅是学术兴趣和争论的问题，而且也是日渐增长的政策慎思和行动的问题"（Kitson et al.，2004：991），这一术语对规划活动来说，拥有一种特别的重要性。的确，对许多中央政府、地区机构和当地主管部门来说，经济竞争力已经变成主要关切，并且常常为重构和推进特殊地方的公-私合作关系的形形色色的群体所引述。

竞争力这一观念源自经济学和经济地理学对经济制度的相对业绩的一种长久兴趣或关注，并且曾经被广泛争论（参见：例如，Begg，

2002；Malecki，2007）。我们将不会过深地钻研这些论战的特殊意义，因为它们已经产生和维持了它们自身的一份小小的产业。相反，我们这里试图强调，规划是如何发挥作用影响"竞争力"这一概念及其修辞性运用的，又是如何同时被影响的，特别是对战略规划学来说。在开始将注意力转向规划学之前，我们简略地讨论竞争力的发展与特征，因为它首先一般用于公共话语中。

竞争力：它是什么？

由于古典经济学家例如李嘉图涉及贸易优势和力量反映出被不同政府所掌握的资源与资产方面的差别的"比较优势"的观念，竞争力的根源在有关经济竞争、贸易和现代国家的发展的经济理论中。在支持国家经济体系方面，这一理解被用作组织那些资源和它们的贸易。这最初集中在关注一种国家规模上确保国内资源的最佳使用，以及如何通过国际贸易从进口中获取利益。这一强调为商业研究理论家们所反对，他们更多地集中关注出口和创造就业方面，而其他人也指出一个更广范围问题，这些问题影响着对商品和服务的供给与需求，以及经济体系反应变化的能力，例如：贸易壁垒、税收制度、汇率或劳动技能。

这里我们不能提供不同立场和重视的所有细节，但是回应了由例如克鲁格曼等作者所提出并为许多政策规划师们所采纳的混杂的"战略实证主义"的解释。在这种解释中，所有的要素连同帮助支持和援助商业利益群体中政府的角色，都被看做很重要。更进一步，因为全球或"全球本土"贸易已经发展，对地区、城市和当地规模的经济开发活动的规划师们来说，"竞争力"已经承担了一种更大的重要性（Brenner，1998；Malecki，2007；Porter，2003）。这是我们所关注的地方，因为对规划学话语和实践它往往具有更大的影响，并且也与致力于重新定位和嵌入经济活动相一致。稍后我们返回思考规划师们在为竞争力创造条件中所扮演的角色，并且相应地，这一术语如何常常被形形色色的其他人用于对规划师们施加压力。

鉴于以上的分歧，存在众说纷纭的有关这一术语的定义，并且在文献中表现出五花八门的维度，部分因为竞争力所表示的不同规模。有关什么构成了相关竞争因素，并且因此"它"实际上将要被评估或被测量的是什么和如何进行，也存在矛盾看法。此外，对不同因素的强调，跨学术门类和空间规模变化的措施，不同的政策目的，常常对有意模糊这一概念起作用。英国政府的观点曾反映了对公司的一种重视，把竞争力看做"在恰当时间和恰当地方生产恰当商品和服务的能力。这意味着与其他公司相比更有能力地和更有效果地满足顾客需要"（Department of Trade and Industry，1998：2）。尽管这一术语也用于确定个人生意的层次，但它以更大规模运行在经济指标、经济基准的生产和被政府看做主要角色的公司支持方面。因此，这里规划师们的角色被看做是预期性的：它必须为产业与经济需要做准备，以一种战略方式确保有效的土地储备与基础设施准备。那么本质上，竞争力能够被看做胜利，凭借竞争力，不同地方（城市、区域、国家）相互竞争，经济体以及可以获得的角色、资源（例如，公司、劳力、自然资源和辅助服务设施）如何可以获得促进和支持，这一社会环境如何可以为整个人口的需要做准备。

竞争之地

这里，将竞争力作为一个概念加以使用，牵涉各种问题，地方如何竞争，什么资产它们需要去参与竞争，竞争力与当下的或似乎需要的生产力的空间维度和关系又如何（参见：Kitson et al.，2004）。考虑到在政策方面的支配性以及在整个过去 15 年左右曾经一直具有对战略规划学的直接影响，这里我们将关注点集中在"地方竞争力"和在特殊地区与当地的竞争。斯托普尔（Storper，1997）给"地方竞争力"

提供了一个简明定义，把它看做"一种（城市）经济能力，即在一项活动中用稳定或增长的市场分红吸引和维护公司，同时为那些参与其中的人们维护或提升生活标准"（1997：20）。因此，它也隐含地方相互之间的较量，并且这可能导致某些扭曲或不平衡的后果（Kipfer and Keil，2002）。因此，关于了解规划师、政府和产业的全面影响与优先权（例如，"政府网络"中的核心角色），曾经随时发出过告诫，这一担忧是，在经济方面试图利用和最大化或竞争的过程中，某些政策会损害一定的资源或资产（或其他地方）。

一些重要作者曾经呼吁对影响地方竞争力的因素进行一项更加广泛的评估（参见：Budd and Hirmis，2004；Deas and Giordano，2001；DTI，1998，2004；ODPM，2003b，2004c；Porter 1992），并且常常植根于制度经济分析，他们曾经证明可持续的（或有时被称为"智能的"）增长如何可能创造出一种更加"可持续的竞争优势"（SCA），以及地方的某些方面诸如社会的、人力的和环境的资本被集中起来被视为十分重要（例如，Porter，2003；第十六章）。因此竞争力正在日渐地被看做一个概念，被用在可持续发展和跨社会与环境维度以及经济维度的地方的整体业绩，并且与它们有关联。波特也提出，理解竞争力和努力保障一个地方是诸如创新和制度资本一类的竞争因素，需要加以认识。在努力控制成本和过热方面，这对公司的实践产生了引人注意的特征。波特这样声称：

> 竞争力是生机勃勃求进步、争创新的一种功能，改革与促进的一种能力。运用这一架构，在旧模式下看起来有用的事物最终证明适得其反。（1992：40）

这一"旧模式"在来自亨利·福特（Henry Ford）的一条用滥了的引语中也许得到了最为精炼的表述："竞争就是商业凌厉的锋刃，总是在削减成本。"不过，这一看法多少有点儿被超越，经由把注意力赋予卓越与创新和为那些求昌盛者所必备的更广的条件（Montgomery，2007）。奥伊纳斯（Oinas）和马勒奇（Malecki）评论了在理解竞争力与生产力方面，创新为何是很重要的，他们把创新视为再造和促进经济业绩和生产力的一个主要特征。国家竞争力观念的一位批评家克鲁格曼（1996）提出，这一术语也可能是生产力的同义词，这一评论已经找到某种支持，其中著名的是波特（1990、1998、2003）。城市和区域将注意力放在创新和人力资本的作用之上，这已经把焦点引向更微观层次的分析，也就是自国家以下层次直至公司层面，特别与"产业带"或"集群"有关（Cumbers and Mackinnon），2004；Martin and Sunley，2003）。这已经引起许多地区寻求把焦点放在高科技、生物技术或其他"智能产业"的开发，作为增强它们的竞争力和地区生产力的一项工具（例如，Tomaney and Mawson，2002）。

由于竞争力和对理解竞争力有所贡献的要素范围的更广理解，注意力已经被扩展到生活质量标准、社会资本、"嵌入性"问题（参见第十六章；以及格兰诺维特〔Granovetter〕的著作，例如1985）和其他软因素或关系的考量；有时被描述为"不可交易的互相依赖"（Storper，1997）。"制度厚实"的一种强度也被认为很重要，包括干预和支持产业的能力（参见：Amin and Thrift，1995；Henry and Pinch，2001）。尽管它应该被注意到，SCA这一观念不完全使用同样的可持续性预期，如某些人所愿意希望的那样（参见第三章）。我们能够说的是，这一支配性看法表明了要测量竞争力的要素和对竞争力的影响是广泛的和困难的。无论如何，低税、清楚和一贯的规章制度、有技能的劳力、支持产业和相互影响的在场，以及对其他"要素"成本影响的认识，在维护竞争力方面往往都被看做是重要的。

系统竞争力指涉在不同范围维持或可能产生竞争力的支持和关系网络。竞争力曾经被视为公共、私人和有时第三方之间通力合作的一种产物（Lever and Turok，1999）。这依靠这一观念，不同层级，也就是国家的、区域的和当地的（以及一系列其他要素）层级，在创造竞争优势的条件中共同发挥作用。马勒奇提出，以这种方式，"通过一套支持的、特殊部门、专门化机构和目标确定的政策……依靠促使政府与社会角色之间问题的解决的管理结构"，经济的稳定性得以维持，（2007：640）。基特森等人（2004）建议，这一看法及其与战略干预有关的正当理由，是在许多政府那里它是统治性的。确实，国家在历史上被认为其主要角色之一是关注改变成本和屏障（税收、利率、工资协商和补贴），或者用另外的说法来讲，将财政与就业政策公平化。不过，这一角色也扩展到规划系统和当地管理体制的"有效"运转，以及对分配必要资源的需要，例如土地、建筑和为工业所需要的原材料。总之，对同伴和促进或拖累公司或影响它们决策的/区域因素的一种更好理解，被视为所有层面的经济发展的一个重要层面，并且因此事关规划学实践。

区域、城市与竞争力

争论这一概念在不同范围的应用，主要的变化因素是什么，以及如何检查它曾经意味着什么，要清楚地说明竞争力是困难的。如已经提到的，这一概念已经不仅应用到区域和城市（Budd and Hirmis，2004），而且应用到乡村经济（Thompson and Ward，2005），并且合并了与生产力有关的一系列"硬的"和"软的"要素。这能够既包括供给方的动态又包括需求的问题，例如对变革与创新能力的回应。在规划学中，这一术语已经获得特别的支配地位，因为国家、区域和当地寻求维护经济地位和业绩而彼此对抗。因此另外的地方、城市、区域和国家开始被看做竞争对手。城市和区域内部也为投资和工作、游客的消费或一次性利益（诸如中央政府基金注入）、诸如奥运会这样的大事件而竞争。在这一意义上，它们是"界内的竞争"（Lever and Turok，1999）。

尽管有这类的问题，英国政府曾经反复强调地区政策的重要，它承认和支持生产力和竞争力作为一项战略规划学方式的一部分。例如，它曾经呼吁：

> 针对设计和实施政策，至关重要的是（存在）一种进行合作的途径，构想提高区域生产力和增长……它是根本性的，政策工具的一副悉数包罗的神袋已经准备就绪。（HM Treasury，2004：14）

马库森（Markusen，1996）谈到某些地方是如何变成"富于吸引力的"，因为它们吸引投资和保持就业。城市主管部门兴趣在这样的地方，因为它们引起这样的问题，公共政策为什么和如何应该被组织起来，使地方对投资人和特殊类型的工人更具有吸引力。例如，在新"知识经济"（Begg，1999，2002；Malecki，2007；Porter，2003）中典型的是薪水更高和活动"更干净"。

对政府来说，公司和地方比较而言的业绩曾经是一项持续地关切之事，这也曾经与通过公司自身和公共机构两者的检测衡量业绩的观念亲密地结伴而行，对于理解经济活动的当地性和"集群"是如何在比较的意义上运行的，公共机构是敏感的。丹宁等人（Dunning et al.，1998）提出，当"检测"经济的相对业绩时，竞争力这一术语是极有用的，并且因此它有助于确认发展滞后的经济区。检测是一个流程，它利用一系列指标去把业绩"绘制成图"（Malecki，2007：639；也可参见：Huggins，2003；Tewdwr-Johns and Phelps，2000）。一些人把这样的测量标准看得很重要，旨在从别人的实践和政策那里找到和获得教益。对于通过比较而获得教益，这就显露出了机会（Arrowsmith et al.，2004；Malecki，2007），并且然后能够引向对机会、凶兆和需要的分析，并伴随创造最合适的和生气勃勃的政策回应（Huggins，2003）。

因为全球本土化和产业运转其中的不同语境，理解和校准这样的信息困难重重。收集信息的方法和正在检测的内容也把问题复杂化了（参见：Arrowsmith et al.，2004；Budd and Hirmis，2004）。竞争力的检测也受到了行政边界和跨当地、区域与国家边界的关系和相互依赖的淡化所妨碍。所绘制的当地经济的这幅图画，因此常常是一种局部画面，变化的潜在意义，因此政策的适用度只能得到部分了解（参见第五章）。对于促进对互相依赖和公共政策潜力的理解来说，能够遵循关系的互相影响和鼓励跨区域的更多的明智而协调的政策的网络方法，可能是有用的。它是称心如意的，这样的分析应该能够注意到政策的全局可持续性，以及它们如何与公众的态度和其他广阔的政策源流相一致。

由于在经济发展中，竞争力一跃而成为一个中心观念，有关研究已经把重点放在由于资本增长性流动性、劳力和全球化竞争所引起的挑战与机会。例如，由航空业所使用的论点，常常涉及全球竞争力和它们在一个国际性的竞争环境维护英国的角色。它们声称，为了国家和区域的经济发展，航空港是一件必需品。这一论点作为理由，允许航空港和飞行的增长，也为了维护对燃料和其他关税的宽大的税收管理体制。希思罗和英国航空站管理局在这一问题的这一方面是个经典例子，游说活动努力确保规划系统对于它的"需要"是顺服的，如2008年1月这份报章所透露的，在支持希思罗机场建立三分之一跑道证明：

在公司能够比以前在其中更加自由地运转的一种日渐增长的全球化和竞争性经济中，希思罗——和它的与欧洲和中东中心进行竞争的能力——日渐重要。毋庸置疑英国正在落后于它的经济对手的后面，因为阿姆斯特丹、法兰克福、马德里、巴黎正在为明天进行规划，建设新跑道和从英国得到工作和做生意。今天，希思罗到顶了，对英国来说，为了工作和明天的繁荣昌盛，现在正是表明它参与竞争的抱负的时刻。（BAA，2008：未标记页码）

允许这样增长的压力形式（和来自环保的和其他团体的一致抵抗），已经引起最近的讨论，关于基础设施是怎样被规划的，它以基础设施规划委员会（IPC）创立而达到顶峰，这一机构在《2008 规划法案》的名义下成立（不过随后由于新政府上台，在 2010 年很快废止）。这样的压力维持了政府的职责，即不断评论和监督规划系统，以保证它不破坏竞争力，正如下面所讨论的。

规划与竞争力

至少存在两个能够使用的维度，在竞争力方面与规划学最有关系。首先关系到规划师们在促进竞争力条件方面能够扮演的角色；也就是说，作为规划的一个推手角色。另一个来自规划学批评，对于增长、生产力和竞争力作为一个刹车或障碍。后一方面是一个由商业利益群体和开发业所特别使用的观点的基础，这一观点指出，规划的作用是防止开发土地的充分供应，普遍推升土地和财产价格，并且充当阻碍产业整体竞争力方面的一个重要因素。后面这一断言也许应该被吸收，作为一种健康和专业反思的构成部分。不过，作为这样的断言的基础应该被仔细评估，除此之外承认积极的贡献，在提高有效土地利用和必要基础设施的展望与准备方面，作为对最终提供可持续发展成果的重大关切的构成部分，政策能够发挥作用。此外，对遵循一个竞争力增长的更广影响的理解，依然是规划学深思的一个决定性部分。

那么战略和当地政策规划的作用，大部分处于合理的和直接的发展与合作设计供应要素之中，诸如政府辅助、特许、鼓励、减税，以及必要的投入，例如土地。在英国，对于指导向地区的投资，表明哪里是需要的，或哪里它可能发挥某些其他的战略性的重要作用，中央政府指示被相信是必不可少的。图特沃尔尔-琼斯和费尔普斯（2000）指出了向内部投资人提供刺激的方法，以及这些如何能够在其他地方扭曲投资的"竞技场"，他们并且引述曾经发生此类现象的威尔士作为例子。尽管存在某些无法预测或倒霉的次要影响，但是在区域竞争力政策方面，这些任务还是被视为发挥一种有用的、也许是决定性的作用。全部规划学活动寻求理解作为商务区所需的资源和机会，以及对精心安排与提供规模经济有关活动的结点或集群发挥作用。一项历史性的成果，是"新产业区"或经济集群的观念（Deas and Giordano，2001）。

　　第二个要被触及的方面，关系到这样的指控：规划学给商务造成了额外支出的负担。这些断言常常被错误地理解，并且几乎没有注意在试图斡旋利益群体与其他社会-环境优先权（例如风景保护、城市蔓延的防治）活动中，规划所扮演的角色。的确存在很有力的证据，投资人和开发商全都喜欢一个明确和一贯的规划系统，因为在他们自己的商务规划和做出决定方面，它提供一定程度的确定性（Tewdwr-Jones，1999）。尽管这一证据一定程度上是混合的和常常存在偏见的，但规划（特别是当地规划和开发控制）对竞争力有一种负面影响这种观点，还是为战略规划师们担忧的一桩心事，并且这类游说活动影响了政治感受。规划系统的运转可能是长久存在的替罪羊的受害者，并且存在一种针对政策批评的敏感，它显现为阻止开发，或在特殊地区用其他方式试图限制公司、产业或经济活动。费恩斯坦（Fainstein，2001）指出，如果我们必须维护和唤起规划学在支持经济发展与设法处理对社会凝聚力和环境保护中的地位，以及促进经济生产力和稳定增长的设计系统中的地位，那么，需要理解竞争力的众多维度是很重要的。

结论

　　在过去10—15年里，竞争力曾经被广泛地用作指明城市或区域需要衡量它们自己的经济表现。这曾经引起了许许多多的思考，涉及为重要工业区和在当地与区域经济中的其他角色提供支持。对一些人来说，这曾经把焦点放在保护和支持现存的经济集群，而对另外一些人来说，则力图吸收重大的长期或短期投资，将其作为继续重建过程的构成部分（Tewdwr-Johns and Phelps，2000）。规划学对竞争力的重要作用众说纷纭，但是，对可持续发展的当务之急的联系是明确的，并且与其他优先权和关切之关系的规划需要依然存在。有关竞争力的文献，以一种迂回的方式，确实认识到需要强有力的社会的和环境的条件和资源，以及作为规划师的地位还是必须努力平衡竞争的诉求与不同利益群体的目的。不幸的是，来自某些经济学者和商业利益群体相当"单方面"批评，显而易见地考虑到规划学全局的和综合的本质或抱负。他们也没有欣然接受更多的理解：人人流连忘返的地方，如何因为一系列社会的、文化的和环境的理由以及它们的经济特征而显得至关重要。

第十八章 舒适

相关术语：愉快；地方感；地方认同；风格；环境；环境正义；宜居；生活质量；遗产

引言

对城市和区域规划学来说，对环境和环境质量的关切是一件早先全力关注的事情。在英国，这根植于试图处理工业化和城市化进程中的病态影响或消极影响的外部性，在19世纪它曾经变得非常尖锐（第十六章）。这样的环境状况的经历突出了清洁的环境和地方的重要，它们应该是宜居的和更令人愉快的。这让人回忆起了许多人以往经历的游牧生活，或者作为他们自己生活过的环境的一个理想来把握（参见：Bunce，1994；Urry，1995）。

规划学中的舒适这一观念源自那个早期的观念，地方的风格被生活在那里的人们所重视，为了工业和其他经济目的，这些社会空间和物质环境已经做过让步。这一概念与地方和地方感有密切关系，这在第十三章讨论过；并且与为生活和工作其中的人们确保可持续的和愉快的环境有关联。它被设想为，依照"好的规划"，社会一定程度上能够改善或维持活的环境；它强调了在不列颠保护运动的影响，以及在保护空地和更广乡村的一种相关的兴趣。这样的感受在全球性的更大或更小的程度上被感受到，不只是能够通过规划系统运转起来。

由于这一背景，舒适常常作为一种正当理由而被引用，在英国用作拒绝规划准许，或者其他方面的作为干涉和讨论开发与公共空间的设计质量的正当理由。在英国的规划中，在国家层面和当地层面存在影响舒适的政策和指导，并且在开发建议达成决定方面，舒适能够被用作一项"实际的考量"（Cullingworth and Nadin，2006；Duxbury，2009）。也有形形色色的设计和限制性政策准备就绪，表面上，它们被设计出来是为了保护舒适：纵然有时这一术语用得不明确。这种情形未能有助于平复对规划学的批评，因为舒适多半依然是个主观判断的问题，并且常常被动员起来反对新的开发。

舒适的定义与使用

舒适考量被发现、或者常常隐晦地保持在更多的城市和乡村政策制定中。在当地决策和有时作为一处地方品味的一个简略概述或指标中，这一术语得到普遍的援用。卡林沃兹和纳汀陈述道，"在英国城市和国家规划中，舒适是核心概念之一，但是法律上没有任何地方让它得到解释"（2006：104）。舒适这一术语，集中在活的环境方面欣然的或宜人的某些主观判断。在英国这一事例中，大部分的，它的长期存在多亏维多利亚时代的倡导者全神贯注于规划学思想和实践。舒适是一个交叉观念，源自一种对地方的品味鉴赏的关切，而后者来自诸因素的一个情结，而这些因素共同构成这一地方的某些一致的积极属性。舒适得以利用的方式可能集中在一个诉求上，取得当地意见的绝大部分的支持或期望，或者什么能够建构起当地舒适或"宜人"的一种使人接受的看法。还有更可笑的，它是可能的，自身趣味的维护与财富价值的保护之间的平等，同样地反映着一个更广或者共享的社区兴趣的立场。

就变化如何能够影响一个地区的社会生机或气质来说，舒适可能也是一项考量。因此它是一个概念，既内在地是社会上构造又内在地夹在人与地方之间。换另外的词汇来说，土地利用、地方与观念的符号学、人们经历一个固定地方的经验与领会之间的相互影响。如已经暗示过的，它是一种观念，常常为精英群体盗用，维持一项信条，特殊的风格和建筑形式是固有的或多或少称心如意的。它也被经济学者用作努力理解土地价值和当地做出的决策，并且常常被与其他术语（诸如这一方面的地方效用）合并（参见：Bartik and Smith，1987）。不过，这更多地指涉一个地区的实用性或者效用与属性，而不是有关固有价值或者"风格"的论据，而这些价值或风格正是是舒适活动家要去保护的目标所在。

它已被重申，舒适的维护和改善应该是规划学的根本目的。的确，在英国，在第一个《规划法案》中，可以找到这一术语，但是，那是一个定义得相当错误的概念。史密斯抱怨道，"较之定义，舒适更易于得到认识"（1974：2），并且如上面卡林沃兹和纳汀（2006）所指明的，舒适如何在法律中得到反映是不清楚的。不过，它依然广泛地被运用在规划学实践中，指明了许多人如何接受了这一术语并并没有给予更大的思考，这既指它的意义，它的建设性要素，又指规划活动和环境变化如何更普遍地影响公共的或公民的舒适。

规划集镇和城市的努力，把增强和保护公共舒适观念作为核心目的，这是被早期规划学思想家诸如埃伯尼塞·霍华德、雷蒙特·安文、刘易斯·芒福德（Liews Mumford）以及公园城市运动所影响（参见：Parsons and Shuyler，2003；Ward，1992）。卡林沃兹和纳汀引用了1909年《住宅、城市规划等议案》的倡导者，在英国它是第一例当代规划法案。这确认了在那个时代把规划重点思考和理解为增强公共舒适：

这份议案的目标旨在为人们提供一种喜爱家庭生活的条件，在其中他们的身体健康，他们的道德、他们的个性和他们的全部社会条件能够获得改善，依靠我们希望在这份议案得到保证的条款。宽泛地概括，这份议案的目的在于保证家里健康、住宅优美、城镇宜人、城市庄重和郊外整洁。（2006：16）

这些态度，也许表达得有点自负，主要源自城市居民对健康和康乐的一种担忧，他们面临可怜的环境状况和被认为日渐丧失人性的一种物质环境。这与另外一个担忧如影随形，维多利亚保护主义者曾经靠斗争赢得的空地和休闲机会的保护和提供（Rydin，2003；Smith，1974）。这一引文也指明，舒适是如何在不同的层面得到确认的：针对个人、居住、邻近街区以及上至城镇和城市的层面（参见：Booth，2002，对这份早期《规划法案》后面的思考的一项选择性说明）。

那么早期规划师们关切的是改善，首先是环境状况，其次是地方的物质外貌。这些物质条件方面的关切，是舒适的主要构成要素，或那个时代所缺乏的因素，第三个要素被加进来——地方风格的保护，特别在建筑遗迹方面。激进的早期规划先驱，把规划的核心目标突出为现存舒适空地和绿色空间的保护。值得注意的是，这些动机某种程度上已经汇合到"绿色基础设施"的最近观念里（参见：KAmbites and Owen，2006），它已被发展到涵括空地和其他半自然特征、地方和固定线路。

舒适这一术语，源自这一遗产，反映出一种主观上"愉快"的观念与地方那里能够看到的物质的和环境的品味的一种合并。这是非常不同于"生活福利设施"这一术语的观念，它往往指功能的方便、位置的便利、不同的服务设施、土地利用和它们的相互关系。尽管这些生活福利设施的在场能够对整个地方感、对当地的称心如意有所增进（并且因此构成更广的地方舒适的一个总和的部分），但意义是太狭窄了。舒适这一术语的范围和应用的另外一个例子，是与广告监督的关系，在英国通过那份旧的《规划政策指导》注释 19（DoE，1992）中，它陈述舒适包括："位置的一般风格，包括历史的、建筑的、文化的或者其他类似吸引力的任何特征的表现"（11 节）。这也中和了与生活福利设施所关联的相当不同的意义。

那一构成舒适的经验或气质，能够被表现为形形色色的可触知的和不可触知的诸元素的一种结果，后者为变化和限制的不同流程所影响。在这一意义上，舒适的考量与最近的地方的开发观念分享一个概念上的基础（参见第十三章；Hague and Jenkins，2005；Hubbard et al.，2004；Relph，1976；Urry，1995）。在布尔迪厄的著作中，有关常客的讨论也接近于表达复杂的相互关系和特征，后者为"准备妥当"的人们所经历和重视（参见：Hillier and Rooksby，2002；Jenkins，1993）。这包括作为地方联系于空间的意义、记忆和感觉（参见：Crang，1998）。这一概念性的扩展，也将舒适的常规定义问题化了——假如不同的团体和个人很可能打算理解和重视地方的不同方面——这也服务于强调在规划政策和做出决定中，舒适如何被不同的利益群体所表达和动员。舒适变成了在特殊语境中、所构造出的那个合适或者被赋予价值的起支配作用的诸观念的一个化身（参见：例如，Andrews，2001；Bartik and Smith，1987）。这样的理解和觉察常常含蓄地反映在规划、政策和设计中，也反映在微观层次的决定中（否定规划许可）。这样的决定可能是相当的琐碎念头，并且往往被批评为强加在发展和个人自由身上的一种根本不必要的桎梏。

随着时间变化，在英国规划学词汇中，舒适这一术语已经被替代，但是，在许多规划学应用的决策中它依然还被指涉，并且在规划事务中它能够被相信是"实际上的"（参见：Duxbury，2009）。相似和重叠的术语，诸如地方性、宜居、地方认同、地方感，大部分源自城市设计文献（例如，Lynch，1960，1981；Punter and Garmona，1997），已经变成舒适的同义词。可持续性与环境正义的更广的概念，也已经部分地替代了对舒适的关注，尽管对生活质量和创造一种愉快的生活环境的重点关切，在规划学中依然是显而易见的。如果人们看得更加仔细，"舒适"是安于挑战和可持续发展的自然环境中，安于把保证生活质量作为规划政策的首要目标。

舒适如何得以测量或对象化是另外一个问题，并且是一个挑战，这种挑战曾经产生了一些方法：例如当地特征评估的创设（下面要进行讨论）和对构成元素相关的描述性解释，这些元素对于维护作为舒适的组成部分被认为是重要的或者合适的。这些方法曾经倾向于一种"历史类型"的架构，后者关系到把重点放在遗迹和一种坚定的保护主义。在英国，按照1967年的《公民生活福利设施法案》的规定，特别是"保护区"（保护区）的创设，如后面要讨论的，这一概念构想得以更正规地把握到了。不过，舒适依然是一个相当有限的概念，把重点大半放在物质的外形、生态和历史荣耀之上，而不是放在许多维多利亚改革者的动机之上，他们追求保障健康和富于社会效益的城市生活。而这一术语多少也被保护主义游说集团所控制。例如，由保护乡村英格兰运动所提出的舒适的定义，它的要点被描述为：

> 一个地方的愉快的或者一般令人满意的方面，它对它的整个特征和居民或者游客的玩兴有所增加。1951年，城镇和城市规划部长正式说到："任何丑陋、肮脏、噪音、拥挤或不舒服都会损害舒适的利益"。在规划的决策中，舒适往往是一项实际的考量。（2011：未标记页码）

就如已经解释过的，不考虑含蓄的概念幅度，舒适的评估是一种主观的评估。这就把这一概念向有权势的利益群体捕获或者狭隘应用打开了方便之门。关于规划师们和保护主义利益群体的地位，在开发过程中对历史的模仿和以其他方式介入的支持，曾经存在长期的论战。《公民生活福利设施法案》通过之后不久，里德（1969）提出，舒适的追求，包含在这项法律中的障碍，带有接受它本身为重要之事的危险。

特别在限制建成的环境和自然的环境的物质外观方面，和潜在这样做对其他因素（诸如社区凝聚力、商业的或者开发项目的金融活力，以及在束缚创造力和新建筑方面）的损害。就地方舒适的社会和经济功能性方面来说，缺乏一个清楚的概念和战略，可能存在一种危险，即保护主义以舒适的名义，就地方的建构可能引用一种不平衡的方式，而这里物质的结构得到保护，但是社会或者经济生机的丧失却可能接踵而至。

对规划师们来说，对付和平衡这样的一些问题应该是交易中的一支股本，而在实践上这可能是难题。这样的考量造就了一种观念，通过排列建筑地位和保护区设计，选择性地保护一定的区域或者个人建筑（参见：Mynors，2006）。帕尔（1970）强调规划师们是如何直面症状，而不是原因，以及如何尝试设法处理一个能够导致另一问题的影响舒适的症状。那么这的确暗示了舒适的多面性质，它不仅与一个地方的环境品质和物质品质有关，而且与这些品质是怎样得到社区自身重视和认知的有关。此外，运用、人员和物质环境之间的复杂互动关系（Punter and Carmona，1997）是难以复制和替代的，并且"地方感"的新出现的和发展的本质不应该被低估。

实践中的规划学与舒适

我们对地方感的关切（第十三章）与文化和经济方面的遗迹的重要性也意味着，测量、管理和塑造舒适依然是规划的一项主要关切，并且舒适这一术语在规划的决策中常常得到援引。在规划学实践中，舒适被典型性地利用或者理解存在不同的途径。两个范例显示了这一点，它们取自由英国规划主管部门所提供的拒绝决策规划。第一段引文演示作为当地品味或风格的舒适的更广的理解，而第二段更多聚焦于邻近的居住者的"生活福利设施"：

消遣所期待的高水平，将导致在附近的外面大街上停车的增加，并且有损于当地舒适和高速路安全违反当地规划政策。（摘自 Rugby Borough Council，2008，着重号为我们所加）

依照它的大小、高度、设计、聚集、窗户位置和与邻近住宅关系的开发，构建一种开发的无-邻居形式，它将引起俯瞰、采光损失和对相邻财产的一种跋扈的影响而有损于居住者的生活福利设施。（摘自 Rugby Borough Council，2007，着重号为我们所加）

特有的基本原理或者是提议的开发肯定逆势影响特殊地方/位置的舒适，或者肯定有害地影响一个人的舒适。这几乎没有得到深入分析或探究，尽管一些规划主管部门在当地舒适方面有特殊政策。例如，坎布里亚郡卡莱尔区委员会，在它的当地规划中有关居住的舒适有个特殊政策（政策 2 期）（2001—2016；参见：http：//www. carlisle. gov. uk/carlislecc/local-plan/helpfr. html）。这尝试厘清舒适考量如何能够影响在那个地区的决策（也可参见：Mynors，2006）。

舒适是一个根深蒂固的观念，它会出现在规划学思想中，即使当场设计事务中的政策不够明确。在思量舒适的时候，规划师们在他们做出决策时肯定特别地纳入下述诸因素的影响，风景、采光、噪音和视觉侵扰，以及与已经存在的建成环境有关的新开发的整体设计和影响。无论如何，这可能意味着，保护舒适性在阻止任何变革、也许特别在某些乡村地区或者反开发情绪强烈的地方，能够变成一种工具。这一术语明确地包含在 PPS7 的 2004 年版中作为"乡村地区的可持续发展"的国家规划政策的声明之中，它说，规划师们应该"已经注意到任何附近的居住或者其他乡村事务的舒适，它们可能会被农场上开发的新类型不利影响"（ODPM，2004e：31 节）。还有，这样的舒适的测量标准或者构造要素留给了规划主管部门去自行做出决定。下边所述的舒适是如何被表达出来的几个例子，表明了在规划与政策中是如何尝试定义和描述舒适的。

风景特色评估：舒适的简明表述？

在英国，试图分析和解释舒适的构成成分的一个范例，在环境规划语境和风景特色评估（LCA）流程中可以找到，它由"乡村服务机构和苏格兰自然遗产"所开发。LCA 是为阐明地方的"根本风格"而设计的，并且是为打算帮助规划师们和土地管理方面的其他相关人员，有关他们的实践、基金分配、其他监管流程（例如规划筹备）和在谈判和决定规划实践方面达成决议而设计的。七项评价标准或要素被确认和被看做理想，包括和反映在这些风景特色评估之中。它们是：地势、土壤和地质、土地覆盖物和动植物的生活环境、文化风光和考古学、建成环境、遗迹以及静谧。包含在风景特色评估的绘制流程，在英格兰已经引起 159 处"特色地区"和一幅"共同特色区"地图的创制。风景特色评估不包括社会维度，不过，主要打算也是为乡村环境而设计的，如这一名称所提及的风景为焦点那样。针对风景特色评估做出的主要批判性指控是，它们鼓励地方的理想化、反映专家的见识，而不是融合更广的理解或者价值。

舒适与保护区

1967 年的《公民生活福利设施法案》促使保护区的创设，就一种特殊的历史和建筑遗迹来说，它设计出来为了保护当地的舒适。在那些地区的建筑装饰细部和土地利用改变方面，保护区也对限制类型和可能变化的程度发挥作用。关于设计一章（第八章），也谈到保护区，作为规划持续关切的公民舒适和对地方的关切的主要的可触知的反映，这些地方具有被相信是很重要的特殊的建筑风格和传统。例如，一种拥有许多乔治王朝时期的城镇住宅并大半没有改变且保留着历史价值的街区网络，鉴于它们据相信在代表一种特殊风格和时代文化上一定很重要，可能会作为一块保护区而吸引设计。规划师们使用保护区而可获得的权力，包括能够限制其他形式获得允许的开发，支持使用特殊原料和装修，避免无法确认与保护区设计目的相一致的改动。在英格兰，每个当地主管部门维护以地方为基础的保护区，并且都青睐有关变化的特别政策标准和条文。每个规划主管部门都应该提供获得有关保护区信息和适用于该区域的居民与财产业主的特殊条件的途径。

乡村设计报告

乡村设计报告是社区-导向规划学某种形式的一个产物，伴随着把一项最重要的强调放在思考当地舒适和小居民点或者邻近街区的布局方面。某种意义上，这些是非正式的设计引导（参见延缓十三章结尾提供的 RUDI 连接）。至关重要的是，它们被当地社区与其他人（包括当地规划师）合作汇集起来，它们常常是非法定文件（尽管在过去某些曾经作为辅助性的规划指南被合并进来，参见 Owen，1998，2002；Tiesdell and Adams，2011）。它们打算告知开发商关于可接受的处理办法，针对新建筑和现存建筑的再装修或改善，又基于在附近地方所发现的现存风格和其他设计特色。因此在某种意义上，它们是类似于文物保护区的目的，但不是法定的或必须关注一种特殊风格、历史个性或者时期。就社会、环境和经济方面和这里曾经讨论过的舒适的更广的概念构想来说，把诸如教区或者社区-导向的规划活动（参见：Parker，2008；Parker and Murray，2012）与它们更总体的考察和回应社区需要与热望的方法联系起来，就把焦点引向了对当地需要的强调。它应该被强调，舒适只能在视觉特征和当地建成环境的范围被利用，包括例如处理细枝末节诸如树木和它们在地方舒适中的作用，一旦这一问题开始妨碍其他正在发生的必需的变革或者挤占了专业规划师们宝贵的和稀少的时间，它可能实际上变成社会的倒退——维护地方的排外。

结论

作为一个称谓，舒适已被规划师们用了一个多世纪，作为指导和塑造开发的一个正当理由。舒适是一个相当模糊的观念，尽管拥有已经包括进来或者遗漏的多种构成成分，并且反映出多种观念和价值的一个缩影。因此，提供一个悉数包罗的定义是困难的，并且要支撑这一观念也是成问题的，部分因为它是对地方的客观的、主观的、经验的和可筹划的特征和感受的一个混合体。其中许多与个人或社区置于他们所生活环境的区域或者特征之上的价值观联系在一起。

这一术语曾经常常被挪用，被狭隘地用于规划中有关地方的物质外貌，尽管在规划决策中被引用的时候一系列考量会被间接涉及。虽然其他同义词或者竞争性称谓（诸如"宜居"和"地方感"）的蚕食，这一术语在实践中依然流行。对舒适的更广的历史基础与早前规划师们的目标的反思，表明舒适这一概念反映了对值得获得的、适于居住的和可持续地方的整体关切的一部分。这一称谓描述了一片街区、集镇或者城市（并且它应该似乎特别在郊外或者乡村）的整体质量。一旦置于这样的语境，舒适就被卷入作为可持续发展规划的一个可持续目标，而不是简单的一个观念，被用作追逐一个狭隘的环保主义者的目标或者一处须要防御的"不变状态"。

第十九章 发展

相关术语：角色；利益群体；土地；用途改变；房地产；复兴；经济发展；社区发展；可持续发展；网络，外部性；影响

引言

发展这一概念，在它的最宽泛意义上，是一个范围广大的专业术语，并且存在许多渠道，凭此规划学得以与发展相联系。对牵涉规划的不同角色来说，发展这一术语带有不同的涵义。对规划学来说，发展可能既是一种结果和机制又是一个过程，并且这一术语会被对准物质的、社区的、经济的和环境的过程与结果。因此，与这里所包括的一些其他核心概念，存在必须被强调的相当重要的连接，而其他核心概念对此处这些概念所涵盖的提供了相关洞察。

在一个具体的意义上，发展这一概念是所有人乐意采纳的，恰如在第二章曾经讨论过的规划学这一概念一样，并且也是由于相似的理由，假如规划涉及对变化的处理，它的大部分涉及土地和房地产开发。在规划实践中，发展这一概念能够被揭示成意味着不同的事情，并且

不仅引起物质变化的观念，而且还有经济活动的管理和包括社区互动和支持的更广过程。对规划师们和其他人，这三种形式中的每一个，都强调了称谓的重要性，还有解析和阐释的必要性。此外，发展这一术语的这些强调或隐含意义之产的彼此重叠或充实，甚至使得对有关不同解释的讨论更为必要。

发展的定义

一些相关领域和活动已经采用了"发展"这一专业术语，在那里，它们的行为和关切包含或影响当地社区的生活质量，相关介入被设计出来，旨在"改善"由那些社区所经历的社会的、经济的和环境的状况。这些用途都暗含着，发展涉及变革并且同时应该促进一些种类的积极变化。

规划学对土地利用事务的首要关注，在精心安排更广的社会-经济开发方面，往往限制了正式规划制定的机会和力所能及之处，尽管实践中规划系统的运转，在所有方面有着更为广泛的反响，并且会用作影响更广的变革。在英国，致力于扩展与更新把规划学规定与其他关切和活动会合一处，已经把"空间规划学"与它的面向应对社会-经济变革的一个更加整体方式的期望连在一起（参见：第二、三章和Nadin，2007）。不过，它是制定决策，有关实体开发或房地产开发和土地利用规定，这是国际上更多规划活动的主要角色和结果。然而，由空间规划学所提出的更加整体的方式，强调了由于它的目的在于实现可持续发展（第三章），房地产开发如何是更广复兴和一个更加综合规划的一个组成部分。这里的其他相关元素包括社区开发和文化生活的保护或强化，包含关心更少能感知的特征或利益。

这里用威尔金森（Wilkinson）和里德（Reed）的话开头，聚焦于物质变化或房地产开发的发展定义，是一个有利的起点：

在它的最简明意义上，房地产开发能够被类比于任何其他的工业生产流程，它包括各种各样投入的组合，目的在于实现一种产出或产品。在房地产开发的事务中，产品是土地利用和/或新的或改变过的建设在一个流程中的一种变化，这一流程把土地、劳力、原材料和资金组合为一。（2008：2）

这一定义捕捉到了经济的和特别是地产-导向或物质的观察方式，它常常流行于规划学和不动产文献中（Adams，2001；Guy and Henneberry，2000；Wilkinson and Reed），2008）。这一概念构想反映出对土地利用变化的一个支配性关切，但是没有捕捉到其他重要的维度，而后者与建成环境的生产与消费有牵连。在这一方面，一个更宽泛看法在有关开发与复兴的更广文献中得到反映，例如伴有对塑造社会的经济的、社会的和环境的状态的关注。因此，对不同类型的或在不同地方的规划师们来说，与"发展"这一术语紧密联系在一起的观念可能是全部的最重要的关切。

更广的观察方法，在它的核心，指明了把实体开发的定向作为达到目的一个手段，而不是目的本身。因此，一些角色、规划和战略把重点放在这一术语的一种更具整体性的理解，或肯定选择更少强调"发展"的可触知的形式作为存在的凌驾于一切之上的目标，而它是需要被追求的。这样的战略或活动有时按"可持续发展"的意义简述或表达了发展，或会援引术语诸如"社区发展"来反映一种综合的方法或寻求发展社会资本（参见第十五章），或用其他方式"改善"人们正经历的物质环境。这些反映出城市规划的早期推动力，是在寻找创造一个更好的生活环境。

可持续发展这一称谓目的在于加强一个更具整体性发展的概念构想。使用环境的和社会的维度和它带有一定限度内为需要做准备的这对孪生观念，存在对经济思维方法的综合性的强调。这就推论出社会必须设法同时处理这些问题。鉴于这样的原则所传递的范围和复杂性，以及由他们所掌控的有限权力和资源，这一目标随后显露出了对规划师们的一场挑战，相当有趣的是，这一新的整体论，得自实践的世界，能够与源自学术界的类似的思维方式结合起来。学术界的后现代或更为流动的观点，已经寻求解决（房地产）开发过程中经济的、文化的、环境的维度和实体开发的需要与影响之间的概念上的紧张状态。因此，盖伊和亨尼伯里提出需要：

> 加深对房地产开发流程的一种理解，这一流程把对开发战略的经济的和社会的构架感受，与地产角色当地的依社会反应而定的一种"细致纹理"处理办法结合起来……文化与资本的这种交互关系，对理解城市开发流程提供了一把钥匙。 （Guy and Henneberry，2000：2399）

对规划师们及与土地和地产开发有关的其他人，以上表明了发展的重叠观念的潜在复杂性。它同时强调了对影响一种更广空间规划学的角色，如何会存在许多不同的作用和优先权。基于他们的利益和目标，角色很可能必须战略性地采纳关于发展的一种更狭窄或更宽泛的主张。因此，实际上，关于发展的一系列相当狭窄和重叠的概念构想，得到实践团体或"知识界"的运作或维护（参见：Amin and Roberts，2008）。考虑到这样的情形，发展的称谓既是一个灵活的又是一个流行的专业术语。

也存在资源限制、知识要求和政治因素，它们既形成发展的结果，也是规划师们和其他角色惯例上要面对的。这些束缚又增强了规划学和发展的特殊形式与结果。在英国规划中所使用的发展的法律定义，集中在物质变化的和环境中新形式建构的或土地利用的实践上变化的一种墨守法规的概念。发展的法律定义也曾经据说应该是"系统的台柱子"（DUxbury，2009：131）。例如，英国（和更特别的英语）规划法，用那些更狭窄的墨守法规的专业术语，清楚地界定了什么建构

"发展"：

> 在土地中、土地上、土地上空或地下，建设、机械、开矿和其他操作的执行，或在任何建筑和土地的使用中一种原材料改变的生产。（HMSO，1990，第55节）

如果我们关注于提供有关发展的多方面概念的一种理解，这一定义不能真的把所有恰如我们所希望包括的层面涵括在我们的理解中。不过，这激起了对更多限制框架的认识，在其中，（传统的土地利用）规划学曾经寻求规范土地利用中物质的开发和改变。这曾经取决于规划许可的特许（或其他地方的开发地带的批准），并且这一过程因此把规划学活动引导到了一系列相关的限制关系和法律"检查"、或某些情况下市场活力的考量。

朝向"空间规划学"的规划规模的拓展，在法律范围（关注于直接开发）与规划之间，已经引起一系列紧张局面，规划是一种寻求精心安排更广系列的角色、资源、条件和彼此关联的政策连结活动（例如气候变化、健康和犯罪与安全），并且也许可以将发展解读为"改善"（Haughton et al.，2009）。那么，本质上，发展的一种广义的概念构想，与实际上构建的规划学自身最重要的和早先的关切（如第二章所讨论过的）内容，相当大程度存在重叠。

关于发展的一个更宽泛观点的理解与理论化，曾经重新浮现出来，部分由于作为规划学的首要目标的可持续发展的确立，还有在2004和2010年之间，在英格兰得以改进的空间规划学方法强调了不同行为、地方和传统政策"筒仓"之间彼此的连结和彼此关系。秉着这样的精神，我们现在开始考察发展更广概念的各种思维方式和要素、以及它们对规划学实践的潜在意义。

发展与可持续的地方

鉴于在规划中开发流程的物质维度的考量最为重要，我们开始我们对发展概念的解构，从解构的思维方式出发，然后详细阐明我们的分析。房地产开发流程有一些重要成分，它们随着自己的时代而得到探究。存在（物质的）开发的五种成分或要素，需要检查：开发的"流程"、"规模"、"角色/关系"、"力量"和"形式"。这样的分解透露出开发流程和结果的复杂性与社区和经济发展实践的连结。

作为一个流程的开发

这里，强调"流程"是为了传达动态本质，在其中物质的、环境的和经济开发发生了。对于随时间流逝建成的和自然的环境的生产和消费来说，这是最重要的。用简单的话说，流程能够被表述为房地产开发得以进行的一个系列步骤。这与最先投资做出决策一同开始（例如财产和其他"资产种类"之间的分配），通过位置选择、财务评估、规划和建设，直到建设使用和再使用。这一流程是内在地与社会和经济优先权的变化连接在一起，并且试图构建城市和乡村环境。这些据说反映了社会和利益群体的优先权和热望，后者通过各种监管政策和政策工具而得以精心安排。

讨论房地产开发的大半文献，假定一种线性过程和角色与条件相对稳定。多种多样的模式和类型的概念构想曾经被创造出来，强调角色、结构、事件和它们的结果。不过，它是一个被争论的和往往引起不同结果的欠规范过程。例如，拉特克里夫（Ratcliffe）模式（图19.1），并不说明其他关系和变量。当这刻画出典型角色的一个合理的精致形象并且强调一个简单的线性过程时，它是一个相当封闭的模式。存在某些其他的因素和影响，它塑造相关行为和反应，也影响了开发

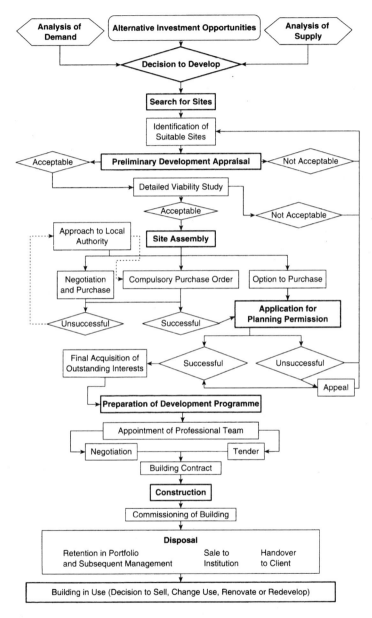

Analysis of Demand — Alternative Investment Opportunities — Analysis of Supply

Decision to Develop

Search for Sites

Identification of Suitable Sites

Acceptable — Preliminary Development Appraisal — Not Acceptable

Detailed Viability Study

Acceptable — Not Acceptable

Approach to Local Authority — Site Assembly

Negotiation and Purchase — Compulsory Purchase Order — Option to Purchase

Unsuccessful — Successful — Application for Planning Permission

Final Acquisition of Outstanding Interests — Successful — Unsuccessful

Appeal

Preparation of Development Programme

Appointment of Professional Team

Negotiation — Tender

Building Contract

Construction

Commissioning of Building

Disposal
Retention in Portfolio and Subsequent Management — Sale to Institution — Handover to Client

Building in Use (Decision to Sell, Change Use, Renovate or Redevelop)

图 19. 1

235

活力或有关联的不同开发"形式"。

与规划相关的开发的其他概念构想，强调了这一过程的元素，如与社区开发相关，所用的方式和社区开发的迭代本质，要求开发努力是持续的，并且有必要得到维护去支持、影响和"发展"社区。这存在往往是通过鼓励自主和更广的准公共财产的维护，诸如尊重财产、相互支持、信任与重视的关系。在英国，诸如社区发展信托（CDTs）的组织已经被纳入工作职责中，它支持社区一起经营："所有社区变成这样的地方，人们有一种共通的主人感和自豪感，每个人得到承诺实现他们的潜能，而地方在社会、经济和环境上是繁荣昌盛的（DTA，2009：未标明出版页码）。这样的组织对当地人们携手改善他们的生活质量发挥作用。其中包括建立当地机构和组织，通过精心安排互动的事务和机会。一个有趣的组织格兰特沃克（Groundwork），曾经变成一种国际的运作，并且安于各部分之间在社区和物质再生产之中发挥作用。"这一组织曾经采用一种逐项计划处理方法，它代表了"社区开发"与实体开发形式的一种混合（Parker and Murayama，2005），并且强调了社区群体如何是实体开发的参与者、信息来源和消费者。

开发中的关系与参与者

众所周知，各种参与者涉及并影响开发。一些是易于辨认的，并且它们的地位或影响存在十分明显的痕迹：例如土地所有者、规划主管部门、开发商和投资基金会及社区团体。往往存在其他的参与者和关系群，它们是更少显而易见的，或它们的地位更不易刻画或概括。一些研究者曾经把开发商看做开发的"编配者"，或曾经作为最重要的而优先于当地政府，但这并不真的囊括了参与者-关系的丰富图案。当然存在着罗列或命名包含着开发中的关键参与者的可能性，不过，这一方法只能带我们到此为止。这里有两个要点需要强调：第一，名单不可能穷尽或悉数包罗，第二，因为随时随地的一系列广泛的原因，关键参与者的行为和个性很可能变化。这一批评强调，不同参与者的地位和代理人从开发到开发会存在差别。费舍尔和柯林斯（Fisher and Collins，1999）设想了一个参与者-事件顺序模型（图 19.2），它强调结构要素、开发流程的角色、地方和事件或步骤。一定程度上，这承认了结构的力量，它往往能够塑造开发。

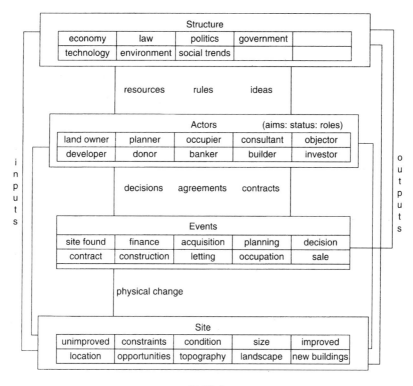

图 19.2

这里得到扩展的第二个构成成分，是开发流程的关系维度。相当大的注意力曾经被赋予推进开发的不同参与者和合作者的不同作用，但是较少注意参与者之间的关系。开发被看做由不同的资源和其他权利规模的利用机会所渗透和建构。这是开发话语、方案和结果的社会建构的不可回避的部分。因此，在决定这样的方法上，参与者的行为和他们的关系得以形成，并且对批判性地形成开发结果发挥作用，信息、见识和权力是最重要的因素。一旦启动实体的或其他致力于开发建成环境或自然环境，这样的资源和互动的认识就变得非常重要。

开发的力量

有正当理由讨论的第三个成分，是开发流程的多维度（即，经济的、社会的、技术的、法律的、环境的和文化的维度）。操作上讲，这就是那些形成了开发并且彼此互相影响和塑造的诸因素。有关的不同利益群体可能表达或坚持相互冲突的一组观点和优先权。他们有关影响或有关活力的判断可能不同。这所意味的内容是每一次开发很可能必然被不一样地铸造，依靠相牵连的或正处于"循环之中"的资源和见识。结果（即"开发结果"）代表了一种聚积，或一个竞争性流程的结果，以此各种力量已经塑造了活动。

用这样观点来看，开发结果代表一个被筛选的和社会建构的过程。对关键参与者诸如开发商或规划主管部门来说，如果一定的条件或力量不是容易发生的，开发也将可能不发生，或开发结果将满足另一利益群体，并且也许不提供实体开发或开发的特殊显现。这样的结果是参与者利益群体和行为的一个产物，他们被循环地连接到他们就是其中一部分的更广的力量群。在实践中，显现在图表 19.3 的不同力量相互重叠和互相作用（如"循环互联"之箭所显示的）。

它们对强化、竞争和重构其他力量的责任的获得和间接影响发挥作用。这包括了开发条件的一系列不断的互相影响的条件，它们被影响，就开发规章制度的各色种类、特殊的建设形式或也许还有土地使用的指定方面来说，它们对形成开发流程和结果发挥作用。这方面的一个范例是，对照建成的形式与所产生的开发结果，后者是合作机构的和"独立"资本主义者投资参与人网络和他们的相关情形的一个结果（参见：Doak and Karadimitriou，2007；Guy et al.，2002）。

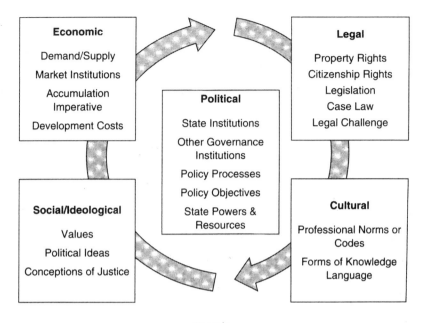

图 19. 3

同样地，如果根据这种观点思考"可持续发展"，我们可能会辩论说，这些力量的特别结盟已经把有关特别角色问题提上议事日程。这已经导致由于诸角色和资源一种复杂的积聚和一系列可能"被迫的"妥协。以这样的方式，任何开发的结果都会被视为一种独一无二的大事，或者那些关系的独一无二的表现方式。

规划学的角色据说已经提供了要件，借此，参与者范围，关于彼此的偏好和优先权能够拥有某些确定的基础。经由空间方面的规划和政策，它们应该得到体现，并且规划学应用的决断，对于一定程度上整合各种力量提供了一个协商的空间。

开发的规模

第四个方面是各种各样的规模和层次，通过它开发得以精心安排和实施。与已经讨论过的其他要素相比，这一素还算简单易懂。一旦土地或建筑得以建立或改变，范围从单个地点到国家规模（也可能超过），开发不同"层次"的存在就随之发生。这是或就开发的实际大小或影响范围而言，或就开发将提供利益的规模而言。因此，一处单个地点或建筑的开发，对周围地区、那些安处其中的居民点，并且通过更广的网络关系，可能对全球的其他地方造成影响和间接后果。

用这样的方法，能够看到一种"俄罗斯套娃"式的类型画面，其中开发运营和作用，以一个层次循环地连结到下一个层次的方式，对不同的空间层次产生影响。因此来自一系列地方的资源与原料得以分配和精心安排，为了增建一个特殊的开发项目，但是，然后这座建筑和其中的使用/使用者造成环境的、经济的和社会的冲击或外部性影响，它波及周围的时空之外。这是复杂考量之一，规划师们被赋予职责，它把规划师们与开发商或其他的牵涉到开发的独立的利益群体的参与者分开。规划师们正在尝试参与这样的结果，理解什么是恰如其分的，在什么地方它得到最好的安置，或哪里负面的外部性（第十六章）可能是有害最少的。由于开发的相对影响或重要性，这也是政策层级制和决策影响不同的开发类型和强度的地方。

开发的形式

我们这里讨论的第五个和最后一个方面或要素，是开发的多元形式。这些为不同的需要和优先处理权所推动，而后者是由相牵涉的参与者和经由上面所提到的其他要素的结合所形成的。诸形式是上述诸要素的根本产物，并且反映了这些曾经携手去如何造就一个特殊的成果。一种开发形式的观念，是开发选中的特殊呈现，它可能是一片大的办公街区、一座小的住宅庄园、一片新的厂区或场所上多种用途的一个混合区，这些被相信一定程度上是称心如意的。结果并不必然是一种实体的建成的形式，不过，比如，它必须能够维护或创建一片空地。所以，在某种条件下，实体开发可能不会发生。同样地，社区更少的有形开发可能已经产生某种影响，可是没有一个能够容易看得出来或检测出来——"开发"可能因此在方法上采取一个变化的形式或得以协商的新的一组关系。就经济开发来说，作为一个目的而不是一种结果，这是最好的表达。当地经济开发是活动的一种形式，这种活动把重点放在发展就业和经济活动，并且会既包含社区开发也包含实体开发。这能够包括新的建成的开发或其他实体开发，也能够包括其他的措施，诸如地方行销或财政刺激的运用去加速一个地区的"经济开发"。

在它的最宽泛意义上，开发形式反映了一个词汇争议的过程的那个结果，藉此有关土地利用和当地环境的决策得以做出。在我们的分析中的这一要素，当大部分集中在实体开发的时候，指涉不同的土地利用和房地产类型，以及开发的实用。开发的不同形式或类型，在不同的地方不同的时间多多少少被相信是合适的。这会被归因于相牵涉地方的某些内在品质，或因为与以上所概括的开发规模有关；它可能会与特殊的或很可能的外部性有联系（即，一座产业园产生的油烟，或一幢大型写字楼开发产生的每天数千辆汽车出没），或与流行的和构建开发的可选择方法这一过程中的特殊呼声或经济条件的出现有联系。

如果土地利用的变化，它是规划学系统尝试控制或管理，这些利用的分类能够成为重要的因素，影响到产生开发的地方和形式。在英国这样的环境下，支持这一点的重要工具是《使用分类条例》（HMSO，2010），它定义了一套土地利用，并且建立了要改变用途须获得批准的一种必要，或指明了土地利用的一种改变能够不用批准的地方。这一方法利用了一套明确界定的土地利用分类法，后者用作界定和区分不同的用途，它被认为存在有差异的间接作用和影响，一旦与其他用途和使用者被并置一起的时候。在许多其他国家，通过划出特殊区域的法令，土地使用的规章制度得以实现，在那里，使用和其他开发特征的混合被特殊处理，通过一些种类中的一个详细的土地利用划作特殊区域的规划。

就实体开发的量和地方来说的某些变化，同样地可能会与一种觉察到的需要有联系，这种需要已经变得迫在眉睫。在这样的情况下，市场对指导需要所发挥作用与政府认识到或认可这些要求（或需要）之间的连接点，能够调准一致并且对某些地方引起大的推动，例如棕色地带开发得以优先处理，城市区域的住宅受到规划政策信号以及其他的提供的刺激政策所鼓励。在这样的环境下，可持续发展的目的往往被看做这样的地方，新的实体开发是与公共商讨和社区设施的提供（和得到商量的更加绿色的开发）相伴随的。这种开发的市场方面的活力，针对像曾经经历的2008年英国和全球其他地方的经济繁荣与萧条的交替循环来说，是可持续的。这再一次具体演证了这一事实，开发包含参与者（与其他参与者的关系）与更加广泛的语境力量的互动，这些力量既束缚了也影响了它们的目标。

结论

这一章已经讨论了关于发展概念的一个宽泛的观点，它包括房地产开发、经济开发和社区开发，当把这连结到最重要目标诸如可持续发展时，如在第三章所考察过的，我们能够看出开发如何影响生活质量，是如何得到一些因素或要素的精心安排和受到影响的。规划学政策和实践者们会寻求扮演一个合作的角色，但是在塑造或管理城市变化中，正规的规划只是一个要素。我们把开发解释为一个流程，指明了结果如何是复杂的和依一系列条件和关系而定的，不论我们是否正在纯粹关注"房地产开发"或关注于更宽泛的概念构造。

这种对规划的艰难尝试也反映了妥协，在妥协中，充满争斗的势力和权力携起手来。鉴于已经得到解释的有关开发的更加宽泛的观点，我们能够觉察到，不仅开发"如何和为什么"发生的问题是重要的，而且其"何时、什么和何地"发生的问题也是重要的。我们可以得出结论，开发是多方位的，就参与者、关系、力量、规模和形式方面来说都是如此；并且这意味着规划学和规划师们在惨淡经营的开发事业中所扮演的角色，恰恰有如一个参与者，寻求把其他参与者和力量编入或织进一处，目的在于提供可接受的——充满希望地可持续的——实体开发和其他开发的结果。作为斡旋者的这一角色是一个重要的角色，也往往是难以理解的一个角色。

参考书目

●

ACRE (2007) *Community and Neighbourhood Planning Toolkit*. Cirencester: Action with Communities in Rural England.

Adams, D. (1994) *Urban Planning and the Development Process*. London: UCL Press.

Adams, D. (1995) *The HitchHiker's Guide to the Galaxy: A Trilogy in Five Parts*. London: Heinemann.

Adams, D. and Watkins, C. (2002) *Greenfields, Brownfields and Housing Development*. London: John Wiley & Sons/Blackwell.

Adams, D., Watkins, C. and White, M. (eds) (2005) *Planning, Public Policy and Property Markets*. Oxford: Blackwell.

Agnew, J. (1987) *Place and Politics: The Geographical Mediation of State and Society*. London: Allen and Unwin.

Alasuutari, P. (1995) *Researching Culture: Qualitative Method and Cultural Studies*. London: Sage

Alexander, E.R. (2001) A transaction-cost theory of land use planning and development control: toward the institutional analysis of public planning, *Town Planning Review*, 72(1): 45–75.

Alexander, E.R. (2002a) The public interest in planning: from legitimation to substantive plan evaluation, *Planning Theory*, 1(3): 226–49.

Alexander, E.R. (2002b) Planning rights: towards normative criteria for evaluating plans, *International Planning Studies*, 7(3): 191–212.

Allen, T. (2005) *Property and the Human Rights Act 1998*. Oxford: Hart.

Allison, L. (1975) *Environmental Planning: A Political and Philosophical Analysis*. London: Allen and Unwin.

Allmendinger, P. (1997) *Thatcherism and Planning: The Case of Simplified Planning Zones*. Aldershot: Ashgate.

Allmendinger, P. (2001) *Planning in Postmodern Times*. London: Routledge.

Allmendinger, P. (2002) *Planning Theory*. Basingstoke: Palgrave Macmillan.

Allmendinger, P. (2007) Mobile phone mast development and the rise of third party governance in planning, *Planning Practice and Research*, 22(2): 177–96.

Allmendinger, P. (2009) *Planning Theory*, 2nd edn. Basingstoke: Palgrave Macmillan.

Alterman, R. (2001) *National Level Planning in Democratic Countries*. Liverpool: Liverpool University Press.

Amati, M. (ed.) (2008) *Urban Green Belts in the 21st Century*. London: Ashgate.

Amati, M. and Parker, G. (2007) Containing Tokyo's growth: the effect of land reform on the Green Belt in Japan, 1943–1970, in Miller C. and Roche, M. (eds), *Past*

Matters: Planning History and Heritage in the Pacific Rim. London: Cambridge Scholars Press.

Ambrose, P. (1986) *Whatever Happened to Planning?* London: Methuen.

Amin, A. and Roberts, J. (2008) Knowing in action: beyond communities of practice, *Research Policy*, 37(2): 353–69.

Amin, A. and Thrift, N. (1995) Globalisation, institutional 'thickness and the local economy', in Healey, P., Cameron, S., Davoudi, S., Graham, S. and Madani-Pour, A. (eds), *Managing Cities: The New Urban Context.* Chichester: John Wiley & Sons, pp. 91–108.

Anderson, B. (1991) *Imagined Communities: Reflections on the Origin and Spread of Nationalism*, 2nd edn. London: Verso.

Andrews, C. (2001) Analyzing quality-of-place, *Environment and Planning B: Planning and Design*, 28(2): 201–17.

Anheier, H., Gerhards, J. and Romo, F. (1995) Forms of capital and social structure in cultural fields: examining Bourdieu's social topography, *American Journal of Sociology*, 100(4): 859–903.

Appadurai, A. (1990) Disjuncture and difference in the global cultural economy, in Featherstone, M. (ed.), *Global Culture.* London: Sage.

Appadurai, A. (1996) *Modernity at Large: The Cultural Dimensions of Globalization.* Minneapolis: University of Minnesota Press.

Arefi, M. (1999) Non-place and placelessness as narratives of loss: rethinking the notion of place, *Journal of Urban Design*, 4(2): 179–93.

Armitage, D., Berkes, F. and Doubleday, N. (eds) (2007) *Adaptive Co-management.* Vancouver: University of British Columbia Press.

Arrowsmith, J., Sisson, K. and Marginson, P. (2004) What can benchmarking offer the open method of coordination? *Journal of European Public Policy*, 11: 311–28.

Ashworth, G. (1994) From history to heritage, from heritage to identity, in Ashworth, G. and Larkham, P. (eds), *Building a New Heritage. Tourism Culture and Identity in the New Europe.* London: Routledge, pp. 13–26.

Ashworth, G. (1998) Heritage, identity and interpreting a European sense of place, in Uzzell, D. and Ballantyne, R. (eds), *Contemporary Issues in Heritage and Environmental Interpretation: Problems and Prospects.* London: The Stationery Office, pp. 112–32.

Auge, M. (1995) *Non-Places: Introduction to an Anthropology of Supermodernity.* London: Verso.

Azuela, A. and Herrera, C. (2007) Taking land around the world: international trends in expropriation for urban and infrastructure projects, in Lall, S.V., Freire, M., Yuen, B., Rajack, R. and Helluin, J. (eds.) *Urban Land Markets: Improving Land Management for Successful Urbanization.* Dordrecht: Springer.

BAA (2008) *BAA Supports Third Runway for Heathrow.* Press release. London: British Airports Authority. Online: http://www.heathrowairport.com/about-us/media-centre/press-releases (accessed 5 May 2010).

Bachtler, J. and Turok, I. (eds) (1997) *The Coherence of EU Regional Policy: Contrasting Perspectives on the Structural Funds.* London: Jessica Kingsley.

Bailey, J. (1975) *Social Theory for Planning.* London: Routledge and Kegan Paul.

Ball, M. (1998) Institutions in British property research: a review, *Urban Studies*, 35(9): 1501–1517.

Ball, M. (2002) Cultural explanations of regional property markets: a critique, *Urban Studies*, 39(8): 1453–1469.

Banister, D. (2002) *Transport Planning*, 2nd edn. London: Routledge/Taylor and Francis.

Banister, D., Stead, D., Steen, P., Akerman, J., Dreborg, K., Nijkamp, P. and Schleicher-Tappeser, R. (2000) *European Transport Policy and Sustainable Mobility*. London: Spon.

Barclay, C. (2010) *Financing Infrastructure: The Community Infrastructure Levy*. House of Commons Library Paper, 10 May 2010. Online: http://www.parliament. uk/briefingpapers/commons/lib/research/briefings/snsc-03890.pdf (accessed 25 February 2011).

Barratt, S. and Fudge, C. (eds) (1981) *Policy and Action*. London: Methuen.

Barrow, C. (1997) *Environmental and Social Impact Assessment: An Introduction*. London: Arnold.

Bartik, T. and Smith, V. (1987) Urban amenities and public policy, in Mills, E.S. (ed.) *The Handbook of Regional and Urban Economics*, vol. 2. London: Elsevier.

Battram, A. (1998) *Navigating Complexity*. London: The Industrial Society.

Bauman, Z. (1998a) *Globalization: The Human Consequences*. Oxford: Polity Press.

Bauman, Z. (1998b) *Postmodernity*. Cambridge: Polity Press.

Bauman, Z. (2001) *Community*. Cambridge: Polity Press.

Beck, F.D. (2001) Do state-designated enterprise zones promote economic growth? *Sociological Inquiry*, 71: 508–32.

Becker, G.S. (1962) Investment in human capital: a theoretical analysis, *The Journal of Political Economy*, 70: 9–49.

Becker, L. C. (1977) *Property Rights: Philosophic Foundations*. London: Routledge and Kegan Paul.

Beddoe, M. and Chamberlin, A. (2003) Avoiding confrontation: securing planning permission for on-shore wind farm development in England, *Planning Practice and Research*, 18(1): 3–17.

Begg, I. (1999) Cities and competitiveness, *Urban Studies*, 36(5–6): 795–809.

Begg, I. (ed.) (2002) *Urban Competitiveness: Policies for Dynamic Cities*. Bristol: Policy Press.

Benditt, T. (1973) The public interest, *Philosophy and Public Affairs*, 2(3): 291–311.

Bentley, I., McGlynn, S. and Smith, G. (1985) *Responsive Environments: A Manual for Designers*. Oxford: Elsevier.

Berger, J. and Luckmann, M. (1966) *The Social Construction of Reality*. New York, NY: Doubleday.

Bickerstaff, K. and Walker, G. (2005) Shared visions, unholy alliances: power, governance and deliberative processes in local transport planning, *Urban Studies*, 42(12): 2123–44.

Bijker, W. and Law, J. (eds) (1992) *Shaping Technology-Building Society*. Cambridge, MA: MIT Press.

Blakely, E. and Leigh, N. (2010) *Planning Local Economic Development: Theory and Practice*, 4th edn. Washington, DC: Sage.

Blomley, N. (1994) *Law, Space and the Geographies of Power*. New York: Guilford Press.

Blunden, J. and Curry, N. (eds) (1989) *A Future for our Countryside*. Oxford: Basil Blackwell.

Bolan, R. (1983) The structure of ethical choice in planning practice, *Journal of Planning Education and Research*, 3(1): 23–34.

Bond, S. and Fawcett-Thompson, M. (2007) Public participation and new urbanism: a conflicting agenda? *Planning Theory and Practice*, 8(4): 449–72.

Bonnes, M. and Bonaiuto, M. (2002) Environmental psychology: from spatial-physical environment to sustianable development, in Bechtel, R. and Churchman, A. (eds), *Handbook of Environmental Psychology*. London: John Wiley & Sons, pp. 28–54.

Bonnes, M. and Secchiaroli, G. (1995) *Environmental Psychology. A Psycho-Social Introduction*. London: Sage.

Booher, D. and Innes, J. (2002) Network power in collaborative planning, *Journal of Planning Education and Research*, 21(3): 221–36.

Booth, P. (1996) *Controlling Development*. London: UCL Press.

Booth, P. (2002) From property rights to public control: The quest for public interest in the control of urban development, *Town Planning Review*, 73(2): 153–70.

Bourdieu, P. (1984) *Distinction: A Social Critique of the Judgement of Taste*. London: Routledge and Kegal Paul.

Bourdieu, P. (1986) The forms of capital, in Richardson, J.G. (ed.) *Handbook of Theory and Research for the Sociology of Education*. New York: Greenwood Press.

Bourdieu, P. (1989) *Distinction. A Social Critique of the Judgement of Taste*, 2nd edn. London: Routledge.

Bourdieu, P. (1994) Structures, habitus and practices, in Mommsen, W.J. (ed.) *The Polity Reader in Social Theory*. Cambridge: Polity Press, pp. 95–110.

Bourdieu, P. (2002) Habitus, in Hillier, J. and Rooksby, E. (eds), *Habitus: A Sense Of Place*. Aldershot: Ashgate, pp. 27–33.

Bourdieu, P. and Passeron, J.C. (1977) *Reproduction in Education, Society and Culture*. London: Sage.

Bowen, M., Salling, M., Haynes, K. and Cyran, E. (1995) Toward environmental justice: spatial equity in Ohio and Cleveland, *Annals of the Association of American Geographers*, 85(4): 641–63.

Breheny, M. (ed.) (1992) *Sustainable Development and Urban Form*. Oxford: Pion.

Breheny, M. and Hooper, A. (eds) (1985) *Rationality in Planning: Critical Essays on the Role of Rationality in Urban and Regional Planning*. Oxford: Pion.

Brenner, N. (1998) Global cities, glocal states: global city formation and state territorial restructuring in contemporary Europe, *Review of International Political Economy*, 5(1): 1–37.

Brenner, N. (2004) *New State Spaces: Urban Governance and the Rescaling of Statehood*. Oxford: Oxford University Press.

Bridge, G. (1997) Mapping the terrain of time-space compression: power networks in everyday life, *Environment and Planning D: Society and Space*, 15: 611–26.

Brindley, T., Rydin, Y. and Stoker, G. (1989) *Remaking Planning: Politics of Urban Change in the Thatcher Years*. London: Unwin Hyman.

Bromley, D. (1991) *Environment and Economy: Property Rights and Public Policy*. Oxford: Blackwell.

Brownill, S. and Carpenter, J. (2007) Increasing participation in planning: emergent experiences of the reformed planning system in England, *Planning Practice and Research*, 22(4): 619–34.

Brownill, S. and Parker, G. (2010) Why bother with good works? The relevance of public participation(s) in planning in a post-collaborative era, *Planning Practice and Research*, 25(3): 275–282.

Bruton, M. (ed.) (1984) *The Spirit and Purpose of Planning*. London: Hutchinson.

Bryman, A. (1988) *Quantity and Quality in Social Research*. London: Routledge.

Bulkeley, H. (2005) Reconfiguring environmental governance: towards a politics of scales and networks. *Political Geography*, 24(8): 875–902.

Budd, L. and Hirmis, A. (2004) Conceptual framework for regional competitiveness, *Regional Studies*, 38(9): 1015–28.

Bunce, M. (1994) *The Countryside Ideal*. London: Routledge.

Burt, R. (1992) *Structural Holes*. Cambridge, MA: Harvard University Press.

Burt, R. (2004) Structural holes and good ideas, *American Journal of Sociology*, 110(2): 349–99.

Byrne, D. (1998) *Complexity Theory and the Social Sciences*. London: Routledge.

Byrne, D. (2003) Complexity theory and planning theory: a necessary encounter, *Planning Theory* 2(3): 171–8.

CABE (2000) *By Design – Better Places to Live: A Companion Guide to PPG3*. London: Department of Transport, Local Government and the Regions.

Callon, M. (1991) Techno-economic networks and irreversibility, in Law, J. (ed.), *A Sociology of Monsters*. London: Routledge.

Callon, M. (1998) An essay on framing and overflowing: economic externalities revisited by sociology, in Callon, M. (ed.), *The Laws of the Markets*. Oxford: Blackwell, pp. 244–69.

Cameron, D. (2010) *Big Society Speech*, Liverpool, 19 July 2010. Online: http://www.number10.gov.uk/news/speeches-and-transcripts/2010/07/big-society-speech-53572 (accessed 15 December 2011).

Campaign to Protect Rural England (2011) Glossary of terms used on this site. Online: http://www.planninghelp.org.uk/resources/glossary (accessed 15 December 2011).

Campbell, H. (2006) Is the issue of climate change too big for spatial planning? *Planning Theory and Practice*, 7(2): 201–230.

Campbell, H. and Marshall, R. (2000) Moral obligations, planning, and the public interest; a commentary on current British practice, *Environment and Planning B: Planning and Design*, 27(2): 297–312.

Campbell, H. and Marshall, R. (2002) Utilitarianism's bad breath? A re-evaluation of the public interest justification in planning, *Planning Theory*, 1(2): 163–87.

Campbell, M. and Floyd, D. (1996) Thinking critically about environmental mediation, *Journal of Planning Literature*, 10(3): 235–47.

Campbell, S. and Fainstein, S. (eds) (2003) *Readings in Planning Theory*, 2nd edn. Malden, MA: Blackwell.

Cannon, J.Z. (2005) Adaptive management in superfund: learning to think like a contaminated site, *New York University Environmental Law Journal*, 13(3): 561–612.

Carmona, M. (2009) Sustainable urban design: principles to practice, *International Journal of Sustainable Development*, 12(1): 48–77.

Carmona, M. and Sieh, L. (2004) *Measuring Quality in Planning*. London: Taylor and Francis.

Carmona, M. and Sieh, L. (2005) Performance measurement innovation in English planning authorities, *Planning Theory and Practice*, 6(3): 303–33.

Carmona, M., Heath, T., Oc, T. and Tiesdall, S. (2003) *Public Places, Urban Spaces: The Dimensions of Urban Design*. London: Architectural Press.

Capra, F. (1982) *The Turning Point: Science, Society and the Rising Culture*. New York: Bantam.

Capra, F. (2002) *The Hidden Connections: A Science for Sustainable Living*. London: HarperCollins.

Castells, M. (1996) *The Rise of the Network Society*. Oxford: Blackwell.

Castree, N. (2003) Place: connections and boundaries in an inter-dependent world, in Holloway, S., Rice, S. and Valentine, G. (eds), *Key Concepts in Geography*. London: Sage, pp. 165–86.

Chadwick, G. (1978) *A Systems View of Planning*, 2nd edn. Oxford: Pergamon Press.

Cherry, G. (1974) *The Evolution of British Town Planning*. London: Leonard Hill.

Chettiparamb, A. (2007) Dealing with complexity: an autopoietic view of the People's Planning Campaign, Kerala, *Planning Theory and Practice*, 8(4): 489–508.

Cilliers, P. (1998) *Complexity and Postmodernism: Understanding Complex Systems*, London: Routledge.

Claydon, J. (1996) Negotiations in planning, in Greed, C. (ed.), *Implementing Town Planning*. Harlow: Longman, pp. 110–20.

Cloke, P. (ed.) (1987) *Rural Planning: Policy into Action?* London: Harper and Row.

Cochrane, A. (1986) Community politics and democracy, in Held, D. and Pollitt, C. (eds), *New Forms of Democracy*. London: Sage.

Cochrane, A. (2003) The new urban policy. Towards empowerment or incorporation? in Raco, M. and Imrie, R. (eds), *Urban Renaissance? New Labour Community and Urban Policy*. Bristol: Policy Press, pp. 223–34.

Cochrane, A. (2007) *Understanding Urban Policy: A Critical Approach*. Oxford: Blackwell.

Cockburn, C. (1977) *The Local State: Management of Cities and People*. London: Pluto Press.

Coleman, J. (1988) Social capital in the creation of human capital, *American Journal of Sociology*, 94: 95–120.

Coleman, J. (1990) *Foundations of Social Theory*. Cambridge, MA: Harvard University Press.

Coleman, R. (2002) *Revise PPG15! The Case for Changes to PPG 15*. London: Richard Coleman Consultancy.

Condon, P. (2007) *Design Charrettes for Sustainable Communities*. Washington, DC: Island Press.

Cooper, D. (1998) *Governing Out of Order: Space, Law and the Politics of Belonging*. London: Rivers Oram Press.

Cooper, L. and Sheate, W. (2002) Cumulative effects assessment: a review of UK environmental impact statements, *Environmental Impact Assessment Review*, 22(4): 415–39.

Corry, D. and Stoker, G. (2003) *New Localism Refashioning the Centre-local Relationship*. London: New Local Government Network.

Council of Europe. (2003) *European Conference of Ministers Responsible for Regional/Spatial Planning (CEMAT) – Overview Document*. Online: http://www.coe.int/t/dg4/cultureheritage/Source/Policies/CEMAT/CEMAT_leaflet_EN.pdf (accessed 15 December 2011).

Counsell, D. and Haughton, G. (2007) Spatial planning for the city-region, *Town and Country Planning*, 76(8): 248–51.

Crang, M. (1998) *Cultural Geography*. London: Routledge.

Cranston, M. (1973) *What Are Human Rights?* New York: Basic Books.

Crenson, M.A. (1971) *The Unpolitics of Air Pollution: A Study of Non-Decision Making in the Cities.* Baltimore, MD: Johns Hopkins University Press.

Cresswell, T. (2004) *Place: A Short Introduction.* Oxford: Blackwell.

Crouch, D. and Parker, G. (2003) Digging up utopia? *Geoforum*, 34(3): 395–408.

Crow, G. and Allan, G. (1994) *Community Life.* Wallingford: Harvester Wheatsheaf.

Cullen, G. (1961) *Townscape.* London: Architectural Press.

Cullingworth, J. (ed.) (1999) *Fifty Years of Urban and Regional Policy in the UK.* London: Athlone Press.

Cullingworth, B. and Caves, R. (2008) *Planning in the USA: Policies, Issues and Processes*, 2nd edn. London: Routledge.

Cullingworth, J. and Nadin, V. (2006) *Town and Country Planning in the UK*, 14th edn. Basingstoke: Palgrave Macmillan.

Cumbers, A. and MacKinnon, D. (2004) Introduction: clusters in economic development, *Urban Studies*, 41: 959–969.

Cypher, M.L. and Forgey, F.A. (2003) Eminent domain: an evaluation based on criteria relating to equity, effectiveness and efficiency, *Urban Affairs Review*, 39(2): 254–268.

Daft, R. (2009) *Organization Theory and Design*, 10th edn. Mason, OH: South Western Cengage Press.

Darlow, A., Percy-Smith, J. and Wells, P. (2007) Community strategies: are they delivering joined-up governance? *Local Government Studies*, 33(1): 117–29.

Davidoff, P. (1965) Advocacy and pluralism in planning, *Journal of the American Institute of Planners*, 31: 331–338.

Davies, A. (2002) Power, politics and networks: shaping partnerships for sustainable communities, *Area*, 34(2): 190–203.

Davies, J. (1972) *The Evangelistic Bureaucrat.* London: Tavistock.

DCLG (2005) *Planning Policy Statement 1.* London: Department of Communities and Local Government.

DCLG. (2007a) *Supplement to PPS1: Climate Change.* London: Department of Communities and Local Government.

DCLG (2007b) *Preparing Community Strategies: Government Guidance to Local Authorities,* London: Department for Communities and Local Government.

DCLG (2007c) *Planning for a Sustainable Future.* London: Department for Communities and Local Government.

DCLG (2008) *PPS12: Local Development Frameworks (Revised, June 2008).* London: Department for Communities and Local Government.

DCLG (2010) *Planning Policy Statement 5: Planning and the Historic Environment.* London: Department for Communities and Local Government.

DCLG (2011) *National Planning Policy Framework* (Draft). London: Department for Communities and Local Government.

DCLG (2012) *National Planning Policy Framework.* London: Department for Communities and Local Government.

de Roo, G. and Porter, G. (2007) *Fuzzy Planning: The Role of Actors in a Fuzzy Governance Environment*. Aldershot: Ashgate.

de Roo, G. and Silva, E. (ed.) (2010) *A Planners Meeting with Complexity*. Aldershot: Ashgate.

Dean, M. (1996) Foucault and the enfolding of government, in Barry, A., Osborne, T. and Rose, N. (eds), *Foucault and Political Reason*. London: UCL Press.

Deas, I. and Giordano, B. (2001) Conceptualising and measuring urban competitiveness in major English cities: an exploratory approach, *Environment and Planning A*, 33(8): 1411–29.

Delafons, J. (1997) *Politics and Preservation*. London: Routledge.

Delanty, G. (2003) *Community*. London: Routledge.

Demsetz, H. (1967) Towards a theory of property rights, *The American Economic Review*, 57(2): 347–59.

Denman, D.R. (1978) *Place of Property: New Recognition of the Function and Form of Property Rights in Land*. Berkhamsted: Geographical Publications.

Derwentside District Council (2008) *Refusal Of Planning: Permission Application Number 1/2008/0077/DMFP*. Consett: Derwentside District Council. Online: www.planning.derwentside.gov.uk/planning/08-0077/decision.pdf (accessed 15 December 2011).

DETR (2000) *Planning Policy Statement 3: Housing*. London: Department of the Environment, Transport and the Regions.

DfT (2009) *Guidance on Local Transport Plans*, July 2009. London: Department for Transport.

Dietz, T., Ostrom, E. and Stern, P. (2003) The struggle to govern the commons, *Science*, 302(5652): 1907–12.

Doak, A. and Karadimitriou, N. (2007) (Re)development, complexity and networks: A framework for research, *Urban Studies*, 44(2): 209–29.

Doak, A. and Parker, G. (2005) Networked space? The challenge of meaningful participation and the new spatial planning in England, *Planning Practice and Research*, 20(1): 23–40.

Dobson, A. (2007) *Green Political Thought*, 4th edn. London: Routledge

Dodge, M. and Kitchin, R. (2001) *Mapping Cyberspace*. London: Routledge.

DoE (1992) *Planning Policy Guidance Note 19: Outdoor Advertisement Control*. London: Department of the Environment.

DTA (2009) *Trust in Communities: A Manifesto from the Development Trusts Association*. London: Development Trusts Association.

DTI (1998) *Regional Competitiveness Indicators*. London: HMSO.

DTI (2004) *Regional Competitiveness and the State of the Regions*. London: HMSO.

Dunning, J. (2001) *Global Capitalism at Bay?* London: Routledge.

Dunning, J., Bannerman, E. and Lundan, S. (1998) *Competitiveness and Industrial Policy in Northern Ireland*. Research Monograph No. 5. Belfast: NI Research Council.

Duxbury, R.M.C. (2009) *Planning Law and Procedure*, 14th edn. Oxford: Oxford University Press.

ECC (1973) *Essex Design Guide for Residential Areas*. Chelmsford: Essex County Council.

Egan, J. (2004) *The Egan Review: Skills for Sustainable Communities*. London: Office of the Deputy Prime Minister.

Ekins, P., Simon, S., Deutsch L., Folke, C., and De Groot, R. (2003) A framework for the practical application of the concepts of critical natural capital and strong sustainability, *Ecological Economics*, 44: 165–185.

Elkington, J. (1994) Towards the sustainable corporation: win-win-win business strategies for sustainable development, *California Management Review*, 36(2): 90–100.

Ellis, H. (2002) Planning and public empowerment: third party rights in development control, *Planning Theory and Practice*, 1(2): 203–17.

Ellis, H. (2004) Discourses of objection: towards an understanding of third-party rights in planning, *Environment and Planning A*, 36(9): 1549–70.

Elson, M. (1986) *Greenbelts: Conflict Mediation in the Urban Fringe*. London: Heinemann.

Elster, J. (1998) *Deliberative Democracy*. Cambridge: Cambridge University Press.

English Heritage (2001) *Power of Place: The Future of the Historic Environment*. London: English Heritage.

English Heritage (2005) *Guidance on the Management of Conservation Areas*. London: English Heritage.

English Heritage (2010) *Conservation Areas at Risk. Frequently Asked Questions*. Online: http://www.english-heritage.org.uk/publications/faq-conservation-areas/faq.pdf (accessed 26 August 2010).

Ennis, F. (1997) Infrastructure provision, the negotiating process and the planner's role, *Urban Studies*, 34(12): 1935–54.

Evans, A. (2004) *Economics and Land Use Planning*. Oxford: Blackwell.

Evans, R., Guy, S. and Marvin, S. (1999) Making a difference: sociology of scientific knowledge and urban energy policies, *Science, Technology and Human Values*, 24(1): 105–31.

Fainstein, S. (2001) Competitiveness, cohesion, and governance: their implications for social justice, *International Journal for Urban and Regional Research*, 25(4): 884–8.

Faludi, A. (1973) *Planning Theory*. Oxford: Pergamon.

Faludi, A. (ed.) (2002) *European Spatial Planning*. Washington, DC: Lincoln Institute.

Farthing, S. and Ashley, K. (2002) Negotiation and the delivery of affordable housing through the English planning system, *Planning Practice and Research*, 17(1): 45–58.

Ferguson, M. (1980) *The Aquarian Conspiracy*. Los Angeles: Jeremy P. Tarcher.

Fine, B. (2001) *Social Capital Versus Social Theory: Political Economy and Social Science at the Turn of the Millennium*. London: Routledge.

Fischer, C.S. (1982) *To Dwell Among Friends: Personal Networks in Town and City*. Chicago: University of Chicago Press.

Fisher, P. (2005) The commercial property development process: case studies from Grainger Town, *Property Management*, 23(3): 158–175.

Fisher, P. and Collins, A. (1999) The commercial property development process, *Property Management*, 17(3): 219–230.

Fisher, R., Urry, W. and Patton, B. (1991) *Getting to Yes: Negotiating an Agreement Without Giving In*. London: Random House.

Flyvbjerg, B. (1996) The dark side of planning: rationality and realrationalität, in Mandelbaum, S., Mazza, L. and Burchell, R. (eds), *Explorations in Planning Theory*. New Brunswick, NJ: Center for Urban Policy Research, pp. 383–94.

Flyvbjerg, B. (1998) *Rationality and Power: Democracy in Practice*. Chicago, IL: Chicago University Press.

Foresight. (2010) *The Future of Land Use Report*. London: Defra/Communities and Local Government.

Forester, J. (1982) Planning in the face of power, *Journal of the American Planning Association*, 64(1): 67–80.

Forester, J. (1987) Planning in the face of conflict: negotiation and mediation strategies in local land use regulation, *Journal of the American Planning Association*, 53(3): 303–14.

Forester, J. (1989) *Planning in the Face of Power*. Cambridge, MA: MIT Press.

Forester, J. (1993) *Critical Theory, Public Policy and Planning Practice*. Albany, NY: State University of New York Press.

Forester, J. (1999) *The Deliberate Practitioner. Encouraging Participatory Planning Processes*. Cambridge, MA: MIT Press.

Forrest, R. and Kearns, A. (2001) Social cohesion, social capital and the neighbourhood, *Urban Studies*, 38(12): 2125–2143.

Foucault, M. (1970) *The Order of Things*. London: Tavistock.

Fowler, A. (1990) *Negotiation Skills and Strategies*. London: IPM.

Freeden, M. (1991) *Rights*. Milton Keynes: Open University Press.

Friedmann, J. (1973) The public interest and community participation: towards a reconstruction of public philosophy, *Journal of the American Institute of Planners*, 39(1): 2–12.

Friedmann, J. (1993) Toward a non-euclidian mode of planning, *Journal of the American Planning Association*, 59(4): 482–5.

Friedmann, J. (1998) Planning theory revisited, *European Planning Studies*, 6(3): 245–53.

Friedrich, C. (ed.) (1962) *The Public Interest*. New York, NY: Atherton Press.

Gallent, N., Juntti, M., Kidd, S. and Shaw, D. (2008) *Introduction to Rural Planning*. Abingdon: Routledge.

Gans, H. (1969) Planning for people not buildings, *Environment and Planning A*, 1: 33–46.

Geddes, P. (1915) *Cities In Evolution: An Introduction To The Town Planning Movement And To The Study Of Civics*. London: Benn.

Geisler, C. and Daneker, G. (eds) (2000) *Property and Values*. Washington, DC: Island Press.

Gelfand, M.J. and Brett, J.M. (eds) (2004) *Handbook of Negotiation and Culture*. Palo Alto, CA: Stanford University Press.

Ghezzi, S. and Mingione, E. (2007) Embeddedness, path dependency and social institutions. An economic sociology approach, *Current Sociology*, 55(1): 11–23.

Ghimire, K. and Pimbert, M. (eds) (1997) *Social Change and Conservation*. London: Earthscan.

Giddens, A. (1984) *The Constitution of Society: Outline of the Theory of Structuration*. Cambridge: Polity Press.

Gilpin, A. (1995) *Environmental Impact Assessment. Cutting Edge for the Twenty-First Century*. Cambridge: Cambridge University Press.

GLA (2008) *Who Gains? The Operation of Section 106 Planning Agreements in London*. London: Greater London Assembly Online: http://legacy.london.gov. uk/assembly/reports/plansd/section-106-who-gains.pdf (accessed 15 December 2011).

Glasson, J. (1978) *An Introduction to Regional Planning*. London: Hutchinson.

Glasson, J. and Marshall, T. (2007) *Regional Planning*. London: Routledge.

Glasson, J., Therivel, R. and Chadwick, A. (2005) *Introduction to Environmental Impact Assessment*. London: Routledge.

Goldthorpe, J., Llewellyn, C. and Payne, C. (1987) *Social Mobility and Class Structure in Modern Britain*, 2nd edn. Oxford: Oxford University Press.

Goodchild, R. and Munton, R. (1985) *Development and the Landowner*. London: Allen and Unwin.

Goodey, B. (1998) Essex design guide revisited, *Town and Country Planning*, 67(5): 176–8.

Gore, T. and Nicholson, D. (1991) Models of the land-development process: a critical review, *Environment and Planning A*, 23(5): 705–30.

Graham, B. (2002) Heritage as knowledge: capital or culture? *Urban Studies*, 39: 1003–17.

Graham, S. and Healey, P. (1999) Relational concepts of space and place: issues for planning theory and practice, *European Planning Studies*, 7(5): 623–46.

Granovetter, M. (1985) Economic action and social structure: the problem of embeddedness, *American Journal of Sociology*, 91(3): 814–41.

Granovetter, M. (2005) The impact of social structure on economic outcomes, *The Journal of Economic Perspectives*, 19(1): 33–50.

Grant, M. (1999) Compensation and betterment, in Cullingworth, J. (ed.), *Fifty Years of Urban and Regional Policy in the UK*. London: Athlone Press, pp. 62–90.

Greed, C. (ed.) (1996) *Implementing Town Planning: The Role of Town Planning in the Development Process*. Longman: Harlow, Essex.

Greed, C. (1999) *Social Town Planning*. London: Routledge.

Guy, S. and Henneberry, J. (2000) Understanding urban development processes: integrating the economic and the social in property research, *Urban Studies*, 37(13): 2399–416.

Guy, S. and Henneberry. J. (2002) Bridging the Divide? Complementary Perspectives on Property, *Urban Studies*, 39(8): 1471–1478.

Guy, S., Henneberry, J., and Rowley, S. (2002) Development cultures and urban regeneration', *Urban Studies*, 39(7): 1181–1196.

Hague, C. and Jenkins, P. (eds) (2005) *Place Identity, Participation and Planning*. London: Routledge.

Hall, P. (2000) *Cities of Tomorrow*, 3rd edn. Oxford: Blackwell.

Hall, P. (2002) *Urban and Regional Planning*, 4th edn. London: Routledge.

Hall, P. and Pain, K. (2006) *The Polycentric Metropolis: Learning from Mega-City Regions in Europe*. London: Earthscan.

Hall, P. and Tewdwr-Jones, M. (2011) *Urban and Regional Planning*. 5th edn, Routledge: London.

Ham, C. and Hill, M. (1993) *The Policy Process in the Modern Capitalist State*, 2nd edn. Hemel Hempstead: Harvester Wheatsheaf.

Hambleton, R. (1986) *Rethinking Policy Planning*. Bristol: Policy Press.

Hamm, B. and Muttagi, P. (eds) (1998) *Sustainable Development and the Future of Cities*. London: Intermediate Technology Publications.

Hanley, N. and Barbier, E. (2009) *Pricing Nature: Cost-Benefit Analysis and Environmental Policy*. Cheltenham: Edward Elgar.

Hansen, S. (1991) *Comparing Enterprise Zones to Other Economic Development Techniques*. Newberry Park, CA: Sage.

Harvey, D. (1989) *The Condition of Postmodernity*. Oxford: Blackwell.

Hastings, J. and Thomas, H. (2005) Accessing the nation: disability, political inclusion and built form, *Urban Studies*, 42(3): 527–544.

Haughton, G. (1999) Environmental justice and the sustainable city, *Journal of Planning Education and Research*, 18(3): 233–43.

Haughton, G., Allmendinger, P., Counsell, D., Vigar, G. (2009) *The New Spatial Planning: Territorial Management with Soft Spaces and Fuzzy Boundaries*. London: Routledge.

Haus, M., Heinelt, H. and Stewart, M. (eds) (2005) *Urban Governance and Democracy*. London: Routledge.

Hawkes, J. (2001) *The Fourth Pillar of Sustainability: Culture's Essential Role in Public Planning*. Melbourne: Common Ground.

Healey, J. (2007) Nationally significant infrastructure – speech made by John Healey, on 30 October 2007, to the CBI Major infrastructure conference. Online: http://www.communities.gov.uk/speeches/corporate/cibinfrastructure (accessed 25 February 2011).

Healey, P. (1983) *Local Plans in British Land Use Planning*. Oxford: Pergamon Press.

Healey, P. (1990) Places, people and politics: plan making in the 1990s, *Local Government Policy Making*, 17(2): 29–39.

Healey, P. (1992) An institutional model of the development process, *Journal of Property Research*, 9: 33–44.

Healey, P. (1998) Building institutional capacity through collaborative approaches to urban planning, *Environment and Planning A*, 30(9):1531–1546.

Healey, P. (1999) Sites, jobs and portfolios: economic development discourses in the planning system, *Urban Studies*, 36(1): 27–42.

Healey, P. (2004) The treatment of space and place in the new strategic spatial planning in Europe, *International Journal of Urban and Regional Research*, 28(1): 45–67.

Healey, P. (2005) *Collaborative Planning. Shaping Place in a Fragmented World*, 2nd edn. Basingstoke: Palgrave Macmillan.

Healey, P. (2006) *Urban Complexity and Spatial Strategies: Towards a Relational Planning for Our Times*. London: RTPI.

Healey, P. and Barrett, S. (1990) Structure and agency in land and property development processes: some ideas for research, *Urban Studies*, 27(1): 89–104.

Healey, P., McNamara, P., Elson, M. and Doak, A. (1988) *Land Use Planning and the Mediation of Urban Change: The British Planning System in Practice*. Cambridge: Cambridge University Press.

Healey, P., Purdue, M. and Ennis, F. (1995) *Negotiating Development: Rationales and Practice for Development Obligations*. London: E and F.N. Spon.

Heelas, P., Lash, S. and Morris, P. (eds) (1996) *Detraditionalization: Critical Reflections on Authority and Identity*. Oxford: Blackwell.

Henry, N. and Pinch, S. (2001) Neo-Marshallian nodes, institutional thickness, and Britain's 'motor sport valley': thick or thin? *Environment and Planning A*, 33(7): 1169–83.

Hill, M. (2005) *The Public Policy Process*, 4th edn. London: Pearson.

Hillier, J. (1999) Habitat's habitus: nature as sense of place in land use planning decision-making, *Urban Policy and Research*, 17(3): 191–204.

Hillier, J. (2000) Going round the back? Complex networks and informal action in local planning processes, *Environment and Planning A*, 32(1): 33–54.

Hillier, J. (2002) Direct action and agonism in planning practice, in Allmendinger, P. and Tewdwr-Jones, M. (eds), *Planning Futures*. London: Routledge, pp. 110–35.

Hillier, J. (2007) *Stretching Beyond the Horizon. A Multiplanar Theory of Spatial Planning and Governance*. Aldershot: Ashgate.

Hillier, J. and Healey, P. (eds) (2008) *Critical Essays in Planning Theory* (3 Volumes). Aldershot: Ashgate.

Hillier, J. and Rooksby, E. (eds) (2002) *Habitus: A Sense of Place*. Aldershot: Ashgate.

Hillier J. and Rooksby, E. (eds) (2005) *Habitus: A Sense of Place*, 2nd edn. Aldershot: Ashgate.

HMSO (1990) *Town and Country Planning Act 1990*. London: HMSO.

HMSO (2004) *2004 Planning and Compensation Act*. London: HMSO.

HMSO (2010) *The Town and Country Planning (Use Classes) (Amendment) (England) Order 2010 (SI 2010/653)*. London: HMSO.

HM Treasury (2004) *Devolving Decision Making: Meeting the Regional Economic Challenge: Increasing Regional and Local Flexibility*. London: H.M. Treasury.

Hobsbawm, E. (1994) *The Age of Extremes*. New York, NY: Pantheon.

Hoch, C. (1996) A pragmatic inquiry about planning and power, in Seymour, J., Mandelbaum, L. and Burchell, R. (eds) *Explorations in Planning Theory*, New Brunswick, NJ: Center for Urban Policy Research, pp. 30–44.

Hodge, I. (1999) Countryside planning: from urban containment to sustainable development, in Cullingworth, B. (ed.) *British Planning: 50 Years of Urban and Regional Policy*, London: The Athlone Press, pp. 91–104.

Holloway, S., Rice, S. and Valentine, G. (eds) (2009) *Key Concepts in Geography*, 2nd edn. London: Sage.

Honoré, A.M. (1961) Ownership, in Guest, A.G. (ed.) *Oxford Essays in Jurisprudence*. Oxford: Clarendon Press, pp. 107–147.

Howard, E., Hall, P., Ward, C. and Hardy, D. (2003) *Tomorrow: A Peaceful Path to Real Reform*. London: Routledge.

Howard, P. (2004) Spatial planning for landscape: mapping the pitfalls, *Landscape Research*, 29(4): 423–34.

Howe, E. (1992) Professional roles and the public interest in planning, *Journal of Planning Literature*, 6(3): 230–48.

Howe, J. and Langdon, C. (2002) Towards a reflexive planning theory, *Planning Theory*, 1(3): 209–25.

Hubbard, P., Kitchin, R. and Valentine, G. (eds) (2004) *Key Thinkers on Space and Place*. London: Sage.

Huggins, R. (2003) Creating a UK competitiveness index: regional and local benchmarking, *Regional Studies*, 36(1): 89–96.

Huxley, M. and Yiftachel, O. (2000) New paradigm or old myopia? Unsettling the communicative turn in planning theory, *Journal of Planning Education and Research*, 14(3):163–166.

IDeA (2010) *What are City Regions?* Improvement and Development Agency. Online: http://www.idea.gov.uk/idk/core/page.do?pageId=7773100 (accessed 15 December 2011).

Imrie, R. and Raco, M. (eds) (2003) *Urban Renaissance? New Labour, Community and Urban Policy*. Bristol: Policy Press.

Innes, J.E. (1995) Planning theory's emerging paradigm: Communicative action and interactive practice, *Journal of Planning Education and Research*, 14(3): 183–189.

Innes, J.E. and Booher, D.E. (1999) Consensus building and complex adaptive systems: a framework for evaluating collaborative planning, *Journal of the American Planning Association*, 65(4): 412–23.

Innes, J.E. and Booher, D.E. (2003) Collaborative policymaking: Governance through dialogue, in Hajer, M.A. and Wagenaar, H. (eds), *Deliberative Policy Analysis: Understanding Governance in the Network Society*. London: Cambridge University, pp. 33–59.

Innes, J.E. and Booher, D.E. (2010) *Planning with Complexity: An Introduction to Collaborative Rationality for Public Policy*. London: Routledge.

Jacobs, J. (1961) *Death and Life of Great American Cities*. New York: Random House.

Jansson, M., Goosen, H. and Omtzigt, N. (2006) A simple mediation and negotiation and support tool for water management in the Netherlands, *Landscape and Urban Planning*, 78(1): 71–84.

Jenkins, R. (1992) *Pierre Bourdieu*. London: Routledge.

Jenks, M. (ed.) (2005) *Future Forms and Design for Sustainable Cities*. London: Architectural Press.

Jenks, M. and Burgess, R. (eds) (2000) *Compact Cities: Sustainable Urban Forms for Developing Countries*. London: Spon Press.

Jiven, G. and Larkham, P. (2003) Sense of place, authenticity and character: a commentary, *Journal of Urban Design*, 8(1): 67–81.

Johnson, R. (1993) *Negotiation Basics*. London: Sage.

Jordan, G. (1990) Sub-governments, policy communities and networks, *Journal of Theoretical Politics*, 2(3): 319–38.

Kambites, C. and Owen, S. (2006) Renewed prospects for green infrastructure planning in the UK, *Planning Practice and Research*, 21(4): 483–96.

Khakee, A. (2002) Assessing institutional capital building in a Local Agenda 21 process in Goteborg, *Planning Theory & Practice*, 3(1): 53–68.

Kipfer, S. and Keil, R. (2002) Toronto Inc? Planning the competitive city in the new Toronto, *Antipode*, 34(2): 227–64.

Kitchen, T. and Whitney, D. (2004) Achieving more effective public engagement within the English planning system, *Planning Practice and Research*, 19(4): 393–413.

Kitson, M., Martin, R. and Tyler, P. (2004) Regional competitiveness: and elusive yet key concept, *Regional Studies*, 38: 991–99.

Klosterman, R. (1985) Arguments for and against planning, *Town Planning Review*, 56(1): 5–20.

Koresawa, A. and Konvitz, J. (eds) (2001) *Towards a New Role for Spatial Planning*. Paris: OECD.

Knorr-Cetina, K. (1999) *Epistemic Cultures: How the Sciences Make Knowledge.* Cambridge, MA: Harvard University Press.

Kropotkin, P. (1912) *Fields, Factories and Workshops.* London: Thomas Nelson.

Krugman, P. (1996) Making sense of the competitiveness debate, *Oxford Review of Economic Policy,* 12: 17–35.

Kwa C. (2002) Romantic and Baroque conceptions of complex wholes in the sciences, in Law, J. and Mol, A. (eds) *Complexities: Social Studies of Knowledge Practices.* Durham, NC and London: Duke University Press, pp 23–52.

Lai, L.W.C. (1994) The economics of land use zoning: a literature review and analysis of the work of Coase, *Town Planning Review,* 65(1): 77–98.

Lai, L.W.C. (2002) Libertarians on the road to town planning, *Town Planning Review,* 73(3): 289–310.

Lake, R. (1996) Volunteers, NIMBYs and environmental justice: dilemmas of democratic practice, *Antipode,* 28(2): 160–74.

Lambert, C. (2006) Community strategies and spatial planning in England: The challenges of integration, *Planning Practice and Research,* 21(2): 245–55.

Larkham, P. (1996) *Conservation and the City.* London: Routledge.

Latham, A., McCormack, D., McNeill, D. and McNamara, K. (2009) *Key Concepts in Human Geography.* London: Sage.

Laurini, R. (2001) *Information Systems for Urban Planning: A Hypermedia Cooperative Approach.* London: Taylor and Francis.

Law, J. (1999) After ANT: complexity, naming and topology, in Hassard, J. and Law, J. (eds) *Actor-Network Theory and After.* Oxford: Blackwell Publishers.

Leeds City Region (2010) *Leeds City Region Webpages.* Online: http://www.leedscity-region.gov.uk/ (accessed 30 August 2010).

Lever, W. and Turok, I. (1999) Competitive cities: an introduction to the review, *Urban Studies,* 36(5–6): 791–3.

Lewin, L. (1991) *Self-Interest and Public Interest in Western Politics.* Oxford: Oxford University Press.

Lin, N. (2001) *Social Capital: A Theory of Social Structure and Action.* Cambridge: Cambridge University Press.

Lin, N. and Erikson, B. (eds) (2008) *Social Capital: An International Research Program.* Oxford: Oxford University Press.

Lindblom, C. (1959) The science of muddling through, *Public Administration Review,* 19(2): 79–88.

Lindblom, C. (1965) *The Intelligence of Democracy.* New York, NY: Free Press.

Litman, T. and Burwell, D. (2006) Issues in sustainable transportation, *International Journal of Global Environmental Issues,* 6(4): 331–47.

Lovelock, J. (1979) *Gaia: A New Look at Life on Earth.* Oxford: Oxford University Press.

Low, N. (1991) *Planning, Politics and the State.* London: Unwin Hyman.

Lowndes, V. and Skelcher, C. (1998) The dynamics of multi-organizational partnerships: an analysis of changing modes of governance, *Public Administration,* 76: 313–333.

Luhmann, N. (1986) The autopoiesis of social systems, in Geyer F. and van der Zouwen, J. (eds) *Sociocybernetic Paradoxes: Observation, Control and Evolution of Self Steering Systems,* London: Sage, pp.172–192.

Luhmann, N. (1995). *Social Systems.* Stanford, CA: Stanford University Press.

Lundblom, C. (1959) 'The science of muddling through', *Public Administration Review*, 19: 79–88.

Lundvall, B.Å. and Maskell, P. (2000) Nation states and economic development: from national systems of production to national systems of knowledge creation and learning, in Clark, G.L., Feldman, M.P and Gertler, M.S. (eds) *The Oxford Handbook of Economic Geography*. New York: Oxford University Press.

Lynch, K. (1960) *The Image of the City*. Cambridge, MA: MIT Press.

Lynch, K. (1981) *A Theory of Good City Form*. Cambridge, MA: MIT Press.

Mackay, H. (1996) *Swim With the Sharks Without Being Eaten Alive*. New York, NY: Ballantine Books.

Madanipour, A. (1996) *Design of Urban Space: An Inquiry into a Socio-Spatial Process*. Chichester: John Wiley & Sons.

Maddux, R. (1999) *Successful Negotiation*. London: Kogan Page.

Majone, G. and Wildavsky, A. (1978) Implementation as evolution, *Policy Studies Review Annual*, 2: 103–117.

Malecki, E. (2007) Cities and regions competing in the global economy: knowledge and local development policies, *Environment and Planning C*, 25: 638–54.

Marcuse, P. (1976) Professional ethics and beyond: values in planning, *Journal of the American Institute of Planning*, 42(3): 264–74.

Markusen, A. (1996) Sticky places in slippery space: a typology of industrial districts, *Economic Geography*, 72: 293–313.

Marsh, D. (1998) *Comparing Policy Networks*. Buckingham: Oxford University Press.

Marsh, D. and Rhodes, R. (1992) *Policy Communities and Issue Networks: Beyond Typology*. Oxford: Clarendon.

Marsh, D. and Smith, M. (2000) Understanding policy networks, *Political Studies*, 48(1): 4–21.

Marshall, T.H. and Bottomore, T.B. (1992) *Citizenship and Social Class*. London: Pluto Press.

Martin, R. and Sunley, P. (2003) Deconstructing clusters: chaotic concept or policy panacea? *Journal of Economic Geography*, 3: 5–35.

Massey, D. (2005) *For Space*. London: Sage.

Massey, D.B. and Catalano, A. (1978) *Capital and Land: Landownership by Capital in Great Britain*. London: Edward Arnold.

Maurici, J. (2002) Human rights update: part 1, *The Planning Inspectorate Journal*, 25: 12–16.

Maurici, J. (2003) Human rights update: part 2, *The Planning Inspectorate Journal*, 26: 9–15.

Mazmanian, D. and Sabatier, P. (1989) *Implementation and Public Policy*. Lanham, MD: University Press of America.

McDowell, L. (ed.) (1997) *Undoing Place? A Geographical Reader*. New York, NY: John Wiley & Sons.

McLaughlin, M. (1987) Learning from experience: Lessons from policy implementation, *Educational Evaluation and Policy Analysis*, 9(2): 171–78.

McLoughlin, J.B. (1969) *Urban and Regional Planning: A Systems Approach*. London: Faber and Faber.

Meadowcroft, J. (2000) Sustainable development: a new(ish) idea for a new century? *Political Studies*, 48: 370–87.

Meadows, D. (1991) Let's have a little more feedback, *The Donnela Meadows Archive: Voice of a Global Citizen*. Online: http://www.sustainer.org/dhm_archive/index.php?display_article=vn311feedbacked (accessed 30 August 2011).

Meadows, D., Meadows, D., Randers, J. and Behrens, W. (1972) *The Limits to Growth: A Report for the Club of Rome on the Predicament of Mankind*. New York, NY: Universe Books.

Meadows, D., Randers, J. and Meadows, D. (2004) *Limits to Growth: The 30 Year Update*. Vermont: Chelsea Green Publishers.

Midgley, J. (1995) *Social Development: The Developmental Perspective in Social Welfare*. London: Sage.

Mill, J.S. (1859) On Liberty, in Collini, S. (ed.) (1989) *On Liberty and Other Writings*. Cambridge: Cambridge University Press.

Mol, A. and Law, J. (eds) (2002) *Complexities: Social Studies of Knowledge Practices*. Durham, NC: Duke University Press.

Molotch, H., Freudenburg, W. and Paulsen, K.E. (2000) History repeats itself, but how? City character, urban tradition, and the accomplishment of place, *American Sociological Review*, 65(6): 791–823.

Montgomery, J. (2007) *The New Wealth of Cities: City Dynamics and the Fifth Wave*. Aldershot: Ashgate.

Moore, V. (2010) *A Practical Approach to Planning Law*, 11th edn. Oxford: Oxford University Press.

Morphet, J. (2010) *Effective Practice in Spatial Planning*. Abingdon: Routledge.

Morris, E. (1997) *British Town Planning and Urban Design: Principles and Policies*. Longman: Harlow.

Morris, P. and Therivel, R. (eds) (2001) *Methods of Environmental Impact Assessment*, 2nd edn. London: Spon.

Moulaert, F. and Cabaret, K. (2006) Planning, networks and power relations: is democratic planning under capitalism possible? *Planning Theory*, 5: 51–70.

Munro, R. and Mouritsen, J. (eds), *Accountability: Power Ethos and the Technologies of Managing*. London: Thomson Business Press, pp. 283–305.

Murdoch, J. (1997a) The shifting territory of government: some insights from the rural white paper, *Area*, 29(2): 109–18.

Murdoch, J. (1997b) Towards a geography of heterogeneous associations. *Progress in Human Geography*, 21(3): 321–37.

Murdoch, J. (1998) The spaces of actor-network theory, *Geoforum*, 29(4): 357–74.

Murdoch, J. (2004) Putting discourse in its place: planning, sustainability and the urban capacity study, *Area*, 36(1): 50–8.

Murdoch, J. (2005) *Post-structuralist Geography: A Guide to Relational Space*. London: Sage.

Murdoch, J. and Abram, S. (2002) *Rationalities of Planning: Development Versus Environment in Planning for Housing*. Basingstoke: Ashgate.

Mynors, C. (2006) *Listed Buildings, Conservation Areas and Monuments*, 4th edn. London: Sweet & Maxwell.

Nadin, V. (2007) The emergence of spatial planning in England, *Planning Practice and Research*, 22(1): 43–62.

Naess, A. (1989) *Ecology, Community and Lifestyle: Outline of an Ecosophy*. Cambridge: Cambridge University Press.

Nisbet, R. (1973) *The Social Philosophers: Community and Conflict in Western Thought*. New York, NY: Crowell.

Norberg-Schulz, C. (1980) *Genius Loci: Towards a Phenomenology of Architecture*. New York, NY: Rizzoli.

North, D. (1990) *Institutions, Institutional Change and Economic Performance*. Cambridge: Cambridge University Press.

Northern Way. (2010) *Moving Forward: The Northern Way*. Online: http://www.thenorthernway.co.uk/ (accessed 30 August 2010).

ODPM (2000a) *Our Towns and Cities: The Future – Delivering an Urban Renaissance*. (The Urban White Paper). London: The Stationery Office.

ODPM (2000b) *Environmental Impact Assessment: A Guide to Procedures*. London: Office of the Deputy Prime Minister.

ODPM (2001) *Planning Policy Guidance Note 2: Green Belts*. London: Office of the Deputy Prime Minister.

ODPM (2003a) *The Relationship Between Community Strategies and Local Development Frameworks*. London: Office of the Deputy Prime Minister.

ODPM (2003b) *Cities, Regions and Competitiveness*. London: Office of the Deputy Prime Minister.

ODPM (2004a) *Creating Local Development Frameworks: A Companion Guide to PPS 12*. London: Office of the Deputy Prime Minister.

ODPM (2004b) *Planning Policy Statement 12: Local Development Frameworks*. London: Office of the Deputy Prime Minister.

ODPM (2004c) *Competitive European Cities: Where do the Core Cities Stand?* Urban Research Paper No. 13. London: Office of the Deputy Prime Minister.

ODPM (2004d) *Planning Policy Statement 11: Regional Spatial Strategies*. London: Office of the Deputy Prime Minister.

ODPM (2004e) *Planning Policy Statement 7: Sustainable Development in Rural Areas*. London: Office of the Deputy Prime Minister.

ODPM (2005a) *Diversity and Planning. A Good Practice Guide*. London: Office of the Deputy Prime Minister.

ODPM (2005b) *Planning Policy Statement 1: Delivering Sustainable Development*. London: Office of the Deputy Prime Minister.

ODPM (2005c). *Circular 05/2005: Planning Obligations*, London: ODPM.

Oinas, P. and Malecki, E. (2002) The evolution of technologies in time and space: from national and regional to spatial innovation systems, *International Regional Science Review*, 25: 102–31.

Olsson, A. (2009) Relational rewards and communicative planning: understanding actor motivation, *Planning Theory*, 8(3): 263–81.

Ostrom, E. (1990) *Governing the Commons: the Evolution of Institutions for Collective Action*. Cambridge: Cambridge University Press.

Ostrom, E. (2003) How types of goods and property rights jointly affect collective action, *Journal of Theoretical Politics*, 15(3): 239–70.

Ouf, A. (2001) Authenticity and sense of place in urban design, *Journal of Urban Design*, 6(1): 73–86.

Owen, S. (1998) The role of village design statements in fostering a locally responsive approach to village planning and design in the UK, *Journal of Urban Design*, 3(3): 359–80.

Owen, S. (2002) From village design statements to Parish plans: pointers towards community decision-making in the planning system, *Planning Practice and Research,* 17(1): 3–16.

Owens, S. (2004) Siting, sustainable development and social priorities, *Journal of Risk Research* 7(2): 101–114.

Owens, S. and Cowell, R. (2002) *Land and Limits: Interpreting Sustainability in the Planning Process.* London: Routledge.

Paddison, R. (2001) *Communities in the City, Handbook of Urban Studies.* London: Sage.

Pahl, R. (1970) *Whose City?* Harmondsworth: Penguin.

Pandit, R. (2009) *Building World-Class Infrastructure For Competitiveness,* Financial Express, 7 January 2009. Online: http://www.financialexpress.com/news/building-worldclass-infrastructure-for-competitiveness/407595/ (accessed 15 December 2011).

Parker G. (2001) Planning and rights: some repercussions of the Human Rights Act 1998 for the UK, *Planning Practice and Research,* 16(1): 5–8.

Parker, G. (2002) *Citizenships, Contingency and the Countryside.* London: Routledge.

Parker, G. (2008) Parish and community-led planning, local empowerment and local evidence bases: an examination of 'best' practice, *Town Planning Review,* 79(1): 61–85.

Parker, G. and Amati, M. (2009) Institutional setting, politics and planning, *International Planning Studies,* 14(2): 141–60.

Parker, G. and Murayama, M. (2005) Doing the groundwork? transferring a UK environmental planning approach to Japan, *International Planning Studies,* 10(2): 123–140.

Parker, G. and Murray, C. (2012) Beyond tokenism? Community-led planning and rational choices: Findings from participants in local agenda-setting in England, *Town Planning Review.* 83(1): 1–28.

Parker, G. and Ravenscroft, N. (1999) Benevolence, nationalism and hegemony: fifty years of the National Parks and Access to the Countryside Act 1949, *Leisure Studies,* 18(4): 297–313.

Parker, G. and Wragg, A. (1999) Actors, networks and (de)stabilisation: the issue of navigation on the river Wye, *Journal of Environmental Planning and Management,* 42(4): 471–87.

Parsons, K. and Shuyler, D. (2003) From garden city to green city. The legacy of Ebeneezer Howard, *Journal of Planning Education and Research,* 23: 213–15.

Pearce, D., Hamilton, K. and Atkinson, G. (1996) Measuring sustainable development: progress on indicators, *Environment and Development Economics,* 1: 85–101.

Pennington, M. (2000) *Planning and the Political Market: Public Choice and the Politics of Government Failure.* London: Athlone Press.

Pennington, M. (2002) *Liberating the Land: The Case for Private Land-Use Planning.* London: IEA.

Petts, J. (ed.) (1999) *Handbook of Environmental Impact Assessment, vol. 1.* Oxford: John Wiley & Sons/Blackwell.

Plant, R. (1996) Citizenship, rights and socialism, in King, P.T. (ed.) *Socialism and the Common Good: New Fabian Essays.* London: Routledge.

Porter, M.E. (1990) *The Competitive Advantage of Cities.* Basingstoke: Palgrave Macmillan.

Porter, M.E. (1992) *Competitive Advantage: Creating and Sustaining Superior Performance*. Research Paper No. 10. London: PA Consulting.

Porter, M.E. (1998) *The Competitive Advantage of Nations*, New York: The Free Press.

Porter, M.E. (2003) The economic performance of regions, *Regional Studies*, 37: 549–78.

Potter, J. and Moore, B. (2000) UK Enterprise Zones and the attraction of inward investment, *Urban Studies*, 37(8): 1279–312.

Pressman, J. and Wildavsky, A. (1973) *Implementation: How Great Expectations in Washington are Dashed in Oakland; or, Why it's Amazing that Federal Programs Work at All*. Berkeley, CA: University of California Press.

Pretty, J. and Ward., H. (2001) Social capital and the environment, *World Development*, 29(2): 209–227.

Price Waterhouse Coopers (2007) *The Northern Way. Northern City Visions: A Review of City Region Development Programmes*, July 2007. Newcastle: Northern Way Secretariat.

Punter, J. and Carmona, M. (1997) *The Design Dimension in Planning: Theory Content and Best Practice*. London: Spon.

Putnam, R. (2000) *Bowling Alone: The Collapse and Revival of American Community*. New York: Simon and Schuster.

Raco, M., Parker, G. and Doak, J. (2006) Reshaping spaces of local governance. Community strategies and the modernisation of local government in England, *Environment and Planning C*, 24(4), 475–96.

Rasch, W. and Wolfe, C. (eds) (2000) *Observing Complexity. Systems Theory and Postmodernity*. Minneapolis: University of Minnesota Press.

Ratcliffe, J. (1974) *An Introduction to Town and Country Planning*. London: Hutchinson.

Ratcliffe, J. (1978) *An Introduction to Urban Land Administration*. London: Estate Gazette.

Raynsford, N. (2000) PPG3 – making it work, *Town and Country Planning*, September, 262–63.

Reade, E. (1969) Contradictions in planning, *Official Architecture and Planning*, 1179–1185.

Relph, E. (1976) *Place and Placelessness*. London: Pion.

Relph, E. (1981) *Rational Landscape and Humanistic Geography*. London: Croom Helm.

Rex, J. and Moore, R. (1967) *Race, Community and Conflict*. Oxford: Oxford University Press.

Roberts, M. and Greed, C. (eds) (2001) *Approaching Urban Design*. Harlow: Pearson.

Robertson, R. (1995) Glocalization: time-space and homogeneity-heterogeneity, in Featherstone, M., Lash, S. and Robertson, R. (eds), *Global Modernities*. London: Sage.

Rodgers, C. (2009) Property rights, land use and the rural environment, *Land Use Policy*, 26S: S134–S41.

Roseland, M. (2000) Sustainable community development: integrating environmental, economic and social objectives, *Progress in Planning*, 54(2): 73–132.

Rowley, A. (1994) Definitions of urban design: The nature and concerns of urban design, *Planning Practice and Research*, 9(3): 179–97.

RTPI (1994) *Planners as Managers: Shifting the Gaze.* London: Royal Town Planning Institute.

RTPI (2007) *GPN1: Effective Community Engagement and Consultation.* Revised July 2007. London: Royal Town Planning Institute.

RTPI (2010) *What Planning Does.* Online: http://www.rtpi.org.uk/what_planning_ does/ (accessed 30 August 2010).

RTPI (2011) *Revised Learning Outcomes for RTPI Accredited Courses.* London: Royal Town Planning Insitute. Online: http://www.rtpi.org.uk/item/4514&ap=1 (accessed 20 December 2011)

Rugby Borough Council (2007) *Summary of Decision Notice: Application Number R07/0832/MAJP*, Rugby: Rugby Borough Council. Online: http://www.planning portal.rugby.gov.uk/decision.asp?AltRef=R07/0832/MAJP (accessed 15 December 2011).

Rydin, Y. (2003) *Urban and Environmental Planning in the UK*, 2nd edn. Basingstoke: Palgrave Macmillan.

Rydin, Y. (2010a) *The Purpose of Planning.* Bristol: Policy Press.

Rydin, Y. (2010b) *Governing for Sustainable Urban Development.* London: Earthscan.

Sabatier, P. (1986) Top-down and bottom-up approaches to implementation research: a critical analysis and suggested synthesis, *Journal of Public Policy*, 6(1): 21–48.

Sack, R. (1986) *Human Territoriality. Its Theory and History.* Cambridge: Cambridge University Press.

Sager, T. (1994) *Communicative Planning Theory.* Aldershot: Avebury.

Sanyal, B. (ed.) (2005) *Comparative Planning Cultures.* London: Routledge.

Saunders, P. (1983) *Urban Politics: A Sociological Interpretation.* London: Hutchinson.

Schön, D. (1983) *The Reflective Practitioner.* New York, NY: Basic Books.

Scott, A. (2001) Globalisation and the rise of city regions, *European Planning Studies*, 9(7): 813–26.

Scott, A. and Bullen, A. (2004) Special landscape areas: landscape conservation or confusion in the town and country planning system? *Town Planning Review*, 75(2): 205–30.

Scott, A., Agnew, J., Soja, E. and Storper, M. (2001) Global city-regions: an overview, in Scott, A. (ed.), *Global City-Regions: Trends, Theory, Policy.* Oxford: Oxford University Press.

Scott, W. and Gough, S. (2003) *Sustainable Development and Learning: Framing the Issues.* London: Taylor and Francis.

Sedjo, R. and Marland, G. (2003) Inter-trading permanent emissions credits and rented temporary carbon emissions offsets: some issues and alternatives, *Climate Policy*, 3(4): 435–44.

Seel, B., Paterson, M. and Doherty, B. (2000) *Direct Action in British Environmentalism.* London: Routledge.

Self, P. (1977) *Administrative Theories and Politics,* 2nd edn. London: Allen and Unwin.

Selman, P. (1999) *Environmental Planning,* 2nd edn. London: Paul Chapman.

Selman, P. (2000) Networks of knowledge and influence: connecting 'the planners' and 'the planned', *Town Planning Review*, 71(1): 109–21.

Selman, P. (2001) Social capital, sustainability and environmental planning, *Planning Theory and Practice*, 2(1): 13–30.

Selman, P. (2009) Conservation designations – are they fit for purpose? *Land Use Policy*, 25S: 142–153S.

Shaw. T. (2007) Editorial, *Journal of Environmental Planning and Management*, 50(5): 574–8.

Sheller, M. and Urry, J. (2006) The new mobilities paradigm, *Environment and Planning A*, 38(2): 207–26.

Shepherd, S., Timms, P. and May, A. (2006) Modelling requirements for local transport plans: an assessment of English experience, *Transport Studies*, 13(4): 307–17.

Shipley, R. (2002) Visioning in planning: is the practice based on sound theory? *Environment and Planning A*, 34: 7–22.

Silverman, D. (2000) *Doing Qualitative Research*. London: Sage.

Simmonds, R. and Hack, G. (Eds.) (2000) *Global City Regions: Their Emerging Forms*. London: Spon.

Simms, A., Kjell, P. and Potts, R. (2005) *Clone Town Britain*. London: New Economics Foundation.

Simon, H. (1997) *Models of Bounded Rationality. Empirically Grounded Economic Reason*, vol. 3. Cambridge, MA: MIT Press.

Skeffington, A. (1969) *People and Planning: Report of the Committee on Public Participation in Planning*. London: HMSO.

Smith, D. (1974) *Amenity and Urban Planning*. London: Granada.

Soja, E. (1996) *Thirdspace: Journeys to Los Angeles and Other Real and Imagined Places*. Oxford: Blackwell.

Soja, E. (2003) Writing the city spatially, *City*, 7(3): 269–80.

Sorensen, A. (2002) *The Making of Urban Japan*. London: Routledge.

Sorensen, A. (2010) Land, property rights, and planning in Japan: institutional design and institutional change in land management, *Planning Perspectives*, 25(3): 279–302.

Sowell, T. (1999) *The Quest For Cosmic Justice*. New York, NY: Free Press.

Sternberg, E. (1993) Justifying public intervention without market externalities: Karl Polanyi's theory of planning in capitalism, *Public Administration Review*, 53(2): 100–9.

Stevens, R. (2007) *Torts and Rights*. Oxford: Oxford University Press.

Stoker, G. (1998) Theory and urban politics, *International Political Science Review*, 19(2): 119–29.

Stone, C. (1989) *Regime Politics*. Lawrence, KA: University Press of Kansas.

Storper, M. (1997) *The Regional World: Territorial Development in a Global Economy*. New York, NY: Guilford Press.

Stubbs, M. (1997) The new Panacea? An evaluation of mediation as an effective method of dispute resolution in planning appeals, *International Planning Studies*, 2(3): 347–65.

Stubbs, M. (1997) The new panacea? An evaluation of mediation as an effective method of dispute resolution in planning appeals, *International Planning Studies*, 2(3): 347–65.

Svensson, G. (2001) 'Glocalization' of business activities: a 'glocal strategy' approach, *Management Decision*, 31(1): 6–18.

Swyngedouw, E. (2000) Authoritarian governance, power and the politics of rescaling, *Environment and Planning D: Society and Space*, 18: 63–76.

Tait, M. (2002) Room for manoeuvre? An actor-network study of central-local relations in development plan making, *Planning Theory and Practice*, 3(1): 69–85.

Tait, M. and Jenson, O. (2007) Travelling ideas, powers and place: the cases of urban villages and business improvement districts, *International Planning Studies*, 12(2): 107–28.

Taylor, N. (1998) *Urban Planning Theory*. London: Sage.

Tewdwr-Jones, M. (1999) Discretion, flexibility, and certainty in British planning: emerging ideological conflicts and inherent political tensions, *Journal of Planning Education and Research*, 18(3): 244–56.

Tewdwr-Jones, M. and Allmendinger, P. (1998) Deconstructing communicative rationality: a critique of Habermasian collaborative planning, *Environment and Planning A*, 30(11): 1975–90.

Tewdwr-Jones, M. and Allmendinger, P. (eds) (2002) *Planning Futures*. London: Routledge.

Tewdwr-Jones, M. and Phelps, N. (2000) Levelling the uneven playing field: inward investment, interregional rivalry and the planning system, *Regional Studies*, 34: 429–40.

Tewdwr-Jones, M., Morphet, J. and Allmendinger, P. (2006) The contested strategies of local governance: community strategies, development plans, and local government modernisation, *Environment and Planning A*, 38(3): 533–51.

Theory, Culture and Society (2005) Special issue on Complexity, *Theory, Culture and Society*, 22 (5): 1–274.

Thomas, H. and Healey, P. (ed.) (1991) *Dilemmas in Planning Practice: Ethics, Legitimacy and the Validation of Knowledge*. Aldershot: Avebury.

Thompson, G., Frances, J., Levacic, R. and Mitchell, J. (eds) (1991) *Markets, Hierarchies and Networks: The Coordination of Social Life*. London: Sage.

Thompson, N. (2005) Inter-institutional relations in the governance of England's national parks: a governmentality perspective, *Journal of Rural Studies*, 21(3): 323–34.

Thompson, N. and Ward, N. (2005) *Rural Areas and Regional Competitiveness*. Report to the Local Government Rural Network, October 2005. Centre for Rural Economy, University of Newcastle.

Thornley, A. (1991) *Urban Planning Under Thatcherism*. London: Routledge.

Tiesdell, S. and Adams, D. (2011) *Urban Design in the Real Estate Development Process*. Oxford: Wiley-Blackwell.

Tomaney, J. and Mawson, J. (eds) (2002) *England: The State of the Regions*. Bristol: Policy Press.

Tuan, Y.F. (1974) *Topophilia*. New Jersey, NJ: Prentice Hall.

Tuan, Y.F. (1977) *Space and Place: The Perspective of Experience*. Minneapolis, MN: University of Minnesota.

UNCED (1997) *Our Common Future* ('The Brundtland Report'). Oxford: Oxford University Press.

UNESCO (2010) *List of World Heritage Sites*. Online: http://whc.unesco.org/en/map/ (accessed 26 August 2010).

Untaru, S. (2002) Regulatory frameworks for place-based planning, *Urban Policy and Research*, 20(2): 169–86.

Urry, J. (1995) *Consuming Places*. London: Routledge.

Urry, J. (2000a) Mobile sociology, *British Journal of Sociology*, 51(1): 185–203.

Urry, J. (2000b) *Sociology Beyond Societies*. London: Routledge.

Urry, J. (2002) *Global Complexity*. Cambridge: Polity Press

Urry, J. (2007) *Mobilities*. Cambridge: Polity Press.

Ward, S. (ed.) (1992) *The Garden City: Past, Present and Future*. London: Routledge.

Ward, S. (1994) *Planning and Urban Change*. London: Paul Chapman.

Wates, N. (1990) *The Community Planning Handbook*. London: Department For International Development.

WCED (1987) *Our Common Future*. World Commission on Environment and Development. Oxford: Oxford University Press.

Webber, M. (1963) Order in diversity: community without propinquity, in Wingo, L. (ed.), *Cities and Space: The Future Use of Urban Land*. Baltimore: Johns Hopkins University Press, pp. 23–54.

Webster, C. (1998) Public choice, Pigouvian and Coasian planning theory, *Urban Studies*, 35(1): 53–75.

Webster, C. and Lai, L.W.C (2003) *Property Rights, Planning and Markets: Managing Spontaneous Cities*. Cheltenham: Edward Elgar.

West, P., Igoe, J. and Brockington, D. (2006) Parks and peoples: the social impact of protected areas, *Annual Review of Anthropology*, 35: 251–71.

While, A., Jonas, A. and Gibbs, D. (2004) The environment and the entrepreneurial city: searching for the urban 'sustainability fix' in Manchester and Leeds, *International Journal of Urban and Regional Research*, 28(3): 549–69.

Wilcox, D. (1994) *Guide to Effective Involvement*. Brighton: Partnership Books.

Wilkinson, S and Reed, R. (2008) *Property Development*, 5th edn. London: Spon.

Williams, R. (1977) *The Country and the City*. London: Chatto and Windus.

Williams, R. (1983) *Keywords*. London: Fontana.

West Yorkshire Local Transport Partnership. (2006) *West Yorkshire Local Transport Plan 2006–2011*. Online: http://www.wyltp.com/Archive/wyltp2/wyltp2006-11 (accessed 10 January 2012).

Woolcock, M. (1998) Social capital and economic development: toward a theoretical synthesis and policy framework, *Theory and Society*, 27: 151–208.

World Resources Institute (2008) *Ecosystem Services: A Guide for Decision Makers*. Washington, DC: World Resource Institute.

Yiftachel, O. (1998) Planning and social control: exploring the dark side, *Journal of Planning Literature*, 12(4): 395–406.

ACSP – Association of Collegiate Schools of Planning: http://www.acsp.org/

AESOP – Association of European Schools of Planning: http://www.aesop-planning.com/

Planning Portal: http://www.planningportal.gov.uk/

CABE: http://www.cabe.org.uk/default.aspx?contentitemid=1436

Civic Trust: http://www.civictrust.org.uk/

DCLG – the Department for Communities and Local Government: http://www.communities.gov.uk/ This is the UK (England) government department responsible for planning.

Egan review: http://www.communities.gov.uk/pub/264/TheEganReviewSkillsfor SustainableCommunities_id1502264.pdf The 2004 report on skills for sustainable communities.

English Heritage: http://www.english-heritage.org.uk/server/show/nav.1062 (see web pages on Conservation Areas)

Natural England, Landscape Character: http://www.countryside.gov.uk/LAR/ Landscape/CC/countryside_character.asp

RTPI – Royal Town Planning Institute, the professional institute for town planning. The website includes a range of information about planning, planning education and practice: http://www.rtpi.org.uk/

RUDI – Resource for Urban Design Information: http://www.rudi.net/information_ zone/design_guides_and_codes

TCPA – Town and Country Planning Association, a campaigning organisation aiming to inform planning practice: http://www.tcpa.org.uk

《世界城市研究精品译丛》总目

☑ 已出版，☐ 待出版